辽宁省职业教育“十四五”规划教材

高等教育 装配式建筑系列教材

装配式建筑构件制作与安装

（第2版）

ZHUANGPEISHI JIAN ZHU GOUJIAN ZHIZUO YU ANZHUANG

主　编　王　鑫　王奇龙

副主编　韩古月　武文斐

参　编　张　宁　李鹏元

主　审　危道军

重庆大学出版社

内容提要

本书是校企合作开发的“双元制”教材。全书从装配式混凝土建筑的概念出发，针对装配式混凝土建筑结构，系统地介绍了装配式混凝土构件的深化设计、生产设备、工艺流程、存储与运输、施工与质量检验以及生产管理等。本书涉及装配式混凝土结构实施全过程，内容丰富、重点突出、结构严谨、通俗易懂、针对性强。针对书中的重点、难点，本书还提供了大量视频，以便于理解。

本书适合作为高等职业教育、应用型本科土建类专业的教材或教学参考书，也可作为从事装配式混凝土结构施工的工程设计人员、审图机构人员、构件厂技术人员、施工技术人员、监理工程师和装配式混凝土建筑项目管理人员的业务参考书和培训教材。

图书在版编目(CIP)数据

装配式建筑构件制作与安装 / 王鑫，王奇龙主编.--2版.--重庆：重庆大学出版社，2023.1(2024.1重印)

高等教育装配式建筑系列教材

ISBN 978-7-5689-2996-7

Ⅰ.①装… Ⅱ.①王… ②王 Ⅲ.①建筑工程—装配式构件—建筑安装—高等学校—教材 Ⅳ.①TU74

中国国家版本馆CIP数据核字(2023)第005672号

高等教育装配式建筑系列教材

装配式建筑构件制作与安装

(第2版)

主　编　王　鑫　王奇龙

主　审　危道军

策划编辑：林青山

责任编辑：张红梅　　版式设计：林青山

责任校对：刘志刚　　责任印制：赵　晟

*

重庆大学出版社出版发行

出版人：陈晓阳

社址：重庆市沙坪坝区大学城西路21号

邮编：401331

电话：(023)88617190　88617185(中小学)

传真：(023)88617186　88617166

网址：http://www.cqup.com.cn

邮箱：fxk@cqup.com.cn(营销中心)

全国新华书店经销

重庆市正前方彩色印刷有限公司印刷

*

开本：889mm×1194mm　1/16　印张：18.5　字数：614千

2021年10月第1版　2023年1月第2版　2024年1月第4次印刷

印数：8 001—11 000

ISBN 978-7-5689-2996-7　定价：49.00元

前 言

Preface

2021年，为推进建筑工业化、数字化、智能化升级，加快建造方式转变，推动建筑业高质量发展，住房和城乡建设部、国家发展和改革委员会等部门联合印发《住房和城乡建设部等部门关于推动智能建造与建筑工业化协同发展的指导意见》，再次提出了大力发展装配式建筑的重点任务。2022年，党的二十大也指出"推动绿色发展，促进人与自然和谐共生"。加快发展装配式建筑产业，全面实施节约战略，实现建筑绿色转型，推动形成绿色低碳的生产方式和生活方式被提上日程。为深入贯彻国家和各部委的文件精神，遵照教育部高等职业教育教材建设的要求，编者团队于2022年底及时对本书进行了修订。

本书的编写紧紧围绕培养高素质技能型专门人才的要求，从人才培养目标出发，以能力为本位，注重技术能力的培养，从而确定了本书的编写思路与编写特色。本书在《装配式建筑构件制作与安装职业技能等级标准》的基础上，本着促进产教融合、实现校企深度合作的原则，组织来自知名企业、行业、院校的专家、教师，组成编写组，经过多次研讨、修改，参照装配式建筑构件制作与安装职业技能等级证书考评大纲，融入了"1+X"证书考试内容，实现了书证融通，有效达到了"1"与"X"技能的有机结合。

本书分为两大部分，共8章。第1部分为基础知识，包括第1章装配式混凝土建筑体系概述、第2章装配式混凝土结构全专业设计、第3章装配式混凝土构件生产及管理、第4章装配式混凝土建筑构件运输与吊装、第5章装配式混凝土建筑构件安装、第6章装配式混凝土建筑现场施工、第7章装配式混凝土建筑施工安全管理。第2部分为实操实训，包括第8章"1+X"装配式建筑构件制作与安装科目二实训。该部分结合"1+X"装配式建筑构件制作与安装实操考试科目二的考试大纲与要求，引入实际操作案例，采用通俗易懂的书写方式和语言表达，讲解"1+X"装配式建筑构件制作与安装实操考试科目二考试的实际操作过程，为高等院校师生考取"1+X"证书带来了极大的方便。同时，书中还以二维码形式加入了大量的视频，方便读者学习、理解。本书还是2019年度辽宁省教育厅科学研究立项课题——基于全产业链模式的装配式建筑人才培养模式研究（项目编号：lncj2019-03）的研究成果。

本书具体编写分工如下：第1部分第1—2章由辽宁省交通高等专科学校武文斐和辽宁建筑职业学院韩古月共同编写，第3—7章由辽宁城市建设职业技术学院王鑫主要编写，广联达科技股份有限公司王奇龙、李鹏元辅助编写。第2部分第8章由辽宁城市建设职业技术学院王鑫、中交第四公路工程局有限公司建筑科技事业部技术总监张宁共同编写。全书由湖北城市建设职业技术学院危道军教授主审。同时，本书的编写还得到了辽宁城市建设职业技术学院产教融合（BIM）创新创业孵化基地的张泽萌、张雷生、张卓威、赵诣、孙源，以及相关企业一线人员的鼎力帮助与大力支持，在此一并表示衷心的感谢！

在本书的编写过程中，尽管我们在探索教材特色建设方面做了许多努力，但由于水平有限，书中难免有疏漏之处，敬请广大读者批评指正。随着时间的推移，装配式建筑构件制作与安装的方法和规范将不断完善，敬请广大读者在实际工作中以现行有效文件为工作依据。

编　者
2022年12月

目　录

Contents

第 1 部分　基础知识

第 2 部分 实操实训

第 1 部分　基础知识

第 1 章　装配式混凝土建筑体系概述

内容提要：本章主要对装配式混凝土建筑的产生、历史与现状进行阐述。通过本章的学习，读者能对装配式混凝土建筑有一个整体的认识。

课程重点：

1.了解建筑产业化、新型建筑工业化与装配式混凝土建筑的概念；

2.了解国内外装配式混凝土建筑的发展概况；

3.掌握装配式混凝土建筑的常见结构体系。

1.1　装配式混凝土建筑的发展

装配式混凝土建筑在我国的发展起步较晚，至 1994 年才正式提出住宅产业化的概念。在此之前，我国曾出现过两次建筑工业化高潮。第一次是 20 世纪 50 年代，当时在全国建筑业推行标准化、工业化、机械化，发展预制构件和预制装配式建筑，在构件工厂化、中小型建筑施工机械、预制装配式工业厂房、砌块建筑等方面取得一定的进展。第二次是 20 世纪 60—70 年代，我国广泛借鉴各国经验，结合我国国情，进一步改进标准化设计方法，提高构配件生产能力，发展新型建筑体系和建材，在施工工艺、建筑能力和建筑速度方面都有了一定程度的提高。

近年来，中央、地方政府，以及钢铁、钢结构、房地产企业均开展了钢结构住宅的开发实践，包括商业、经济用房、安居工程、地震灾后重建等。加上唐山大地震、汶川地震等造成的巨大生命财产损失，人们对我国的房屋建筑体系和结构的安全性能提出了更高的要求和期待。装配式建筑应运而生，具有巨大的市场前景。

1.1.1　装配式混凝土建筑的发展背景

1）发展现实需求

建筑业在国民经济中的作用十分突出，是名副其实的支柱产业。自改革开放以来，我国建筑行业蓬勃发展，不仅为人们提供了适用、安全、经济、美观的居住和生产生活环境，提高了人们的生活水平，还改善了城市与乡村的面貌，推进了城市化进程。

然而，在我国各个领域都取得了巨大的发展时，建筑行业传统的生产施工方式却遇到了巨大的瓶颈，暴露出了诸多严重的问题，主要体现在以下几个方面。

（1）环境污染严重

我国建筑行业传统的施工方式多为粗放式生产，现场土方工程量大、湿作业工作量大，加之文明施工和环境保护的技术措施得不到切实有效的监管和落实，导致建筑业对环境污染严重（图1.1）。

图1.1　建筑业对环境污染严重

（2）建设效率偏低

在传统的施工方式中，绝大多数的施工环节都是在施工现场完成。受施工现场作业环境的影响，施工机械应用效率大打折扣，很多施工环节需要依靠建筑工人手工完成，严重影响了建设工程的生产效率。

此外，由于施工现场有大量的湿作业内容，而现场湿作业构件需要有足够的养护时间，这必然影响相关工序的进行，进而影响建设效率。

（3）管理模式落后

目前，我国多数建设项目的勘察、设计、施工以及材料供应都是由不同的企业负责完成，各企业之间往往缺乏良好、有效的沟通，甚至有个别企业只考虑本方企业的利益，而对项目的整体效益漠不关心，从而导致各方的意图得不到很好理解，错误得不到及时纠正，这些都将为建设项目埋下质量隐患。

（4）可预见的用工荒

传统施工方式需要大量的建筑工人从事各工种手工作业和机械操作。手工作业的建筑工人工作强度大、环境差，且相对其他工作具有一定的危险性。这样的工作条件导致这类工作岗位的从业人员流失严重，并且有意愿投身这类工作岗位的人员越来越少。可以预见，不久的将来以传统方式作业的建筑行业将会出现用工荒。

（5）其他问题

建筑行业传统的施工方式还存在其他一些问题，如工期较长、从业人员素质偏低等，这些都在阻碍建筑行业的进一步发展。

基于以上这些问题，我国的建筑行业急需进行产业升级，转变生产和施工方式，以适应新时期、新形势对建筑行业的要求。

2）发展的支持条件

建筑行业的产业升级不能盲目进行，需要在有利的现实基础支持下逐步推进。目前建筑行业对产业转型升级的支持条件主要表现在以下几个方面。

（1）现阶段建筑的结构性能安全可靠

目前，我国钢筋混凝土结构的建筑主要采用现场浇筑的施工方式。现浇结构施工技术经过数十年的积累和沉淀，在结构的安全性上已经相当成熟。只要严格按照国家和行业要求进行合理的勘察、设计、施工、监理以及材料供应与采购，在合理使用荷载以及小震状态下，绝大多数建筑物都表现出良好的结构性能。

在2008年的汶川地震中，据民政局统计，共倒塌房屋696万间，但其中城镇房屋占比不到两成。数据和事实表明，20世纪90年代开始执行《建筑抗震设计规范》（GBJ 11—1989）后新建和加固的房屋基本上未倒塌，确保了大震时人的生命安全，实现了“小震不坏，中震可修，大震不倒”的设计要求。以成都市为例，其抗震设防烈度为7度，而地震实际烈度也是7度，即使成都市发生中震，其房屋也很少出现开裂损坏，尤其是20世纪90年代以后新建和加固的房屋基本上处于"中震可修"，甚至是"中震不坏"的状态。

目前建筑行业技术成熟，建造出的房屋安全可靠，建筑行业可以在保持良好的产品质量的同时，探索更环保、更高效、更精准、更机械化、更节约的生产方式。

(2)生产施工能力较强

改革开放以来，尤其是进入21世纪后，我国城市化建设的步伐加快。各个城市政治、经济、文化和体育事业的发展，都需要建筑行业提供良好的基础设施。面对巨大的需求压力，我国建筑行业表现出了较高的生产和施工能力。这种较高的生产和施工能力不仅体现为能够完成大规模的生产任务，还体现为良好的现场吊装能力、运输能力、成品保护能力等。

(3)国外大量先进经验可借鉴

我国建筑行业虽蓬勃发展、成绩喜人，但相比世界上的发达国家仍还有差距。但正因为一些发达国家在建筑行业发展方向的探索上走在了前面，形成了它们的建造体系，使我国在建筑行业产业升级上有了可以学习和借鉴的研究成果。通过总结各国建筑行业发展的经验和教训，再结合我国国情和建筑行业的能力水平，可以探索出适合我国建筑行业转型发展的道路。

1.1.2 装配式混凝土建筑的发展历史与现状

1)国外发展历史与现状

20世纪20年代初，英国、法国、苏联等国家首先对装配式混凝土建筑作出尝试。第二次世界大战后，各国的建筑普遍遭受重创，加之劳动力短缺，为了加快住宅的建设速度，装配式混凝土建筑被广泛采用。

西方发达国家的装配式混凝土建筑经过几十年甚至上百年的发展，已经达到了相对成熟、完善的阶段。美国、德国、日本等国家和地区按照各自的经济、社会、工业化程度、自然条件的特点，选择了不同的发展道路和方式。

(1)美国

美国的装配式混凝土住宅起源于20世纪30年代，1976年美国国会通过了国家工业化住宅建造及安全法案，同年开始出台一系列严格的行业规范标准。1991年美国PCI(预制预应力混凝土)协会提出将装配式混凝土建筑的发展作为美国建筑业发展的契机，由此带来装配式混凝土建筑在美国30多年来长足的发展。目前，美国混凝土结构建筑中，装配式混凝土建筑的比例占到了35%左右，有30多家专门生产单元式建筑的公司。在美国同一地点，相比用传统方式建造的房屋，只需花不到50%的费用就可以购买一栋装配式混凝土住宅。美国装配式混凝土建筑建材产品和部品部件种类齐全，构件通用化水平高，呈现商品化供应的模式，并且构件呈现大型化趋势。基于美国建筑业强大的生产施工能力，美国装配式混凝土建筑的构件连接以干式连接为主，可以实现部品部件在质量保证年限之内的重复使用(图1.2)。

图1.2 美国装配式混凝土建筑施工现场

(2)德国

德国是世界上工业化水平较高的国家之一。第二次世界大战后,装配式混凝土建筑在德国得到广泛应用,经过数十年的发展,目前德国的装配式混凝土建筑产业链处在世界领先水平。建筑、结构、水暖电专业协同配套,施工企业与机械设备供应商合作密切,机械设备、材料和物流先进,高校、研究机构和企业不断为行业提供研发支持。

此外,德国是在降低建筑能耗上发展最快的国家。20 世纪末,德国在建筑节能方面提出了"3 升房"的概念,即每平方米建筑每年的能耗不超过 3 L 汽油。近几年,德国提出零能耗的"被动式建筑"理念。被动式建筑除保温性、气密性绝佳以外,还充分考虑对室内电器和人体热量的利用,可以用非常小的能耗将室内温度调节到合适状态,非常节能环保(图 1.3)。

图 1.3 德国被动式建筑

(3)日本

日本装配式混凝土建筑的研究是从 1955 年住宅公团成立时开始的,并以住宅公团为中心展开。住宅公团的任务就是执行战后复兴的基本国策,解决城市化过程中中低层收入人群的居住问题。20 世纪 60 年代中期,日本装配式混凝土住宅有了长足发展,预制混凝土构配件生产形成独立行业,住宅部品化供应发展迅速,但当时的装配式混凝土建筑尚处在为满足基本住房需求服务的阶段。1973 年日本建立装配式混凝土住宅准入制度,标志着作为体系建筑的装配式混凝土住宅开始起步。从 20 世纪 50 年代后期至 80 年代后期,历时约 30 年,日本形成了若干种较为成熟的装配式混凝土住宅结构体系。1985 年后,日本的装配式混凝土建筑达到了高品质住宅阶段。目前,日本建筑业的工厂化水平高,预制构件与装修、保温、门窗等集成化程度高,并通过严格的立法和生产与施工管理来保证装配式混凝土构件和建筑的质量。

日本建筑行业推崇的结构形式是以框架结构为主,剪力墙结构等刚度大的结构形式很少得到应用。目前日本装配式混凝土建筑中,柱、梁、板构件的连接尚以湿式连接为主,但强大的构件生产、储运和现场安装能力对结构质量提供了强有力的保证,并且为设计方案的制订提供了更多可行的空间,以莲藕梁为例(图 1.4),梁柱节点核心区整体预制,保证了梁柱连接的安全性,但由于误差容忍度低,我国建筑行业尚无法推广。

由于日本地震频发且烈度高,因此装配式混凝土的减震隔震技术得到了大力发展和广泛应用,如图 1.5 所示的软钢耗能器可以较好地起到减震隔震的作用。该项技术已被我国建筑企业借鉴和采用。

(4)其他国家

新加坡的建筑行业受政府的影响较大。在政府的政策推动下,装配式混凝土建筑得到了良好的发展。以组屋(保障房)项目为例,新加坡强制推行组屋项目装配化,目前装配率可达到 70%。通过推行装配式混凝土建筑,新加坡不仅提高了房屋建造效率,还缓解了用工成本过高的问题。

加拿大作为美国的近邻,在发展装配式混凝土建筑的道路上借鉴了美国的经验和成果。目前加拿大混凝土建筑的装配率高,构件的通用性高,大城市多为装配式混凝土建筑和钢结构建筑,抗震设防烈度 6 度以下地区甚至推行全预制混凝土建筑。

图1.4　莲藕梁

图1.5　软钢耗能器

法国在20世纪50—70年开始推行装配式混凝土建筑,经过几十年的发展,目前已经比较完善,装配率达到80%。法国的装配式混凝土建筑多采用框架或者板柱体系,采用焊接等干式连接方法。

(5)总结与启示

通过总结以上国家发展装配式混凝土建筑的经验,得到以下启示:

①应结合自身的地理环境、经济与科技水平、资源供应水平选择装配式混凝土建筑的发展方向。例如,欧洲各国普遍位于非地震区,且建筑物多以低层和多层为主,因此多推广普及干式连接施工方式;日本处于地震多发区,加之高层建筑较多,故推广普及等同现浇的湿式连接施工方式;英国结合本国的科技水平选择了发展装配式钢结构建筑的道路;瑞典等北欧国家由于木材资源丰富,故多以装配式木结构为主发展装配式建筑。

②政府应在发展装配式混凝土建筑过程中发挥积极的作用。成熟的装配式混凝土生产方式不仅绿色、环保、节能,还能降低项目的造价。但是,在推广装配式混凝土建筑的初期,由于其尚未形成规模,往往成本比传统施工方式高,并且部分企业的社会责任感不强,一味追求经济利益,因此装配式混凝土建筑的竞争力相对较弱。在装配式混凝土建筑的推广初期,政府的积极推动对其发展具有关键的作用。

③完善装配式混凝土建筑产业链是发展装配式混凝土建筑的关键。美国、德国、日本等国家的装配式混凝土建筑的发展,均得益于其完备的建筑产业链以及优秀的操作与管理能力。因此,完善行业生产的关键技术,提高产业工人的职业素质,提高部品部件的生产质量、物流能力和装配水平,完善质量管理和评价体系,是我国装配式混凝土建筑从业人员亟待完成的任务和使命。

2)我国发展历史与现状

(1)发展历史

装配式混凝土建筑在我国的发展大致经历了以下几个阶段。

①起步阶段。我国装配式混凝土结构的应用起源于20世纪50年代。借鉴苏联的经验,我国在全国建筑生产企业推行标准化、工业化和机械化,发展预制构件和装配式建筑。较为典型的建筑体系有装配式单层工业厂房建筑体系、装配式多层框架建筑体系、装配式大板住宅建筑体系等。

②过渡阶段。到20世纪80年代中叶,装配式建筑的应用达到全盛时期,全国许多地方都形成了设计、制作和施工安装一体化的装配式建筑建造模式。装配式建筑和采用预制空心楼板的砌体建筑成为两种最主要的建筑体系,应用普及率达70%以上。

20世纪80年代初期,建筑业曾开发了一系列新工艺,如大板、升板体系、预制装配式框架体系等。但在进行了这些有益的实践之后,受当时经济条件和技术水平的限制,上述装配式建筑的功能和物理性能等逐渐显露出缺陷和不足,我国有关装配式建筑的设计和施工技术的研发工作又没有跟上社会需求及技术的发展和变化,致使到20世纪80年代末,装配式建筑开始迅速滑坡。究其原因,主要有以下5个方面:

a.受设计概念的限制,结构体系追求全预制,尽量减少现场湿作业量,造成在建筑高度、建筑形式、建筑功能等方面有较大的局限。

b.受当时的经济条件制约，建筑机具设备和运输工具落后，运输道路狭窄，无法满足相应的工艺要求。

c.受当时的材料和技术水平的限制，预制构件接缝和节点处理不当，引发渗、漏、裂、冷等问题，影响正常使用。

d.施工监管不严，质量下降，造成节点构造处理不当，致使结构在地震中产生较多的破坏。

e.我国进入改革开放后，农村大量劳动力涌向城市，大量未经过专门技术训练的、价格低廉的进城务工人员进入建筑行业，从事劳动强度大、收入低的现场浇筑混凝土的施工工作，使得有一定技术难度的装配式结构缺乏性价比的优势。

从20世纪60年代初到80年代中期，预制构件生产经历了研究、快速发展、使用、发展停滞等阶段。城市需求量不断加大，为了实现快速建设供应，我国借鉴苏联和欧洲预制装配式住宅的经验，开始了装配式混凝土大板房的建设，并迅速在北京、沈阳、南宁等大城市进行推广。其中北京市更是在短短10年内建设了2 000万m^2的装配式大板房，装配式混凝土结构在民用建筑领域掀起了一次高潮。

③低潮阶段。由于当时国家经济实力比较薄弱，基础性的保温、防水材料技术比较缺乏，装配式混凝土结构难以推广，并且所建房屋在保温隔热、隔声防水等性能方面普遍存在严重缺陷，技术标准发展没有跟上新的抗震规范发展，进一步影响了消费者的信心，其计划经济的经营特征无法满足市场变化的需求，装配式混凝土结构绝大多数迅速下马，被市场淘汰。

④新发展阶段。进入21世纪，我国经济发展水平和科技实力不断加强，各行各业的产业化程度不断提高，建筑房地产行业得到长足发展，材料水平和装备水平足以支撑建筑生产方式的变革，我国的住宅产业化进入了一个新的发展时期。装配式建筑作为符合建筑产业现代化、智能化、绿色化的发展方向。近几年，一系列政策的颁布，加快了我国装配式建筑行业的发展。根据我国国民经济"九五"计划至"十二五"规划，国家对装配式建筑行业的支持政策经历了从"逐步建立建筑市场体系"到"积极发展建筑业"再到"推广绿色建筑和先进材料"的变化。"十三五"规划中，我国首次提出"推广装配式建筑"，"十四五"规划再次明确"发展智能建造，推广装配式建筑"的重要任务。

(2)发展条件

我国政府和建设行业行政主管部门对推进建筑产业现代化，推动新型建筑工业化，发展装配式建筑给予了大力支持，从2016年至今，国家层面和省级行政区层面颁布的关于发展装配式建筑的政策、法律已达百余项，这表明了我国对建筑行业转型升级的决心和重视。

在制造业转型升级大背景下，中央持续出台相关政策推进装配式建筑行业的发展。2016年是中国装配式建筑开局之年，国务院办公厅在发布的《关于大力发展装配式建筑的指导意见》中指出要多层面、多角度地发展装配式建筑行业。近年来，在节能环保的大环境下，装配式建筑由于具有缩短现场建造时间、减少材料浪费、减少人工作业和现场湿法作业的优点，受到了国家政策的大力支持。2021年，为推进建筑工业化、数字化、智能化升级，加快建造方式转变，推动建筑业高质量发展，住房和城乡建设部、国家发展和改革委员会等部门联合印发《住房和城乡建设部等部门关于推动智能建造与建筑工业化协同发展的指导意见》，再次提出了大力发展装配式建筑的重点任务。除中共中央、国务院、住房和城乡建设部等颁布一系列政策外，各省市同样出台了一些举措来促进装配式建筑行业的发展。

党的二十大明确提出，"推动绿色发展，促进人与自然和谐共生"，"推进新型工业化，建设现代化产业体系，加快建设制造强国、质量强国、网络强国和数字中国"。实施建筑产业化发展，推动建筑产业向高端化、智能化、绿色化发展已迫在眉睫。我国在装配式建筑技术方面不断增强，这些体现了国家要坚决打赢关键核心技术攻坚战、加快建筑产业转型的重要举措和具体行动。

(3)国家级规范标准

国家大力发展装配式建筑的政策纷纷出台，为规范装配式建筑的推广，指导行业企业和从业人员合理应用装配式技术，我国随之出台了若干装配式领域的规范、规程、标准、图集。

①《装配式混凝土结构技术规程》(JGJ 1—2014)。

我国自1991年施行《装配式大板居住建筑设计和施工规程》(JGJ 1—91)后，经过长达20多年的沉淀，结合新技术、新工艺、新材料的发展，参考有关国际标准和国外先进标准，于2014年实施《装配式混凝土结构技术规程》(JGJ 1—2014)。与已废止的1991年版行业标准相比，2014年版行业标准扩大了适用范围，新标准适用于居住建筑和公共建筑。此外，加强了装配式结构整体性的设计要求；增加了装配整体式剪力墙结构、装配整体式框架结构和外挂墙板的设计规定；修改了多层装配式剪力墙结构的有关规定；增加了钢筋套筒灌浆连接和浆锚搭接连接的技术要求；补充、修改了接缝承载力的验算要求。

②《装配式混凝土建筑技术标准》(GB/T 51231—2016)。

在行业标准《装配式混凝土结构技术规程》(JGJ 1—2014)之后，国家标准《装配式混凝土建筑技术标准》(GB/T 51231—2016)于2017年6月1日开始实施，该标准不仅是对《装配式混凝土结构技术规程》的有效补充，还在一些条文上对其进行了修改。

此外，《装配式木结构建筑技术标准》(GB/T 51233—2016)也同时施行。

③《预制混凝土剪力墙外墙板》(15G 365—1)等9项国家建筑标准设计图集。

经审查批准，由中国建筑标准设计研究院有限公司组织编制的《预制混凝土剪力墙外墙板》(15G 365—1)等9项国家建筑标准设计图集自2015年3月起实施，该系列图集是在国家建筑标准设计的基础上，依据《装配式混凝土结构技术规程》(JGJ 1—2014)编制的，对规范内容进行了细化和延伸，对现阶段量大面广的装配式混凝土剪力墙结构设计、生产、施工起到了规范和全方位的指导作用。这套图集的内容涵盖了表示方法、设计示例、连接节点构造以及常用的构件等。

④《装配式建筑评价标准》(GB/T 51129—2017)。

我国于2015年发布《工业化建筑评价标准》(GB/T 51129—2015)，并在2017年发布《装配式建筑评价标准》(GB/T 51129—2017)，同时《工业化建筑评价标准》(GB/T 51129—2015)废止。新标准的发布，对进一步促进装配式建筑的发展和规范装配式建筑的评价，起到了重要的作用。

(4)各地保障政策

我国各省、自治区、直辖市均结合自身特点，提出了各自的装配式建筑发展目标和保障政策。

北京市提出目标：根据《北京市"十四五"时期能源发展规划》和《北京市人民政府办公厅关于进一步发展装配式建筑的实施意见》，北京到2025年，基本建成以标准化设计、工厂化生产、装配化施工、一体化装修、信息化管理、智能化应用为主要特征的现代建筑产业体系；以新型建筑工业化带动设计、施工、部品部件生产企业提升创新发展水平，培育一批具有智能建造能力的工程总承包企业以及与之相适应的专业化高水平技能队伍。

上海市提出要求：根据《上海市住房发展"十四五"规划》和《中共中央 国务院关于完整准确全面贯彻新发展理念做好碳达峰碳中和工作的意见》，上海实施工程建设全过程绿色建造，全面推广装配式建筑和全装修住宅。扎实推进装配式建筑发展，公共租赁住房项目全部采用全装修方式；推进绿色建筑与装配式建筑融合发展；稳步推进装配式建筑示范住宅小区建设。

天津市提出要求：根据《天津市加快发展新型消费实施方案》，推广钢结构装配式等新型建造方式，逐步提高装配式建筑在新建建筑中的比例。2021—2025年全市范围内国有建设用地新建项目具备条件的全部采用装配式建筑。为保证以上目标实现，天津市规定，经认定为高新技术企业的装配式建筑企业，减按15%的税率征收企业所得税，装配式建筑企业开发新技术、新产品、新工艺发生的研究开发费用，可以在计算应纳税所得额时加计扣除。

重庆市确定目标：根据《重庆市城市更新提升"十四五"行动计划》和《重庆都市圈发展规划》，重庆重点培育装配式部品部件生产制造业，以发展装配式建筑为重点，积极推进建筑工业化，推广装配式建筑集成化标准化设计，加快形成标准化、模数化、通用化的部品部件供应体系。构建绿色城市标准化支撑平台，推广绿色建材、装配式建筑和钢结构住宅。

辽宁省提出发展目标:根据《关于推动城乡建设绿色发展的意见》,大力推广应用装配式建筑,发挥沈阳、大连国家级装配式建筑示范城市引领作用,带动中小城市装配式建筑发展。推动钢结构装配式住宅建设,鼓励学校、医院等公共建筑优先采用钢结构。到2025年底,全省装配式建筑占新建建筑面积比例力争达到35%以上,其中沈阳市力争达到50%以上,大连市力争达到40%以上,其他城市力争达到30%以上。辽宁省对装配式建筑项目将给予财政补贴、增值税即征即退优惠,优先保障装配式建筑部品部件生产基地(园区)、项目建设用地,允许不超过规划总面积的5%不计入成交地块的容积率核算。

广东省确定目标:根据《中共中央 国务院关于完整准确全面贯彻新发展理念做好碳达峰碳中和工作的意见》,大力发展绿色、超低能耗和近零能耗建筑。推广绿色建材和绿色建造,大力发展装配式建筑。到2025年前,珠三角城市群装配式建筑占新建建筑面积比例达到35%以上,其中政府投资工程的装配式建筑面积占比达到70%以上;常住人口超过300万的粤东西北地区地级市中心城区,装配式建筑占新建建筑面积的比例达到30%以上,其中政府投资工程的装配式建筑面积占比达到50%以上。全省其他地区装配式建筑占新建建筑面积的比例达到20%以上,其中政府投资工程的装配式建筑面积占比达到50%以上。

湖北省提出要求:根据《关于进一步加强建筑业重点企业培育的通知》和《关于促进全省工程勘察设计行业高质量发展的若干措施》,大力发展装配式建筑,不断提升构件标准化设计水平,推动形成完整产业链,推动智能建造和建筑工业化协同发展,提高工程建设绿色化水平。各级住建主管部门在对企业优质工程创建、省级装配式建筑示范产业基地(项目)认定、工法评定、改革试点、评先评优等活动中应遵循优先推荐原则。到2025年,全省装配式建筑占新建建筑面积的比例达到30%以上,并对装配式建筑给予配套资金补贴、容积率奖励、商品住宅预售许可、降低预售资金监管比例等激励政策。

江苏省提出目标:根据《江苏省促进绿色消费实施方案》,加强高品质绿色低碳建筑建设,稳步发展装配式建筑,积极推广可再生能源建筑应用示范。推进超低能耗、近零能耗、零碳建筑试点示范。到2025年年末,建筑产业现代化建造方式成为主要建造方式,全省建筑产业现代化施工的建筑面积占同期新开工建筑面积的比例、新建建筑装配化率达到50%以上,装饰装修装配化率达到60%以上。对于装配式项目,政府将给予财政扶持政策,提供相应的税收优惠,优先安排用地指标,并给予容积率奖励。

1.2　装配式混凝土建筑的基本内涵和应用优势

1.2.1　建筑产业化的基本内涵

1)最终产品绿色化

20世纪80年代,人类提出可持续发展理念。2022年,党的二十大报告强调,要"推进美丽中国建设""推进生态优先、节约集约、绿色低碳发展"。我们现在所实施的装配式建筑技术就是一种创新,采用新技术、新工艺替代传统现浇工艺的建造方式,既可以减少人员投入、提高工程质量,也能积极响应国家"双碳"目标和质量强国的号召。这为今后装配式建筑行业指明了方向。

2022年,住房和城乡建设部发布《"十四五"建筑业发展规划》,明确提出:"十四五"时期绿色低碳生产方式初步形成。绿色建造政策、技术、实施体系初步建立,绿色建造方式加快推行,工程建设集约化水平不断提高,新建建筑施工现场建筑垃圾排放量控制在每万平方米300吨以下,建筑废弃物处理和再利用的市场机制初步形成,建设一批绿色建造示范工程。

2)建筑生产工业化

建筑生产工业化是指用现代工业化的大规模生产方式代替传统的手工业生产方式来建造建筑产品。建筑生产工业化主要体现在3部分:建筑设计标准化、中间产品工厂化、施工作业机械化(图1.6)。

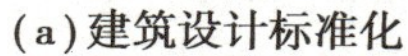

(a)建筑设计标准化

(b)中间产品工厂化

(c)施工作业机械化

图1.6　建筑生产工业化的体现

3)全产业链集成化

借助信息技术手段,用整体综合集成的方法把工程建设的全部过程组织起来,使设计、采购、施工、机械设备和劳动力实现资源配置更加优化组合;采用工程总承包的组织管理模式,在有限的时间内发挥最有效的作用,提高资源的利用效率,创造更大的效用价值(图1.7)。

4)产业工人技能化

随着建筑业科技含量的提高,繁重的体力劳动将逐步减少,复杂的技能型操作工序将大幅度增加,对操作工人的技术能力也提出了更高的要求。因此,实现建筑产业现代化急需强化职业技能培训与持证上岗考核,促进有一定专业技能水平的进城务工人员向高素质的新型产业工人转变(图1.8)。

图1.7　全产业链集成化

图1.8　产业工人技能化

1.2.2　建筑产业化的优势

建筑产业化在生产效率、工程质量、技术集成、资源节约和环境保护方面均展现出明显的优势,见表1.1。

表 1.1　建筑产业化的优势

内　容	预制装配式混凝土结构	现浇混凝土结构
生产效率	现场装配,生产效率高,减少人力成本;需5~6 d一层楼,人工减少50%以上	现场工序多,生产效率低,人力投入大;需6~7 d一层楼,靠人海战术和低价劳动力
工程质量	误差控制毫米级,墙体无渗漏、无裂缝;室内可实现100%无抹灰工程	误差控制厘米级,空间尺寸变形较大;部品安装难以实现标准化,基层质量差
技术集成	可实现设计、生产、施工一体化、精细化;通过标准化、装配化形成集成技术	难以实现装修部品的标准化、精细化;难以实现设计、施工一体化、信息化
资源节约	施工节水60%、节材20%、节能20%;垃圾减少80%,脚手架、支撑架减少70%	水耗大、用电多、材料浪费严重;产生的垃圾多,需要大量的脚手架、支撑架
环境保护	施工现场基本无扬尘、废水、噪声	施工现场扬尘和噪声大、废水和垃圾多

1.3　装配式混凝土建筑工作（工艺）流程

建筑产业化工作(工艺)流程如图1.9所示。

图1.9　建筑产业化工作（工艺）流程

1.3.1　装配式建筑方案设计

1)初步方案文本编制

初步方案文本的内容包括:①项目概况;②结构体系选择;③预制范围;④预制率计算;⑤节点连接方式。

2)编制原则

装配式建筑方案编制原则如下:

①在确定建筑方案的功能、风格、造型、高度及质感的基础上考虑装配式建筑的影响和实现可能性;是否满足地方政府对预制装配率的强制要求,并确定相应的预制范围。

②以“标准化”和“模数化”的核心思想设计整个方案。

③按照“少规格、多组合”的原则进行设计,减少装配式构件的种类,降低生产成本,便于施工。

1.3.2　装配式建筑初步设计

装配式建筑初步设计包括:

①协同建筑、结构、机电、装修等各专业模数尺寸,以减少装配式构件的种类,降低生产成本,便于施工。

②分析预制区域设计的合理性，预制区域构件生产的经济性，施工的安全性，最终确定整个项目的装配方案。

构件深化设计知识简介

1.3.3　装配式建筑施工图设计

装配式建筑施工图设计包括：

①建筑专业在平面布局、立面造型、楼梯、阳台、飘窗、卫生间等布置时，应考虑模数和尺寸的统一，在内外墙材料的选择时，应考虑装配式的特点。

②外围护结构建筑设计，尽可能实现建筑、结构、保温、装饰一体化。

③建筑构造设计和节点设计，保证建筑防水防火要求，满足设备、管线、厨卫、装饰、门窗等专业或环节的要求，与深化设计对接。

④结构专业在结构平面布局、构件截面取值、节点连接方式、构件拆分方式的各设计环节，应充分考虑装配式的影响，尽可能地采用模数化设计。

⑤设备专业在施工图阶段应充分考虑管线、洞口的预埋预留，避免后期修改对预制构件造成破坏。

1.3.4　构件的工业化生产

1）生产的构件种类

生产的构件主要有预制剪力墙、预制梁、预制楼板。

①预制剪力墙。预制剪力墙底部预埋钢筋套筒，腰部预留拉件孔、顶部预留次梁安装口，其他周边预留连接钢筋，如图1.10—图1.12所示。

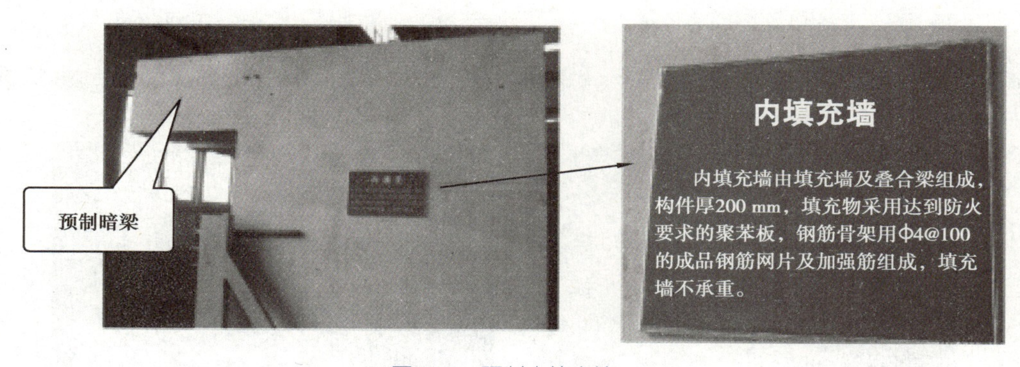

图1.10　预制内填充墙

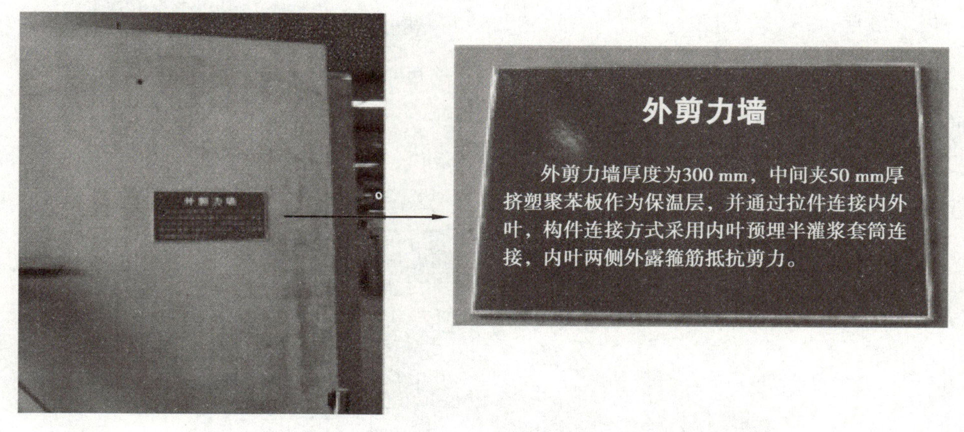

图1.11　预制外剪力墙

图 1.12　钢筋套筒

②预制梁。预制梁浇至板底、两端及上部预留连接钢筋，如图 1.13、图 1.14 所示。

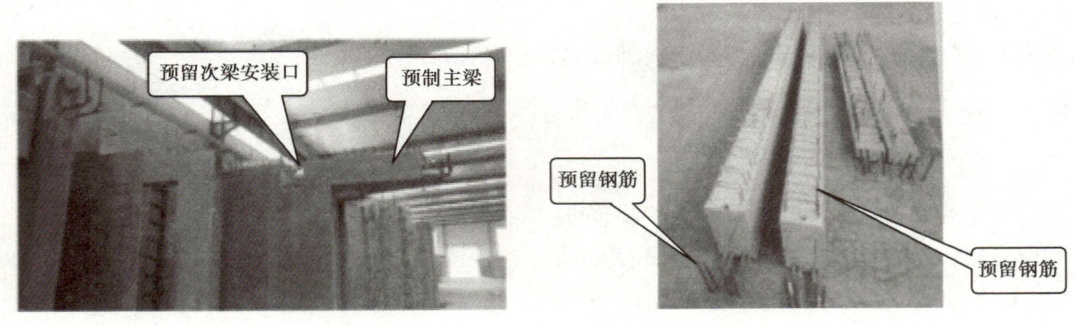

图 1.13　主梁预留次梁安装位置

图 1.14　主梁预留钢筋位置

③预制楼板。预制楼板只制作一半（约 6 cm，兼作模板），上面预留 7~9 cm 现浇混凝土，除底部外的其他三面预留连接钢筋、线管穿插孔洞（图 1.15）。

图 1.15　预制楼板的两种类型

2）构件的工业化生产流程

构件的工业化生产流程为：钢筋制作→钢筋安装（含套筒）→浇筑混凝土→构件的初级养护→毛化处理→蒸汽养护→检验合格→打二维码准备出品，如图 1.16—图 1.20 所示。

图 1.16　钢筋制作

图1.17 钢筋安装

图1.18 浇筑混凝土和构件的初级养护

图1.19 毛化处理

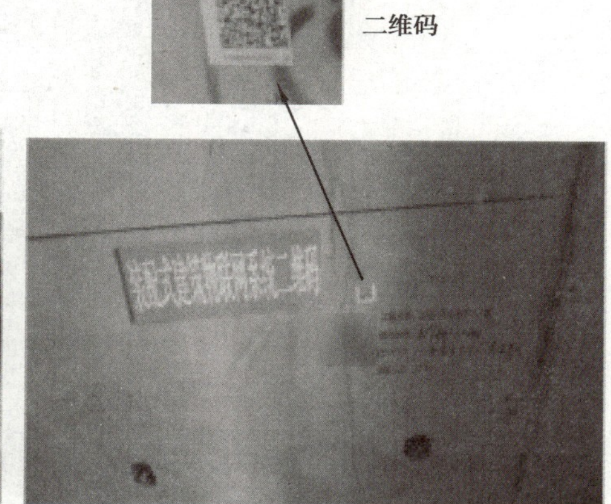

图1.20 打二维码

1.3.5 构件运输

构件由厂家按时运到现场指定的地方堆放(图1.21、图1.22)。由于每个合格构件上的二维码均载明了构件名称、安装部位等信息,故不用担心运输过程中弄错。

图1.21 预制楼板的运输

图1.22 预制剪力墙的运输

1.3.6　现场装配式施工

1)预制剪力墙安装

放线定位→预制剪力墙安装(图1.23)→底部套入预埋钢筋→固定(水平定位,垂直度由可以旋调的斜撑调节)(图1.24)→底部固定套管灌浆(图1.25)。

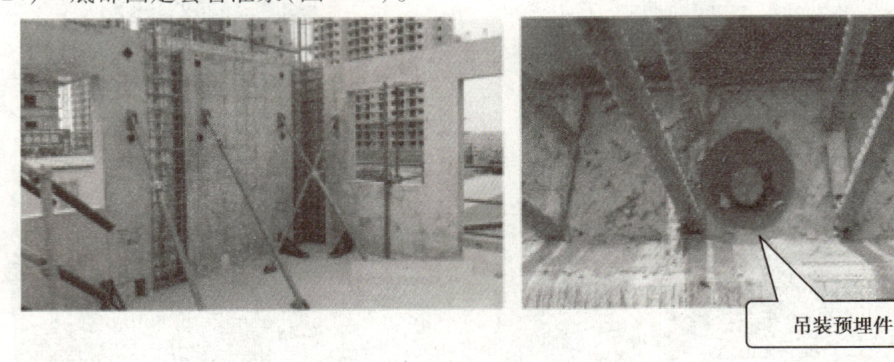

图1.23　预制剪力墙安装

图1.24　剪力墙板支撑

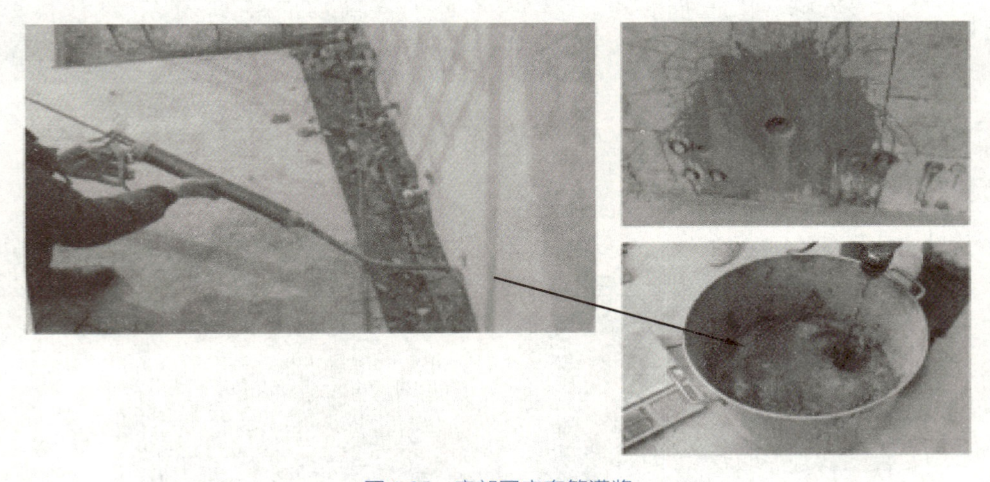

图1.25　底部固定套管灌浆

2)现浇竖向受力构件施工

①竖向受力构件(暗柱)钢筋、模板安装。

②竖向受力构件(暗柱)混凝土浇筑(图1.26)。

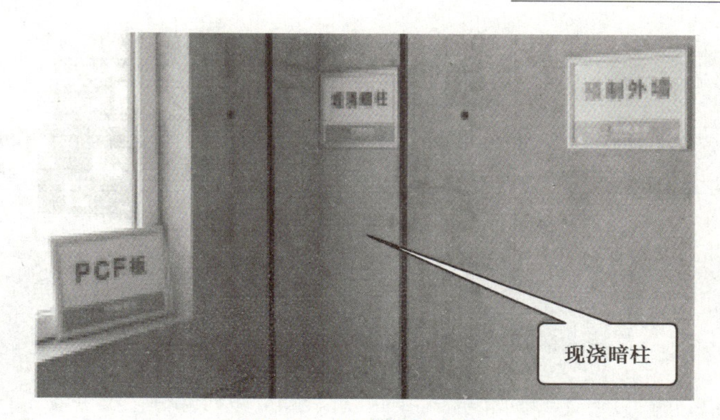

图1.26　墙板现浇暗柱

3)主梁模板、钢筋安装

主梁模板、钢筋安装如图1.27所示。

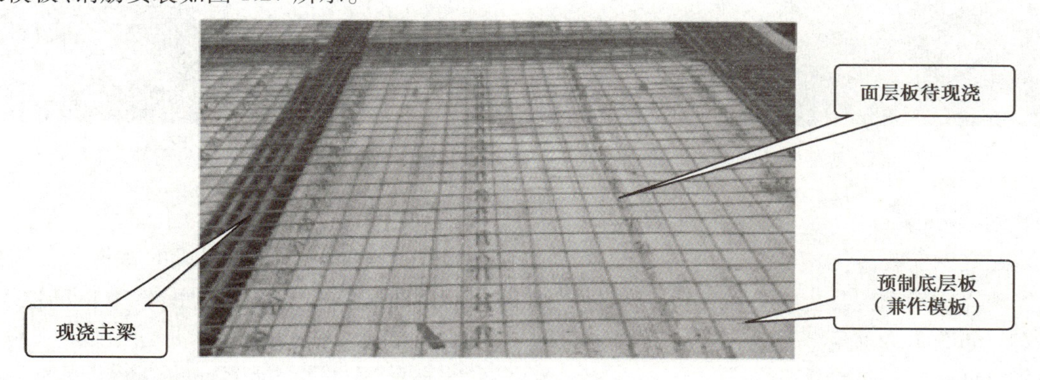

图1.27　主梁模板、钢筋安装

4)预制梁、板安装

①主、次梁吊装如图1.28所示。

图1.28　主、次梁吊装

②预制楼板吊装如图1.29所示。

图1.29　预制楼板吊装

5)现浇楼板施工

①安装楼板钢筋和线管,如图 1.30 所示。

②现浇楼板面层及连接部位混凝土,所有构件形成整体(图 1.31)。这个环节和传统楼面混凝土浇筑基本相同,首先对连接部位混凝土进行浇筑,然后浇筑主梁、楼板面层混凝土。至此,所有构件形成整体,构成一个完整的受力体系。

图 1.30 安装楼板钢筋和线管

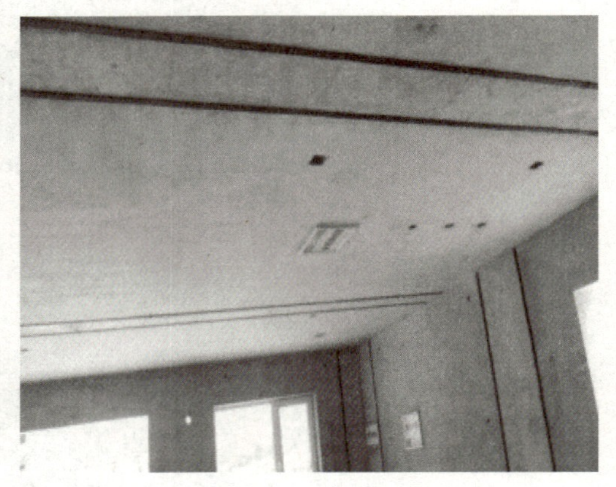

图 1.31 现浇楼板面层及连接部位混凝土

6)预制楼梯安装

预制装配式钢筋混凝土楼梯是指用预制厂生产或现场制作的构件安装拼合而成的楼梯。采用预制装配式楼梯替代现浇式钢筋混凝土楼梯可提高工业化施工水平,节约模板,简化操作程序,较大幅度地缩短工期。预制楼梯安装如图 1.32 所示。

图 1.32 预制楼梯安装

7)装饰装修施工

装配式主体施工与普通工艺施工工期相差不多,但装配式施工的装修阶段较快,至少可减少 1/3 的工期(图 1.33)。

图 1.33 装饰装修施工

8）工业化程度高

在国内外均有少数工业化程度高的施工项目，外墙已完成装饰层、整体卫生间等的生产制作（图1.34）。

图1.34　整体卫浴安装

1.4　装配式混凝土建筑发展面临的问题与对策

1.4.1　当前存在的主要问题

（1）重视出台政策，忽视培育企业（政府层面）

近年来，各地政府出台了很多政策措施和指导意见，但在推进过程中却缺乏企业支撑，尤其是龙头企业，提供的建设项目也缺乏对实施过程的总结、指导和监督。

（2）重视技术研发，轻视管理创新（企业层面）

近年来，一些企业自发地开展产业化技术的研发和应用，但忽视了企业现代化管理制度和运行模式的建立，变成"穿新鞋，走老路"。

（3）重视结构技术，轻视装修技术（企业层面）

企业在建筑工业化发展初期重视主体结构装配技术的应用，但缺乏对建筑装饰装修技术的开发应用，忽视了房屋建造全过程、全系统、一体化发展。

（4）重视成本因素，轻视综合效益（企业层面）

企业在发展初期往往注重成本提高因素，忽视通过生产方式转变、优化资源配置、提升整体效益所带来的长远效益和综合效益最大化。

1.4.2　发展的对策建议

住房和城乡建设部在2015年提出"实现建筑产业现代化新跨越"的要求。"新跨越"是指在一定历史条件下要跨越一个发展阶段、上一个新台阶、提升一个新高度，不是单纯地加快速度或简单地用"行政化"手段推进，更不是一哄而上，而是在不同的领域有先有后、有所侧重，重点突破，追求一种速度与质量并重、传统生产方式与现代工业化生产方式交替、当前发展与长远发展兼顾的协调发展模式。

因此，要实现建筑产业现代化的新跨越，必须要有新思维、新举措，做好准备，才能迎接挑战。

（1）实现新跨越需要统一行动计划

建筑产业现代化覆盖建筑的全产业链、全过程，产业链长，系统性强，不是一个部门所能及，更不是有的部门抓"住宅产业现代化"，有的部门抓"建筑产业现代化"。建议要加强宏观指导和协调，制订发展规划，明确发展目标，建立工作协调机制，优化配置政策资源，统一调动各方面力量，统筹推进，协调、有序发展。

（2）实现新跨越需要做好顶层设计

建筑产业现代化是一项系统工程，要理念一致、目标一致、步骤一致，要从全局视角出发，对各个层次、各种要素、各种参与力量进行统筹考虑，要进行总体架构设计，做好总体规划，而不是简单地喊一个口号，或出台一些激励政策。在制定推进政策、措施的同时，要结合市场条件，适度引导企业合理布局，循序渐进，不可盲目跃进，一哄而上。

(3)实现新跨越需要重视管理创新

建筑产业现代化有两个核心要素：一个是技术创新，另一个是管理创新。在推进过程中，我们往往注重了技术创新，忽视了管理创新，甚至有的企业投入大量的人力、财力开展技术创新并取得一定成果，然而在工程实践中，虽然运用新的技术成果但仍然采用传统、粗放式的管理模式，导致工程项目总体质量及效益达不到预期效果。现阶段管理创新要比技术创新更难、更重要，应摆在更高的位置。

(4)实现新跨越需要培育企业能力

企业是主体，没有现代化企业支撑就无法实现建筑产业现代化。当前，建筑产业现代化处在发展的初期阶段，企业的专业化技术体系尚未成熟，现代化管理模式尚未建立，社会化程度还很低，专业化分工还没有形成，企业在设计、生产、施工、管理各环节缺技术、缺人才、缺专业化队伍仍具有普遍性，市场的信心和能力尚未建立。因此，能力建设显得尤为重要，能力建设的重点是培育企业的能力，包括设计能力、生产能力、施工能力和管理能力。

(5)实现新跨越需要树立革命精神

建筑产业现代化的核心是生产方式变革。这种生产方式的变革必将对现行的传统发展模式带来冲击，也将为整个行业带来一系列变化，可以说建筑产业现代化是建筑行业的一场革命，整个建筑行业将面临新一轮的改革发展。因此，我们必须拿出革命精神和勇气去面对改革发展和由此带来的一系列挑战。

总之，要实现建筑产业现代化的新跨越，必须在技术集成能力、创新管理模式、转变生产方式、企业能力建设、政府体制机制等方面取得新突破，努力开创建筑产业现代化的新局面，实现新跨越。

1.5　装配式建筑评价标准

装配式建筑的装配化程度由装配率来衡量。装配率是指单体建筑室外地坪以上的主体结构、围护墙和内隔墙、装修和设备管线等采用预制部品部件的综合比例。构成装配率的衡量指标相应包括装配式建筑的主体结构、围护墙和内隔墙、装修与设备管线等部分的装配比例。

1.5.1　评价单元的确定

装配式建筑的装配率计算和装配式建筑等级评价应以单体建筑作为计算和评价单元，并应符合下列规定：

①单体建筑应按项目规划批准文件的建筑编号确认。

②建筑由主楼和裙房组成时，主楼和裙房可按不同的单体建筑进行计算和评价。

③单体建筑的层数不大于三层，且地上建筑面积不超过500 m^2 时，可由多个单体建筑组成建筑组团作为计算和评价单元。

1.5.2　评价的分类

为保证装配式建筑评价质量和效果，切实发挥评价工作的指导作用，装配式建筑评价分为预评价和项目评价，并符合下列规定：

①设计阶段宜进行预评价，并应按设计文件计算装配率。预评价的主要目的是促进装配式建筑设计理念尽早融入项目实施中。如果预评价结果满足控制项要求，评价项目可结合预评价过程中发现的不足，通过调整和优化设计方案，进一步提高装配化水平；如果预评价结果不满足控制项要求，评价项目应通过调整和修改设计方案使其满足要求。

②项目评价应在项目竣工验收后进行，并应按竣工验收资料计算装配率和确定评价等级。评价项目应通过工程竣工验收后再进行项目评价，并以此评价结果作为项目最终评价结果。

1.5.3　认定评价标准

装配式建筑应同时满足下列3项要求。

（1）主体结构部分的评价分值不低于20分

主体结构包括柱、支撑、承重墙、延性墙板等竖向构件以及梁、板、楼梯、阳台、空调板等水平构件。这些构件是建筑物主要的受力构件，对建筑物的结构安全起决定性的作用。推进主体结构的装配化对发展装配式建筑有着非常重要的意义。

（2）围护墙和内隔墙部分的评价分值不低于10分

新型建筑墙体的应用对提高建筑质量和品质、改变建造方式等都具有重要意义。积极引导和逐步推广新型建筑墙体也是装配式建筑的重点工作。非砌筑是新型建筑墙体的共同特征之一。对围护墙和内隔墙采用非砌筑类型墙体作为装配式建筑评价的控制项，也是为了推动其更好地发展。非砌筑类型墙体包括采用各种中大型板材、幕墙、木材及复合材料的成品或半成品复合墙体等，满足工厂生产、现场安装、以“干法”施工为主的要求。

对外围护墙和内隔墙采用非砌筑墙体给出50%的最低应用比例的规定，一是综合考虑了各种民用建筑的功能需求和装配式建筑工程实践中的成熟经验；二是按照适度提高标准，具体措施切实可行的原则。

（3）采用全装修

全装修是指建筑功能空间的固定面装修和设备设施安装全部完成，达到建筑使用功能和建筑性能的基本要求。

发展建筑全装修是实现建筑标准提升的重要内容之一。不同建筑类型的全装修内容和要求可能是不同的。对于居住、教育、医疗等建筑类型，在设计阶段即可明确建筑功能空间对使用和性能的要求及标准，应在建造阶段实现全装修。对于办公、商业等建筑类型，其部分功能空间对使用和性能的要求及标准等需要根据承租方的要求进行确定时，应在建筑公共区域等非承租部分实施全装修，并对实施“二次装修”的方式、范围、内容等做出明确规定，评价时可结合两部分内容进行。

此外，装配式建筑宜采用装配化装修。

装配化装修是将工厂生产的部品部件在现场进行组合安装的装修方式，主要包括干式工法楼面地面、集成厨房、集成卫生间、管线分离等。

集成厨房多指居住建筑中的厨房，是地面、吊顶、墙面、橱柜、厨房设备及管线等通过集成设计、工厂生产，在工地主要采用干式工法装配完成的厨房。集成卫生间是指地面、吊顶、墙板和洁具设备及管线等通过集成设计、工厂生产，在工地主要采用干式工法装配完成的卫生间。集成卫生间充分考虑卫生间空间的多样组合或分隔，包括多器具的集成卫生间产品和仅有洗面、洗浴或便溺等单一功能模块的集成卫生间产品。集成厨房和集成卫生间是装配式建筑装饰装修的重要组成部分，其设计应按照标准化、系列化原则，并符合干式工法施工的要求，在制作和加工阶段全部实现装配化。

1.5.4　装配率计算方法

（1）装配率总分计算

装配率应根据表1.2中的分值，按式（1.1）计算：

$$P = \frac{Q_1 + Q_2 + Q_3}{100 - Q_4} \times 100\% \tag{1.1}$$

式中　P——装配率；

Q_1——主体结构指标实际得分值；

Q_2——围护墙和内隔墙指标实际得分值；

Q_3——装修与设备管线指标实际得分值；

Q_4——评价项目中缺少的评价项分值总和。

表 1.2　装配式建筑评分表

评价项		评价要求	评价分值/分	最低分值/分
主体结构（50分）	柱、支撑、承重墙、延性墙板等竖向构件	35%≤比例≤80%	20~30*	20
	梁、板、楼梯、阳台、空调板等构件	70%≤比例≤80%	10~20*	
围护墙和内隔墙（20分）	非承重围护墙非砌筑	比例≥50%	5	10
	围护墙与保温、隔热、装饰一体化	50%≤比例≤80%	2~5*	
	内隔墙非砌筑	比例≥50%	5	
	内隔墙与管线、装修一体化	50%≤比例≤80%	2~5*	
装修和设备管线（30分）	全装修	—	6	—
	干式工法楼面、地面比例	≥70%	6	6
	集成厨房	70%≤比例≤90%	3~6*	
	集成卫生间	70%≤比例≤90%	3~6*	
	管线分离	50%≤比例≤70%	4~6*	

注：表中带“*”项的分值采用“内插法”计算，计算结果取小数点后1位。

（2）柱、支撑、承重墙、延性墙板等主体结构竖向构件应用比例计算

柱、支撑、承重墙、延性墙板等主体结构竖向构件主要采用混凝土材料时，预制部品部件的应用比例应按式（1.2）计算：

$$q_{1a}=\frac{V_{1a}}{V}\times 100\% \tag{1.2}$$

式中　q_{1a}——柱、支撑、承重墙、延性墙板等主体结构竖向构件中预制部品部件的应用比例；

V_{1a}——柱、支撑、承重墙、延性墙板等主体结构竖向构件中预制部品部件中预制混凝土体积之和；

V——柱、支撑、承重墙、延性墙板等主体结构竖向构件混凝土总体积。

当符合下列规定时，主体结构竖向构件间连接部分的后浇混凝土可计入预制混凝土体积：

①预制剪力墙墙板之间宽度不大于600 mm的竖向现浇段和高度不大于300 mm的水平后浇带、圈梁的后浇混凝土体积；

②预制框架柱框架梁之间柱梁节点的后浇混凝土体积；

③预制柱间高度不大于柱截面较小尺寸的连接区后浇混凝土体积。

（3）梁、板、楼梯、阳台、空调板等构件应用比例计算

梁、板、楼梯、阳台、空调板等构件中预制部品部件的应用比例应按式（1.3）计算：

$$q_{1b}=\frac{A_{1b}}{A}\times 100\% \tag{1.3}$$

式中　q_{1b}——梁、板、楼梯、阳台、空调板等构件中预制部品部件的应用比例；

A_{1b}——各楼层中预制装配梁、板、楼梯、阳台、空调板等构件的水平投影面积之和；

A——各楼层建筑平面总面积。

预制装配式楼板、屋面板的水平投影面积可包括：

①预制装配式叠合楼板、屋面板的水平投影面积；

②预制构件间宽度不大于300 mm的后浇混凝土带水平投影面积；

③金属楼承板和屋面板、木楼盖和屋盖及其他在施工现场免支模的楼盖和屋盖的水平投影面积。

（4）非承重围护墙中非砌筑墙体应用比例

非承重围护墙中非砌筑墙体应用比例应按式（1.4）计算：

$$q_{2a} = \frac{A_{2a}}{A_{w1}} \times 100\% \tag{1.4}$$

式中　q_{2a}——非承重围护墙中非砌筑墙体的应用比例；

A_{2a}——各楼层非承重围护墙中非砌筑墙体的外表面积之和，计算时可不扣除门、窗及预留洞口等的面积；

A_{w1}——各楼层非承重围护墙外表面总面积，计算时可不扣除门、窗及预留洞口等的面积。

（5）围护墙采用墙体、保温、隔热、装饰一体化的应用比例

围护墙采用墙体、保温、隔热、装饰一体化的应用比例应按式（1.5）计算：

$$q_{2b} = \frac{A_{2b}}{A_{w2}} \times 100\% \tag{1.5}$$

式中　q_{2b}——围护墙采用墙体、保温、隔热、装饰一体化的应用比例；

A_{2b}——各楼层围护墙采用墙体、保温、隔热、装饰一体化的墙面外表面积之和，计算时可不扣除门、窗及预留洞口等的面积；

A_{w2}——各楼层围护墙外表面总面积，计算时可不扣除门、窗及预留洞口等的面积。

（6）内隔墙中非砌筑墙体的应用比例

内隔墙中非砌筑墙体的应用比例应按式（1.6）计算：

$$q_{2c} = \frac{A_{2c}}{A_{w3}} \times 100\% \tag{1.6}$$

式中　q_{2c}——内隔墙中非砌筑墙体的应用比例；

A_{2c}——各楼层内隔墙中非砌筑墙体的墙面面积之和，计算时可不扣除门、窗及预留洞口等的面积；

A_{w3}——各楼层内隔墙墙面总面积，计算时可不扣除门、窗及预留洞口等的面积。

（7）内隔墙采用墙体、管线、装修一体化的应用比例

内隔墙采用墙体、管线、装修一体化的应用比例应按式（1.7）计算：

$$q_{2d} = \frac{A_{2d}}{A_{w3}} \times 100\% \tag{1.7}$$

式中　q_{2d}——内隔墙采用墙体、管线、装修一体化的应用比例；

A_{2d}——各楼层内隔墙采用墙体、管线、装修一体化的墙面面积之和，计算时可不扣除门、窗及预留洞口等的面积。

（8）干式工法楼面、地面的应用比例

干式工法楼面、地面的应用比例应按式（1.8）计算：

$$q_{3a} = \frac{A_{3a}}{A} \times 100\% \tag{1.8}$$

式中　q_{3a}——干式工法楼面、地面的应用比例；

A_{3a}——各楼层采用干式工法楼面、地面的水平投影面积之和。

（9）集成厨房干式工法应用比例

集成厨房的橱柜和厨房设备等应全部安装到位。墙面、顶面和地面中干式工法的应用比例应按式（1.9）计算：

$$q_{3b} = \frac{A_{3b}}{A_k} \times 100\% \tag{1.9}$$

式中　q_{3b}——集成厨房干式工法的应用比例；

A_{3b}——各楼层厨房墙面、顶面和地面采用干式工法的面积之和；

A_k——各楼层厨房的墙面、顶面和地面的总面积。

（10）集成卫生间干式工法应用比例

集成卫生间的洁具设备等应全部安装到位。墙面、顶面和地面中干式工法的应用比例应按式（1.10）计算：

$$q_{3c} = \frac{A_{3c}}{A_b} \times 100\% \tag{1.10}$$

式中　q_{3c}——集成卫生间干式工法的应用比例；

A_{3c}——各楼层卫生间墙面、顶面和地面采用干式工法的面积之和；

A_b——各楼层卫生间墙面、顶面和地面的总面积。

(11)管线分离比例

管线分离比例应按式(1.11)计算：

$$q_{3d} = \frac{L_{3d}}{L} \times 100\% \tag{1.11}$$

式中　q_{3d}——管线分离比例；

L_{3d}——各楼层管线分离的长度，包括裸露于室内空间以及敷设在地面架空层、非承重墙体空腔和吊顶内的电气、给水排水和采暖管线长度之和；

L——各楼层电气、给水排水和采暖管线的总长度。

1.5.5　评价等级划分

当评价项目满足本节“认定评价标准”提到的4点要求且主体结构竖向构件中预制部品部件的应用比例不低于35%时，可进行装配式建筑等级评价。

装配式建筑评价等级划分为A级、AA级、AAA级，等级评价标准如下：

①装配率达到60%~75%时，评价为A级装配式建筑；

②装配率达到76%~90%时，评价为AA级装配式建筑；

③装配率达到91%及以上时，评价为AAA级装配式建筑。

本节介绍的装配式建筑评价标准适用于民用建筑的装配化程度评价，工业建筑的装配化程度评价参照执行。这里提到的民用建筑，包括居住建筑和公共建筑。装配式建筑评价除符合本节介绍的标准外，还应符合国家现行有关标准的规定。

复习思考题

1.1　什么是建筑产业化？建筑产业化的主要特点有哪些？

1.2　我国装配式混凝土建筑的发展经历了怎样的历程？

1.3　简述建筑产业化的工作流程。

1.4　建筑产业化当前存在的问题主要有哪些？针对这些问题有哪些对策和建议？

1.5　装配式建筑如何划分评价等级？

第2章　装配式混凝土结构全专业设计

内容提要：本章主要介绍装配式混凝土结构(PC)建筑设计，从PC建筑设计的设计流程、各设计阶段的设计要点及主要工作、各专业间协同设计的内容等方面进行介绍，重点介绍PC建筑设计工作内容。希望通过本章的学习，读者能够了解并掌握PC建筑设计各阶段的工作内容及工作重点。

课程重点：

1.了解PC建筑设计的设计流程及各阶段的设计内容；

2.了解PC建筑设计各专业间协同设计的内容；

3.了解PC建筑常用结构体系与结构连接方式。

PC建筑设计的重要作用在于实现“五化一体”(设计标准化、生产工业化、施工装配化、装修一体化、管理信息化，开发技术管理一体)，全面提升建筑品质，降低建造和使用的成本。将施工阶段的问题提前至设计、生产阶段解决，将设计模式由面向现场施工转变为面向工厂加工和现场施工的新模式，要求我们运用产业化的目光审视我们原有的知识结构和技术体系，采用产业化的思维重新建立企业与专业之间的分工及合作，使研发、设计、生产、施工及装修形成完整的协调机制。

2.1　PC建筑设计概述

2.1.1　PC建筑设计内容

PC建筑设计是一个有机的过程，“装配式”的概念应当伴随设计全过程，需要建筑设计师、结构设计师和其他专业设计师合作与互动，需要设计人员与构件生产厂家、安装施工单位的技术人员密切合作与互动。PC建筑设计是具有高度衔接性、互动性、集合性和精细性的设计过程，会面对一些新的课题和挑战。

1)设计前期

工程设计尚未开始时，关于装配式的分析就应当先行。设计者首先需要对项目是否适合做装配式进行定量的技术经济分析，对约束条件进行调查，判断是否有条件做装配式建筑，并得出结论。

2)方案设计阶段

在方案设计阶段，建筑师和结构师需根据PC建筑的特点和有关规范的规定确定方案。方案设计阶段关于装配式的设计内容包括：

①确定建筑风格、造型、质感时，分析判断装配式的影响和实现可能性。例如，PC建筑不适宜造型复杂且没有规律的立面；无法提供连续的无缝建筑表皮等。

②确定建筑高度时考虑装配的影响。

③确定建筑形体时考虑装配的影响。

④一些地方政府在土地“招拍挂”(使用权出让方式招标、拍卖、挂牌)时设定了预制率的刚性要求，建筑师和结构师在方案设计时需考虑实现这些要求的做法。

拆分设计知识简介

3)施工图设计阶段

(1)建筑设计

在施工图设计阶段，建筑设计关于装配式的内容包括：

①与结构工程师确定预制范围，确定哪些楼层及哪些部分需要预制。

②设定建筑模数，确定模数协调原则。

③在进行平面布置时考虑装配式的特点和要求。

④在进行立面设计时考虑装配式的特点，确定立面拆分原则。

⑤依照装配式建筑特点与优势，设计表皮造型和质感。

⑥进行外围护结构建筑设计时，尽可能实现建筑、结构、保温、装饰一体化。

⑦设计外围护预制构件接缝防水防火沟。

⑧根据门窗、装饰、厨卫、设备、电源、通信、避雷、管线、防火等专业或环节的要求，进行建筑构造设计和节点设计，与构件设计对接。

⑨将各专业对建筑构造的要求汇总等。

(2)结构设计

施工图设计阶段，结构设计关于装配式的内容包括：

①与建筑师确定预制范围，确定哪些楼层及哪些部分预制。

②因装配式而附加或变化的作用与作用分析。

③对构件接缝处水平抗剪能力进行计算。

④因装配式所需要进行的结构加强或改变。

⑤因装配式所需要进行的构造设计。

⑥依据等同原则和规范确定拆分原则。

⑦确定连接方式，进行连接节点设计，选定连接材料。

⑧对夹心保温构件进行拉结节点布置、外叶板结构设计和拉结件结构计算，选择拉结件。

⑨对预制构件承载力和变形进行验算。

⑩将建筑和其他专业对预制构件的要求集成到构件制作图中。

(3)其他专业设计

给水、排水、暖通、空调、设备、电气、通信等专业须将与装配式有关的要求，准确定量地提供给建筑师和结构师。

(4)拆分设计与构件设计

拆分设计和构件设计是结构设计的一部分，也是装配式结构设计非常重要的环节，拆分设计人员应在结构设计师的指导下进行拆分，应由结构设计师和项目设计单位审核签字，承担设计责任。

拆分设计与构件设计内容包括：

①依据规范，按照建筑和结构设计要求和制作、运输、施工的条件，结合制作、施工的便利性和成本因素，进行结构拆分设计。

②设计拆分后的连接方式、连接节点、出筋长度、钢筋的锚固和搭接方案等，确定连接件的材质和质量要求。

③进行拆分后的构件设计，包括形状、尺寸、允许误差等。

④对构件进行编号，构件有任何不同，编号都要有区别，每一类构件有唯一的编号。

⑤设计预制混凝土构件制作和施工安装阶段所需的脱模、翻转、吊运、安装、定位等吊点和临时支撑体系等，确定吊点和支撑位置，进行强度、裂缝和变形验算，设计预埋件及其锚固方式。

⑥设计预制构件存放、运输的支撑点位置，提出存放要求。

(5)其他设计

装配式混凝土结构建筑的其他设计包括制作工艺设计、模具设计、产品保护设计、运输装车设计和施工工艺设计，由 PC 构件工厂和施工安装单位负责，其中模具还需要专业模具厂家负责或参与设计。

2.1.2 设计依据与原则

PC 建筑设计首先应当遵循国家标准、行业标准和项目所在地的地方标准。

由于我国装配式建筑设计处于起步阶段，有关标准还不完善，覆盖范围有限，有些规定也不具体明确，还不能适应大规模开展装配式建筑的需求，许多创新的设计也不可能从规范中找到相应的规定。所以，PC 建筑设计还需要借鉴国外成熟的经验，进行试验以及请专家论证等。

PC建筑设计尤其需要设计、制作和施工环节的互动和各专业的衔接。

1）设计依据

PC建筑设计除了要执行混凝土结构建筑有关国家标准，还应当执行关于装配式混凝土结构的现行行业标准《装配式混凝土结构技术规程》（JGJ 1—2014）。

北京、上海、辽宁、黑龙江、深圳、江苏、四川、安徽、湖南、重庆、山东、湖北等省市都制定了关于装配式混凝土结构的地方标准。中国建筑设计标准研究院，以及北京、上海、辽宁等地还编制了装配式混凝土结构标准图集。

2）创新设计依据原则

（1）借鉴国外优秀设计经验

美国、日本以及新加坡等国家有多年PC建筑经验，尤其是日本，许多超高层PC建筑经历了多次大地震的考验。对国外成熟的经验，特别是许多设计细节，宜采取借鉴方式，但应结合相应的试验和专家论证。

（2）试验原则

目前，装配式建筑的一些配件和配套材料国内也处于开发阶段。因此，试验显得尤为重要。如果设计中采用了新技术和新材料，对于结构连接等关键环节，应基于试验获得的可靠数据进行设计。

（3）专家论证

当设计超出国家标准、行业标准或地方标准的规定时，必须进行专家审查。在采用规范没有规定的结构技术和重要材料时，也应进行专家论证。在建筑结构和重要施工功能问题上，审慎是非常重要的。

（4）设计、制作、施工的沟通互动

PC建筑设计人员与PC工厂和施工安装单位技术人员进行沟通互动，了解制作和施工环节对设计的要求和约束条件。沟通内容如PC构件制作和施工需要的预埋件，包括脱模、翻转、安装、临时支撑、调节安装高度、后浇筑模板固定、安全护栏固定等预埋件，这些预埋件设置在什么位置合适，如何锚固，会不会与钢筋、套筒、箍筋太近而影响混凝土浇筑，会不会因为位置不当导致构件开裂，如何防止预埋件应力集中产生裂缝等，设计师只有与制作厂家和施工单位技术人员沟通才能给出安全可靠的设计。

2.1.3 设计质量要点

PC建筑设计涉及结构方式的重大变化和各个专业、各个环节的高度契合，对设计深度和精细程度要求高，一旦设计出现问题，在构件制作及施工阶段会造成重大损失，也会延误工期。PC建筑不同于现浇建筑，不能在现场临时修改或返工。因此，必须保证设计精度、细度、深度、完整度，必须保证不出错，保证设计质量。

保证设计质量的要点包括：

①设计开始就建立统一协调的设计机制，由富有经验的建筑师和结构师负责协调衔接各个专业。

②列出与装配式有关的设计和衔接清单，避免漏项。

③列出与装配式有关的设计的关键点清单。

④制订装配式设计流程。

⑤对不熟悉装配式设计的人员进行培训。

⑥与装配式有关的各个专业参与拆分后的构件制作图校审。

⑦落实设计责任。

⑧应使用BIM系统。

2.2 建筑设计

PC建筑在实现建筑功能方面有些地方与现浇混凝土结构建筑不同，建筑风格也有自身的规律和特点，某些方面受到一定的约束，建筑设计要综合考虑这些不同、规律、特点和约束。

PC建筑设计应以实现建筑功能为第一原则，装配式的特殊性必须服从建筑功能，不能牺牲或削弱建筑功能去服从装配式，不能为了装配式而装配式。

PC 建筑设计比现浇混凝土结构建筑更需要各专业密切协同，有些部分应实现集成化和一体化，设计须深入细致，有时候还需要面对新的课题。

2.2.1　PC 建筑模数化

1）模数化对 PC 建筑的意义

模数化对 PC 建筑尤为重要，是建筑部品制造实现工业化、机械化、自动化和智能化的前提，是正确和精确装配的技术保障，也是降低成本的重要手段。

以剪力墙板制作为例，目前影响剪力墙板制作实现自动化的最大困难是变化多样的外伸钢筋。如果通过模数化设计使剪力墙的规格、厚度、外伸钢筋间距和保护层厚度简化为有规律的几种情况，将剪力墙出筋边模做成几种定型的规格，就可以便利地实现边模组装自动化，如此可以大大提高流水线效率，降低模具成本和制作成本。

模具在 PC 构件制作中占成本比重较大。模具或边模大多是钢或其他金属材料，可周转几百次、上千次甚至更多，但在实际工程中一种构件可能只做几十个，模具实际周转次数过少，加大了无效成本。模数化设计可以使不同工程、不同规格的构件共用或方便地改用模具。

PC 建筑"装配"是关键，保证精确装配的前提是确定合适的公差，也就是允许误差，包括制作公差、安装公差和位形公差。位形公差是指在力学、物理、化学作用下，建筑部件或分部件所产生的位移和变形的允许公差，墙板的温度变形就属于位形公差。设计中还需要考虑"连接空间"，即安装时为保证与相邻部件或分部件之间的连接所需要的最小空间，也称空隙，如 PC 外挂墙板之间的空隙。给出合理的公差和空隙是模数化设计的重要内容。

PC 建筑的模数化就是在建筑设计、结构设计、拆分设计、构件设计、构件装配设计、一体化设计和集成化设计中，采用模数化尺寸，给出合理公差，实现建筑、建筑部品部件尺寸与安装位置的模数协调。

2）建筑模数的基本概念与要求

（1）模数

所谓模数，就是选定的尺寸单位，作为尺寸协调中的增值单位。例如，以 100 mm 为建筑层高模数，建筑层高的变化就以 100 mm 为增值单位，设计层高有 2.8 m、2.9 m，而不是 2.84 m、2.96 m等。

（2）模数协调

模数协调是应用模数实现尺寸协调及安装位置的方法和过程。

（3）基本模数

基本模数是指模数协调中的基本尺寸单位，用 M（模）表示。建筑设计的基本模数为 100 mm，也就是 1 M 等于 100 mm，建筑、建筑部品和建筑构件的模数化尺寸，应当是 100 mm 的倍数。

以 300 mm 为跨度变化模数，跨度的变化就是以 300 mm 为增量单位，设计跨度有 3 m、3.3 m、4.2 m、4.5 m，而没有3.12 m、4.37 m、5.89 m 等。

（4）扩大模数和分模数

由基本模数可以导出扩大模数和分模数。

扩大模数是基本模数的整数倍数，扩大模数基数应为 2 M、3 M、6 M……前面列举的例子层高的模数是基本模数 M，跨度的模数则是扩大模数，为 3 M。

分模数是基本模数的整数分数。分模数基数应为 M/10、M/5、M/2，也就是 10 mm、20 mm、50 mm。

3）PC 建筑模数化设计的目标

PC 建筑模数化设计的目标是实现模板协调，具体目标包括：

①实现建筑制造施工各个环节和建筑、结构、装饰、水暖电各个专业的互相协调。

②对建筑各部位尺寸进行分割，并确定各个一体化部件、集成化部件、PC 构件的尺寸和边界条件。

③尽可能实现部品部件和配件的标准化，如用量大的叠合楼板、预应力叠合楼板、剪力墙外墙板、剪力墙内墙板、楼梯板等板式构件。优选标准化方式，使得标准化部件的种类最优。

④有利于部件、构件的互换，模具的共用和可修改。

⑤有利于建筑部件、构件的定位和安装，协调建筑部件与功能空间之间的尺寸关系。

4) PC 建筑模数化设计的主要工作

PC 建筑模数化设计的主要工作包括：

(1)贯彻国家标准

按照国家标准《建筑模数协调标准》(GB/T 50002—2013)进行设计。

(2)设定模数网格

结构网格宜采用扩大模数网格，且优先尺寸为 2nM、3nM 模数系列。

装修网格宜采用基本模数网格或分模数网格。

隔墙、固定橱柜、设备、管井等部件宜采用基本模数网格，构造做法、接口、填充件等分部件采用分模数网格，分模数的优先尺寸为 M/2、M/5。

(3)将部件设计在模数网格内

将每一个部件，包括预制混凝土构件、建筑、结构、装饰一体化构件和集成化构件都设计在模数网格内，部件占用的模数空间尺寸应包括部件尺寸、部件公差以及技术尺寸所需要的空间。技术尺寸是指模数尺寸条件下，非模数尺寸或生产过程中出现误差时所需的技术处理尺寸。

①确定部件尺寸。

部件尺寸包括标志尺寸、制作尺寸和实际尺寸：

a.标志尺寸是指符合模数数列的规定，用以标注建筑物定位线和基准面之间的垂直距离以及建筑部件、建筑分部件、有关设备安装基准面之间的尺寸。

b.制作尺寸是指制作部件和分部件所依据的设计尺寸，是标志尺寸减去空隙和安装公差、位形公差后的尺寸。

c.实际尺寸则是部件、分部件等生产制作后实际测得的尺寸，是包括了制作误差的尺寸。

设计者应当根据标志尺寸确定构件尺寸，并给出公差，即允许误差。

②确定部件定位方法。

部件或分部件的定位方法包括中心线定位法、界面定位法或两者结合的定位法。

a.对于主体结构部件的定位，可采用中心线定位法或界面定位法。

b.对于梁、柱、承重墙的定位，宜采用中心线定位法。

c.对于楼板及屋面板的定位，宜采用界面定位法，即以楼面定位。

d.对于外挂墙板，应采用中心线定位法和界面定位法结合的方法。板的上下和左右位置，按中心线定位，力求减少缝的误差；板的前后位置按界面定位，以求外墙表面平整。

在节点设计时考虑安装顺序和安装的便利性。

2.2.2　PC 建筑设计流程

PC 建筑设计应考虑实现标准化设计、工厂化生产、装配化施工、一体化装修和信息化管理，可以全面提升住宅品质，降低住宅建造和维护的成本。与采用现浇混凝土剪力墙结构的建设流程相比，装配式混凝土结构住宅的建设流程更全面、更精细、更综合，增加了技术策划、工厂生产、一体化装修等过程，两者的差异详见图 2.1 与图 2.2。

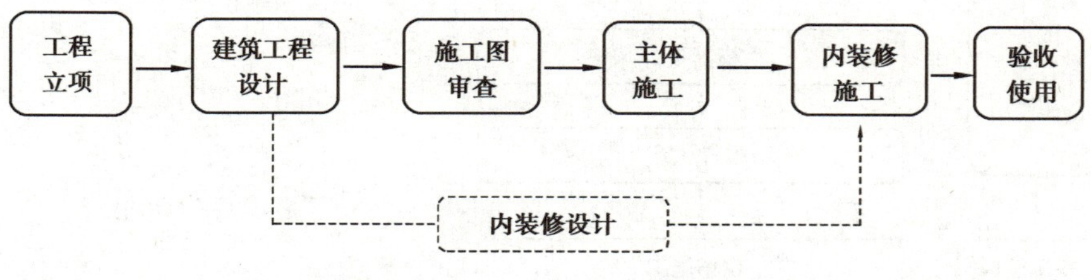

图 2.1　现浇式建筑建设流程参考图

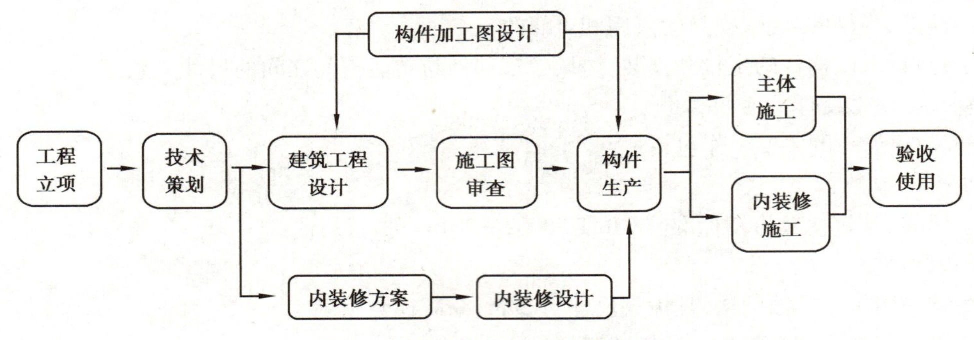

图 2.2 装配式建筑建设流程参考图

影响装配式混凝土结构住宅实施的因素有技术水平、生产工艺、生产能力、运输条件、管理水平、建设周期等。在项目前期技术策划中，应根据产业化目标、工业水平和施工能力以及经济性等要求确定适宜的预制率。预制率在装配式建筑中是比较重要的控制性指标。预制率是指工业化建筑室外地坪以上主体结构和围护结构中预制部分的混凝土用量占对应构件混凝土总用量的体积比。

装配式混凝土结构建筑设计，应在满足住宅使用功能的前提下，实现套型的标准化设计，以提高构件与部品的重复使用率，有利于降低造价。在装配式混凝土结构住宅的建设流程中，需要建设、设计、生产、施工和管理等单位精心配合，协同工作。在方案设计阶段之前应增加前期技术策划环节，为配合预制构件的生产加工应增加预制构件加工图纸设计内容。装配式混凝土结构住宅设计流程可参考图 2.3。

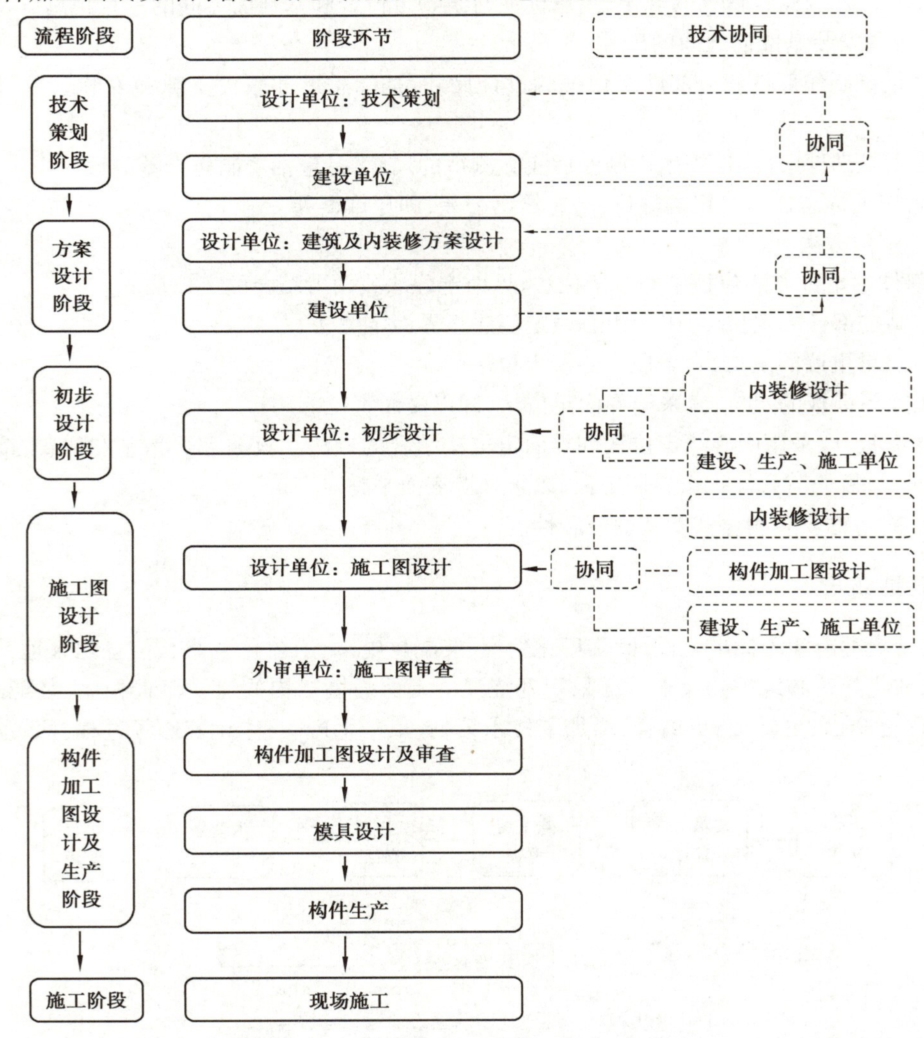

图 2.3 装配式混凝土结构住宅设计流程参考图

在装配式混凝土结构住宅设计中，前期技术策划对项目的实施起到十分重要的作用。设计单位应充分了解项目定位、建设规模、产业化目标、成本限额、外部条件等影响因素，制订合理的建筑设计方案，提高预制构件的标准化程度，并与建设单位共同确定技术实施方案，为后续的设计工作提供依据。

在方案设计阶段应根据技术策划要点做好平面设计和立面设计。平面设计在保证满足使用功能的基础上，实现住宅套型设计的标准化与系列化，遵循“少规格、多组合”的设计原则。立面设计宜考虑构件生产加工的可能性，根据装配式建造方式的特点实现立面的个性化和多样化。

初步设计阶段应根据各专业的技术要求协同设计。优化预制构件种类，充分考虑设备专业管线预留预埋，可进行专项的经济性评估，分析影响成本的因素，制订合理的技术措施。

施工图设计阶段应按照各专业初步设计阶段制订的协同设计条件开展工作。各专业根据预制构件、内装部品、设备设施等生产企业提供的设计参数，在施工图中充分考虑各专业预留预埋要求。建筑专业还应考虑连接节点处的防水、防火、隔声等设计。

建筑专业可根据工程需要为构件加工图设计提供预制构件尺寸控制图，构件加工图设计可由设计单位与预制构件生产企业等配合设计完成。建筑设计可采用BIM技术，协同完成各专业设计内容，提高设计精确度。

2.2.3　PC建筑平面设计

拆分平面图识读

1）总平面设计

装配式混凝土结构建筑的规划设计在满足采光、通风、间距、退线（建筑红线与地块红线之间的距离）等规划要求情况下，宜优先采用由套型模块组合的住宅单元进行规划设计。

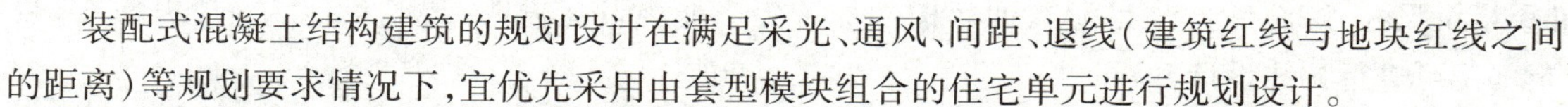

由于预制构件需要在施工过程中运至塔吊所覆盖的区域内进行吊装，因此在总平面设计中应充分考虑运输通道的设置，合理布置预制构件临时堆场的位置与面积，选择适宜的塔吊位置和吨位，塔吊位置应根据现场施工方案进行调整，以精确控制构件运输环节，提高场地使用效率，确保施工便捷、安全。

2）建筑平面设计

装配式混凝土结构建筑平面设计应遵循模数协调原则，优化平面模块的尺寸和种类，实现预制构件和内装部品的标准化、系列化和通用化，完善住宅产业配套应用技术，提升工程质量，降低建造成本。

在方案设计阶段应对住宅空间按照不同的使用功能进行合理划分，结合设计规范、项目定位及产业化目标等，确定模块及其组合形式；宜选用大空间的平面布局方式，合理布置承重墙及管井位置，实现住宅空间的灵活性、可变性，套内各功能空间分区明确、布局合理。

平面形状从抗震和成本两个方面考虑，PC建筑平面形状以简单为好，开间进深过大的形状对抗震不利；平面形状复杂的建筑，预制构件种类多，会增加成本。

世界各国PC建筑的平面形状以矩形居多，日本PC建筑主要是高层和超高层建筑，以方形和矩形为主，个别也有“Y”字形，方形的点式建筑最多。对超高层建筑而言，方形或接近方形是最合理的平面形状。建筑平面布局规则多如图2.4所示。

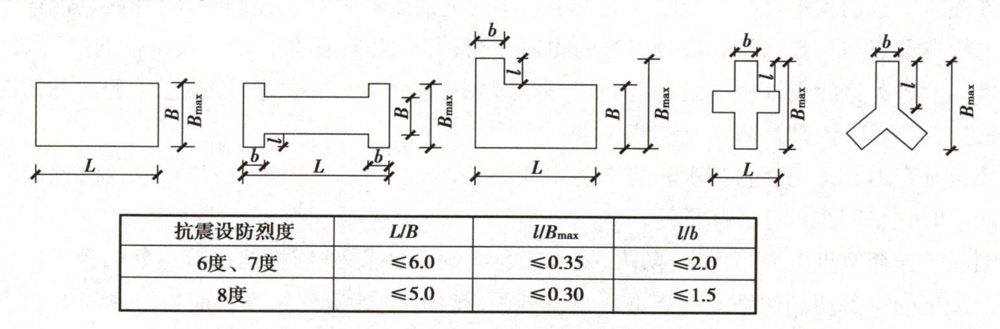

抗震设防烈度	L/B	l/B_{max}	l/b
6度、7度	≤6.0	≤0.35	≤2.0
8度	≤5.0	≤0.30	≤1.5

图2.4　建筑平面布局规则

2.2.4　PC建筑立面设计

装配式混凝土结构建筑的立面设计应利用标准化、模块化、系列化的套型组合特点。预制外墙板可采用不同饰面材料展现不同肌理与色彩的变化，通过不同外墙构件的灵活组合，实现富有工业化建筑特征的立面效果。

装配式混凝土结构建筑的外墙构件主要包括装配式混凝土外墙板、门窗、阳台、空调板和外墙装饰构件等。要充分发挥装配式混凝土结构住宅外墙构件的装饰作用，就要进行立面多样化设计。

立面装饰材料应符合设计要求，预制外墙板宜采用工厂预涂刷涂料、装饰材料反打、肌理混凝土（混凝土装饰的一种）等一体化装饰生产工艺。当采用反打一次成型的外墙板时，应对其装饰材料的规格尺寸、材质类别、连接构造等进行检验，以确保质量。

外墙门窗在满足通风采光的基础上，通过调节门窗尺寸、位置、虚实比例以及窗框分隔形式等设计手法形成一定的灵活性。如通过改变阳台、空调板的位置和形状，可使立面具有较大的可变性；通过附加装饰构件的方法可实现多样化立面设计效果，满足建筑立面风格差异化的要求。

2.2.5 PC 建筑预制构件设计

预制构件设计应充分考虑生产的便利性、可行性以及成品保护的安全性。当构件尺寸较大时，应增加构件脱模及吊装用的预埋吊点的数量。

预制构件的设计应遵循标准化、模数化原则；应尽量减少构件类型，提高构件标准化程度，降低工程造价；注意预制构件重量及尺寸，综合考虑项目所在地区构件加工生产能力及运输、吊装等条件。对于开洞多、异形、降板等复杂部位可进行具体设计。

预制外墙板应根据不同地区的保温隔热要求选择适宜的构造，同时考虑空调留洞及散热器安装预埋件等的安装要求。

非承重内墙宜选用自重轻，易于安装、拆卸且隔音性能良好的隔墙板等。可根据使用功能灵活分隔室内空间，非承重内墙板与主体结构的连接应安全可靠，满足抗震及使用要求。用于厨房及卫生间等潮湿空间的墙体面层应具有防水、易清洁的性能。内隔墙板与设备管线、洁具、空调设备及其他构件的安装连接应牢固。

装配式混凝土结构住宅的楼盖宜采用叠合楼板，结构转换层、平面复杂或开间较大的楼层、作为上部结构嵌固部位的地下楼层宜采用现浇楼盖。楼板与楼板、楼板与墙体间的接缝应保证结构安全性。

叠合楼板应考虑设备管线、吊顶、灯具安装点位的预留、预埋，以满足设备专业的要求。空调室外机搁板宜与预制阳台结合设置。阳台应确定栏杆留洞、预埋线盒、立管留洞、地漏等的准确位置。

预制楼梯应确定扶手栏杆的留洞及预埋，楼梯踏面的防滑构造应在工厂预制时一次成型，且采取成品保护措施。

2.2.6 PC 建筑构造节点设计

预制构件连接节点的构造设计是装配式混凝土结构住宅的设计关键。预制外墙板的接缝、门窗洞口等防水薄弱部位的构造节点与材料选用应满足建筑的物理性能、力学性能、耐久性能及装饰性能的要求。

预制外墙板的各类接缝设计应满足构造合理、施工方便、坚固耐久的要求，应根据工程实际情况和所在气候区等，合理进行节点设计，满足防水及节能要求。

预制外墙板垂直缝宜采用材料防水和构造防水相结合的做法，可采用槽口缝或平口缝；预制外墙板水平缝采用构造防水时宜采用企口缝或高低缝。

预制外墙板的连接节点应满足保温、防火、防水以及隔音的要求，外墙板连接节点处的密封胶应与混凝土具有相容性及规定的抗剪切和伸缩变形能力。采用硅酮、聚氨酯、聚硫建筑密封胶应分别符合国家现行标准《硅酮和改性硅酮建筑密封胶》（GB/T 14683—2017）、《聚氨酯建筑密封胶》（JC/T 482—2003）、《聚硫建筑密封胶》（JC/T 483—2006）的规定，连接节点处的密封材料在建筑使用过程中应定期进行检查、维护与更新。

外墙板接缝宽度应考虑热胀冷缩及风荷载、地震等外界作用的影响。预制外墙板上的门窗安装应确保连接的安全性、可靠性及密闭性。

装配式混凝土结构住宅的外围护结构热工计算应符合国家建筑节能设计标准的相关要求，当采用预制夹心外墙板时，其保温层宜连续，保温层厚度应满足项目所在地区建筑围护结构节能设计要求。

预制夹心外墙板中的保温材料及接缝处填充用保温材料的燃烧性能、导热系数及体积吸水率等应符合现行国家标准《装配式混凝土结构技术规程》(JGJ 1—2014)的规定。

2.3 结构设计

装配式混凝土结构有其自身的特点。它既不是按现浇混凝土结构设计完后进行延伸与深化，也不是结构拆分和预制构件设计，更不是全新的结构体系。它是根据装配式建筑发展需要而区别于现浇混凝土结构的特点和规定，须从结构设计开始就贯彻落实，并贯穿整个结构设计过程。

2.3.1 PC 建筑结构的定义

1)装配式混凝土结构

根据《装配式混凝土结构技术规程》(JGJ 1—2014)的定义，装配式混凝土结构是指由预制混凝土构件通过可靠的连接方式装配而成的混凝土结构，包括装配整体式混凝土结构、全装配混凝土结构等。这个定义给出了装配式建筑的两个核心特征，即预制混凝土构件和可靠的连接方式。

2)装配整体式混凝土结构

装配整体式混凝土结构是由预制混凝土构件通过可靠的方式进行连接，并与现场后浇混凝土、水泥基灌浆料形成整体的装配式混凝土结构。装配整体式混凝土结构的连接以"湿连接"为主要方式。

装配整体式混凝土结构具有较好的整体性和抗震性。目前大多数多层和全部高层装配式混凝土结构建筑采用装配整体式混凝土结构，有抗震要求的低层装配式建筑也多为装配整体式混凝土结构。

3)全装配混凝土结构

全装配混凝土结构预制混凝土构件用干法连接(如螺栓连接、焊接等)形成整体。国内许多预制钢筋混凝土柱单层厂房就属于全装配混凝土结构。国外一些低层建筑或非抗震地区的多层建筑采用全装配混凝土结构。

2.3.2 PC 建筑结构设计内容

PC 建筑结构设计需从一开始就贯彻落实，并贯穿整个结构设计过程，不是之后的延伸或深化设计所能解决的。PC 建筑结构设计的主要工作内容有：

①根据建筑功能需要、项目环境条件、装配式行业标准或地方标准的规定和装配式结构的特点，选定适宜的结构体系，即确定建筑是框架结构、框架-剪力墙结构、筒体结构还是剪力墙结构。

②根据装配式行业标准或地方标准的规定和已经选定的结构体系，确定建筑最大适用高度和最大高宽比。

③根据建筑功能需要、项目约束条件(如政府对装配率、预制率的刚性要求)、装配式行业标准或地方标准的规定和所选定的结构体系的特点，确定装配式范围，即哪一层哪一部分哪些构件预制。

④在进行结构分析、荷载与作用组合和结构计算时，根据装配式行业标准或地方标准的要求，将不同于现浇混凝土结构的有关规定，如抗震的有关规定、附加的承载力计算、有关系数的调整等，输入计算过程或程序，体现到结构设计的结果上。

⑤进行结构拆分设计，选定可靠的结构连接方式，进行连接节点和后浇混凝土区的结构构造设计，设计结构构件装配图。

⑥对需要进行局部加强的部位进行结构构造设计。

⑦确定哪些部件实行一体化，对一体化构件进行结构设计。

⑧进行独立预制构件设计，如楼梯板、阳台板、遮阳板等构件。

⑨进行拆分后的预制构件结构设计，将建筑、装饰、水暖电等专业需要在预制构件中埋设的管线、预埋件、预埋物、预留沟槽，连接需要的粗糙面和键槽，制作、施工环节需要的预埋件等，都无一遗漏地汇集到构件制作图中。

⑩当建筑、结构、保温、装饰一体化时，应在结构图样上表达其他专业的内容。

⑪对预制构件制作、脱模、翻转、存放、运输、吊装、临时支撑等各个环节进行结构复核，设计相关的构造等。

一般而言，对于任何结构体系的钢筋混凝土建筑，框架结构、框架-剪力墙结构、筒体结构、剪力墙结构、部分框支剪力墙结构、无梁板结构等都可以实现装配式。但是，有的结构体系更适宜一些，有的结构体系则勉强一些；有的结构体系技术与经验已经成熟，有的结构体系则正在摸索之中。下面分别介绍各种结构体系的装配式适宜性。

1）框架结构

框架结构是由柱、梁为主要构件组成的承受竖向和水平作用的结构。框架结构是空间刚性连接的杆系结构，如图2.5所示。

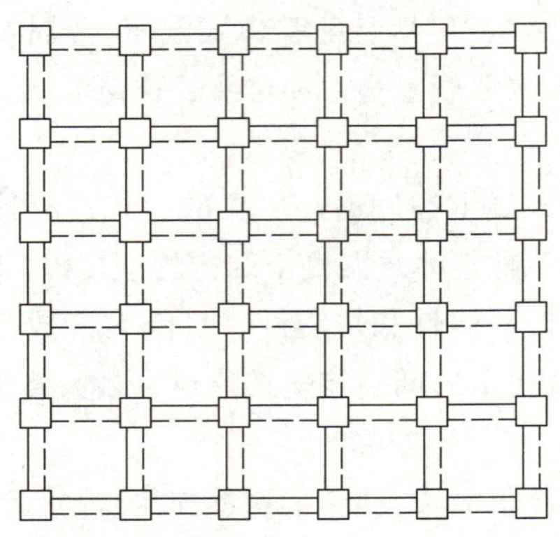

图2.5　框架结构平面示意图

目前框架结构的柱网尺寸可做到12 m，可形成较大的无柱空间，平面布置灵活，适合办公、商业、公寓和住宅。

在我国，框架结构较多用于办公楼和商业建筑，住宅用得比较少。

框架结构最主要的问题是高度受到限制，按照我国现行规范，现浇混凝土框架结构，无抗震设计时建筑最大适用高度为70 m；有抗震设计时根据设防烈度最大适用高度为35～60 m。PC框架结构的适用高度与现浇结构基本一样，只有8度（0.3g）地震设防时低了5 m。

国外多层和小高层PC建筑大都是框架结构，框架结构的PC技术比较成熟。

装配整体式框架结构的结构构件包括柱、梁、叠合梁、柱梁一体构件和叠合楼板等，另外还有外墙挂板、楼梯、阳台板、挑檐板、遮阳板等。多层和低层框架结构有柱板一体化构件，板边缘是暗柱。

装配整体式框架结构的连接，柱子和梁采用套筒连接，楼板为叠合楼板或预应力叠合楼板。

框架PC建筑的外围护结构或采用PC外墙挂板；或直接用结构柱、梁与玻璃窗组成围护结构；或用带翼缘的结构柱、梁与玻璃窗组成围护结构；或用多层建筑外墙和高层建筑凹入式阳台的外墙，也可用ALC墙板。

2）框架-剪力墙结构

框架-剪力墙结构是由柱、梁和剪力墙共同承受竖向和水平作用的结构。由于在结构框架中增加了剪力墙，因此弥补了框架结构侧向位移大的缺点；又由于只在部分位置设置剪力墙，所以又不失框架结构空间布置灵活的优点，如图2.6所示。

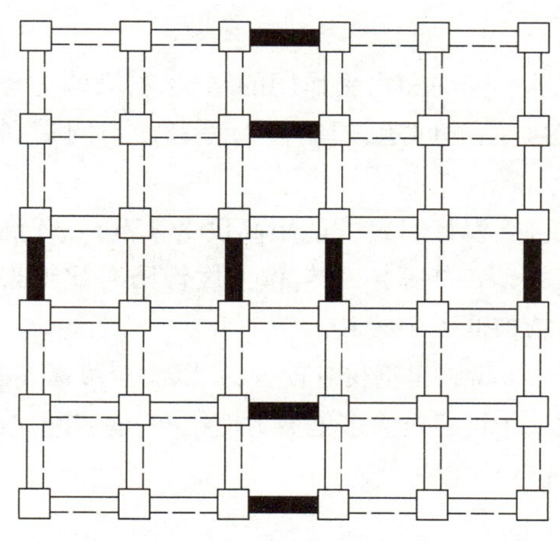

图 2.6 框架-剪力墙结构平面示意图

与框架结构相比，框架-剪力墙结构的建筑适用高度大大提高了。无抗震设计时，建筑最大适用高度为150 m；有抗震设计时根据设防烈度最大适用高度为80～130 m。PC框架-剪力墙结构，在框架部分为装配式、剪力墙部分为现浇的情况下，最大适用高度与现浇框架-剪力墙结构完全一样。框架-剪力墙结构多用于高层和超高层建筑。

装配整体式框架-剪力墙结构，现行行业标准要求剪力墙部分现浇。

框架-剪力墙结构框架部分的装配整体式与框架结构装配整体式一样，构件类型、连接方式和外围护做法没有区别。

3）筒体结构

筒体结构是以竖向筒体为主构成的承受竖向和水平作用的建筑结构，筒体结构的筒体分剪力墙围成的薄壁筒和由密柱框架或壁式框架围成的框筒等。

筒体结构还包括框架核心筒结构和筒中筒结构等。框架核心筒结构由核心筒和外围稀疏框架组成，筒中筒结构由核心筒与外部框筒组成，如图2.7所示。

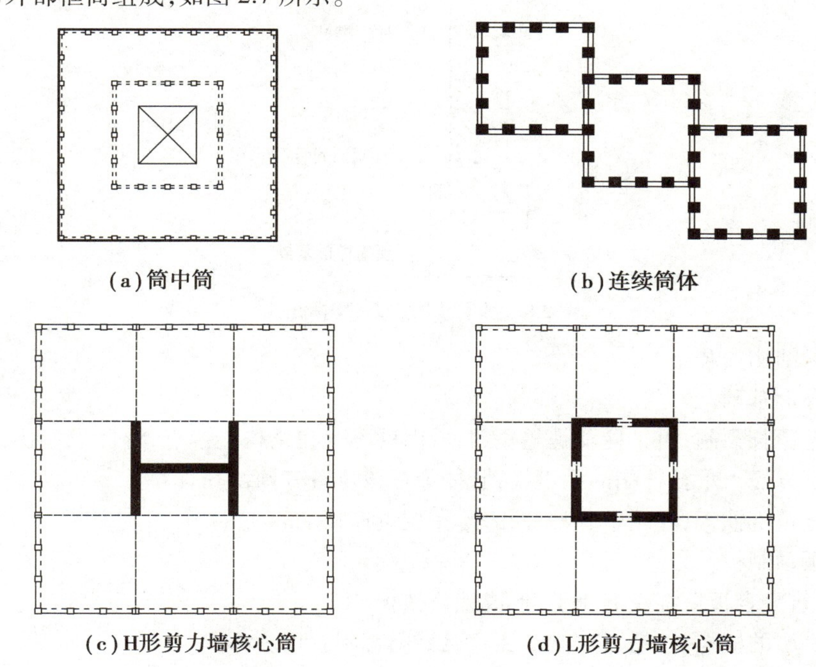

图 2.7 筒体结构平面示意图

筒体结构犹如固定于基础的封闭箱形悬臂构件，具有良好的抗弯、抗扭性，比框架结构、框架-剪力墙结构和剪力墙结构具有更高的强度和刚度，可用于更高的建筑。

4)剪力墙结构

剪力墙结构是由剪力墙组成的承受竖向和水平作用的结构,剪力墙与楼板一起组成空间体系。

剪力墙结构没有梁、柱凸入室内空间的问题,但墙体的分布使空间受到限制,无法做成大空间,适用于住宅和旅馆等隔墙较多的建筑。

现浇剪力墙结构建筑的高度无抗震设计时最大适用高度为 150 m,有抗震设计时依据设防烈度最大适用高度为 80~140 m。与现浇框-架剪力墙结构基本一样,仅 6 度设防时比框架-剪力墙结构高了 10 m,装配整体式剪力墙结构最大适用高度比现浇结构低了 10~20 m。

剪力墙结构 PC 建筑在国外非常少,高层建筑相对较少,所以没有可借鉴的装配式理论和经验。国内多层和高层剪力墙结构住宅很多,目前装配式结构建筑大多是剪力墙结构,就装配式而言,剪力墙结构的优势如下:

①平板式构件较多,有利于实现自动化生产。

②模具成本相对较低。

装配式剪力墙结构目前存在的主要问题如下:

①装配式剪力墙的试验和经验相对较少,较多的后浇区对装配式效率有很大影响。

②结构连接的面积较大,连接点多,连接成本高。

③装饰装修、机电管线等受结构墙体影响较大。

5)无梁结构

无梁结构(图 2.8)由柱、柱帽和楼板组成,是承受竖向和水平作用的结构。

无梁结构由于没有梁,空间畅通,适用于多层公共建筑和厂房、仓库等。我国 20 世纪 80 年代前就有装配整体式无梁板结构建筑的成功实践。

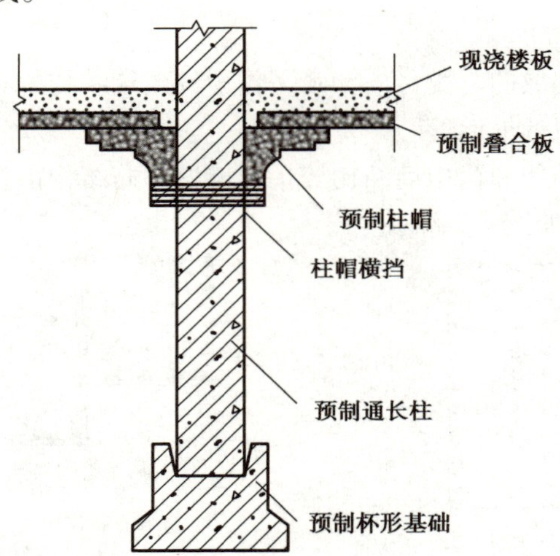

图 2.8　装配整体式无梁结构示意

装配整体式无梁结构安装:

①先安装预制杯形基础。

②柱子从下到上通长预制,由于柱子是整根的,所以就不存在结构连接点,将柱子立起。

③在柱帽位置下方插入承托柱帽的型钢横挡,柱子在该位置有预留孔。

④将柱帽从柱子顶部插入,柱帽中心是方孔,落在型钢横挡上。

⑤安装叠合楼板预制板。

⑥绑扎钢筋,浇筑叠合板后浇筑混凝土,形成整体楼板。

⑦继续安装上一层的横挡、柱帽、叠合板,浇筑混凝土直到屋顶。

2.3.3　PC 建筑结构连接方式

对装配式混凝土建筑而言,“可靠的连接方式”是第一重要的,是结构安全的基本保障。装配式混凝土结构连接方式包括:

①套筒灌浆连接。

②浆锚搭接连接。

③后浇混凝土连接。后浇混凝土的钢筋连接方式有搭接、焊接、套筒注浆连接、套筒机械连接、软索与钢筋销连接等。

④预制混凝土构件与后浇混凝土连接面的粗糙面和键销构造。

⑤螺栓连接。

⑥焊接连接。

1)套筒灌浆连接

套筒灌浆连接是装配整体式结构最主要、最成熟的连接方式,美籍华裔科学家余占疏(Alfred A.Yee)1968年发明了套筒灌浆技术,至今已有50余年历史。套筒灌浆连接技术首次应用于美国夏威夷一座38层的建筑中,而后在欧洲其他国家和亚洲得到了广泛应用,目前日本应用最多,包括很多超高层建筑,最高建筑200多米。

套筒灌浆连接的工作原理是将需要连接的带肋钢筋插入金属套管内"对接",如图2.9所示,在套管内注入高强早强且有微膨胀特性的灌浆料,灌浆料在套筒筒壁与钢筋之间形成较大的正向应力,在带肋钢筋的粗糙表面产生较大的摩擦力。由此传递钢筋的轴向力。

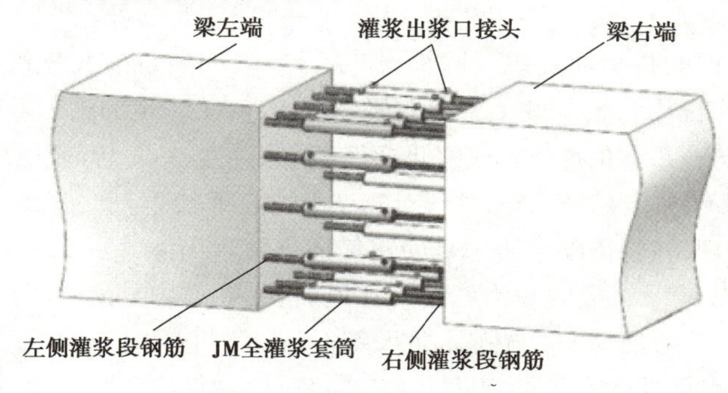

图2.9 套筒灌浆连接示意

相关规范规定套筒灌浆连接的承载力要等同于钢筋,绝大部分的破坏发生在套筒连接之外的钢筋处,如果钢筋拉出,要求承载力大于钢筋抗拉极限标准值的1.1倍,这些在套筒和灌浆料厂家的出厂试验中就已经得到了验证。所以,结构设计对套筒灌浆节点不需要进行结构计算,主要是选择合适的套筒灌浆材料,设计中需要注意的要点是:

①应符合《装配式混凝土结构技术规程》(JGJ 1—2014)和现行行业标准《钢筋套筒灌浆连接应用技术规程》(JGJ 355—2015)的规定。

②采用套筒灌浆连接时,钢筋应当是带肋钢筋,不能用光圆钢筋。

③选择可靠的灌浆套筒和灌浆料,以及匹配的产品。

④结构设计师应按规范规定提出套筒和灌浆料选用要求,并应在设计图样上强调。在构件生产前须进行钢筋套筒关键连接接头的抗拉强度试验,每种规格的连接接头试件数量不少于3个。

⑤了解套筒直径、长度、钢筋插入长度等数据,并据此作出构件保护层、伸出钢筋长度等细部设计。

⑥由于套筒外径大于所对应的钢筋直径,因此:

a.套筒区箍筋尺寸与非套筒区箍筋尺寸不一样,且箍筋间距加密。

b.两个区域保护层厚度不一样,在结构计算时,应当注意由套筒引起的受力钢筋保护层厚度的增大。

c.对于按现浇结构进行设计,之后才决定采用装配式的工程,以套筒箍筋保护层作为控制因素,或断面尺寸不变,受力钢筋"内移",由此或使断面尺寸扩大,或改变构件刚度。结构设计必须进行复核计算,做出选择。

⑦套筒连接的灌浆不仅要保证套筒内灌满,还要灌满构件连接缝缝隙。构件接缝缝隙一般为20 mm高。规范要求在预制柱底部须设置键槽,键槽深度不小于30 mm,因此键槽处缝高应达50 mm。构件接缝灌浆时需封堵,避免漏浆或灌浆不密实,如图2.10所示。

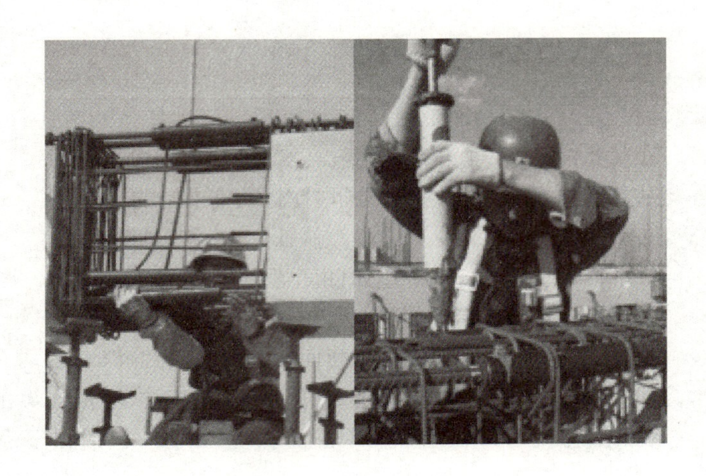

图 2.10　现场套筒灌浆连接施工

⑧外立面构件因装饰效果或保温层原因等不允许或无法接出灌浆孔和出浆孔时，可用灌浆孔导管引向构件的其他面。

2）浆锚搭接连接

浆锚搭接连接方式所依据的技术原理源于欧洲，但是目前国外的装配式建筑中没有研发和应用这一技术。我国近年来有大学、研究机构和企业做了大量的研究试验，有了一定的技术基础，在国内装配整体式结构建筑中也有应用。浆锚搭接方式最大的优势是成本低于套筒灌浆连接方式。行业规范对浆锚搭接方式给予了审慎的认可，毕竟浆锚搭接不像套筒灌浆连接方式那样有几十年的工程实践经验，并经历过多次大地震考验。

浆锚搭接连接的工作原理是：将需要连接的带肋钢筋插入预制构件的预留孔道里，预留孔道内壁是螺旋形的。钢筋插入孔道后，在孔道内注入高强早强且有微膨胀特性的灌浆料，锚固住插入钢筋。在孔道旁边，是预埋在构件中的受力钢筋，插入孔道的钢筋与之“搭接”，这种情况属于有距离搭接，如图 2.11 所示。

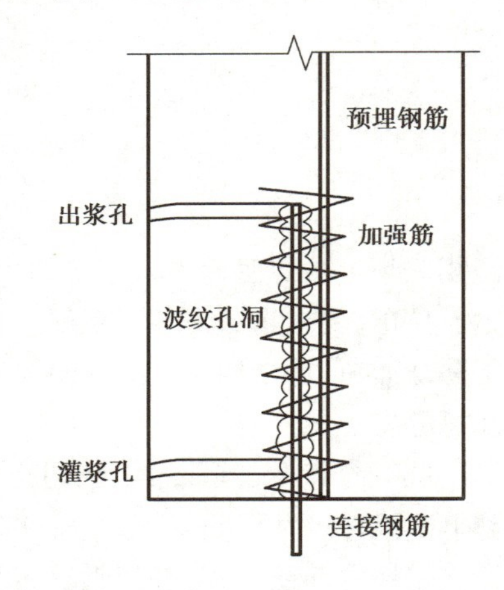

图 2.11　浆锚搭接连接

浆锚搭接有两种方式：一是两根搭接的钢筋外圈有螺旋钢筋，它们共同被螺旋钢筋所约束；二是浆锚孔用金属波纹管。

浆锚搭接的节点设计与套筒灌浆连接一样，结构设计不需要对节点进行结构计算，主要是选择合适的浆锚搭接方式，设计中需要注意的要点有：

①应符合《装配式混凝土结构技术规程》（JGJ 1—2014）和地方标准。

②钢筋应是带肋钢筋，不能用光圆钢筋。

③按规范规定提出灌浆料选用要求。

④根据浆锚连接的技术要求确定钢筋搭接长度、孔道长度。

⑤要保证螺旋钢筋保护层，由此受力钢筋的保护层增大，在结构计算时，应注意受力钢筋保护层厚度的增大。对于按照现浇进行结构设计，之后才决定采用装配式的工程，以螺旋钢筋保护层作为控制因素，或断面尺寸不变，受力钢筋“内移”，或扩大断面尺寸，改变构件刚度。结构设计必须进行复核计算，做出选择。

⑥浆锚搭接的灌浆不仅要保证孔道内灌满，还要灌满构件接缝缝隙。构件接缝缝隙一般为 20 mm 高。规范要求预制柱底部设置键槽，键槽深度不小于 30 mm，因此键槽处缝高应达 50 mm。构件接缝灌浆时需封堵，避免漏浆或灌浆不密实。当采用嵌入式封堵条时，应避免嵌入过多影响受力钢筋的保护层厚度。

⑦外立面构件因装饰效果或因保温层等原因不允许或无法接出灌浆孔时，可用灌浆孔导管引向其他面。

3）后浇混凝土连接

（1）概念

后浇混凝土是指预制构件安装后在预制构件连接区或叠合层现场浇筑的混凝土。在装配式建筑中，基础、首层、裙楼、顶层等部位的混凝土，称为现浇混凝土；连接叠合部位的混凝土称为后浇混凝土。

后浇混凝土连接是装配整体式混凝土结构非常重要的连接方式。到目前为止，几乎所有的装配整体式混凝土结构建筑都会有后浇混凝土。在日本预制率最高的PC建筑中，所有柱、梁连接节点都是套筒灌浆连接，没有后浇混凝土，但楼板依然是叠合楼板，依然存在后浇混凝土。

（2）应用范围

后浇混凝土的应用范围包括：

①柱子连接。

②梁、柱连接。

③梁连接。

④剪力墙边缘构件。

⑤剪力墙横向连接。

⑥叠合板式剪力墙空心层浇筑。

⑦圆孔板式剪力墙圆孔内浇筑。

⑧叠合楼板。

⑨叠合梁。

⑩其他叠合构件（阳台板、挑檐板）等。

（3）钢筋连接方式

后浇混凝土钢筋连接是后浇混凝土连接节点最重要的环节，后浇区钢筋连接方式包括：

①机械（螺纹）套筒连接。

②套筒灌浆连接。

③钢筋搭接。

④钢筋焊接等。

（4）后浇钢筋锚固

预制构件受力钢筋在后浇混凝土区的锚固，应按《装配式混凝土结构技术规程》（JGJ 1—2014）的规定：预制构件纵向钢筋宜在后浇混凝土内直线锚固；当直线锚固长度不足时，可采用弯折、机械锚固方式，并应符合《混凝土结构设计规范》（GB 50010—2010）和《钢筋锚固板应用技术规程》（JGJ 256—2011）的规定。

4）粗糙面与键槽

预制混凝土构件与后浇混凝土的接触面须做成粗糙面或键销面，如图2.12所示，以提高抗剪能力。试验表明，不计钢筋作用的平面、粗糙面和键销面混凝土抗剪能力的比例关系是1∶1.6∶3。也就是说，粗糙面抗剪能力是平面的1.6倍，键销面是平面的3倍。所以，预制构件与后浇混凝土接触面或做成粗糙面，或做成键销面，或两者兼有。

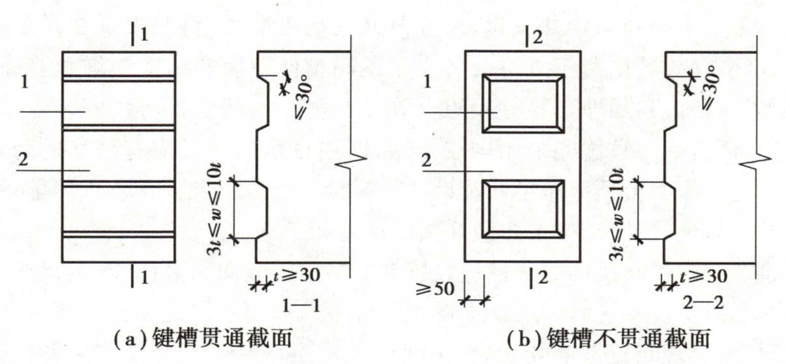

图2.12 梁端键槽构造示意

1—键槽；2—梁端面

5)钢丝绳索套加钢筋销连接

钢丝绳索套加钢筋销连接是欧洲常见的连接方法,用于墙板与墙板之间后浇区竖缝构造连接。相邻墙板在连接处伸出钢丝绳索套交汇,中间插入竖向钢筋,然后浇筑混凝土。

预埋伸出钢丝绳索套比出筋方便,适用于自动化生产线,现场安装简单,作为构造连接,是非常简便的连接方式。目前国内规范对这种连接方式尚未有规定。

6)螺栓连接

螺栓连接是用螺栓和预埋件将预制构件与预制构件或者预制构件与主体结构进行连接。前面介绍的套筒灌浆连接、浆锚搭接连接、后浇混凝土连接和钢丝绳索套加钢筋销连接都属于湿连接,螺栓连接属于干连接。

螺栓连接节点设计首先需要根据结构设计对节点的要求,确定节点的类型。螺栓连接节点类型包括刚结点和铰结点,铰结点包括固定铰结点和滑动铰结点。

组成螺栓连接节点的部件包括预埋件、预埋螺栓、预埋螺母、连接件和连接螺栓等,节点设计须用其中的部件组合成连接节点。

螺栓连接节点设计内容包括:

①对于铰结点设计,允许使用转动位移的方式;对滑动铰结点设计,允许使用滑动位移的方式。

②预埋件、预埋螺母或预埋螺栓在混凝土中的锚固设计。

③螺栓、预埋件、连接件的抗剪、抗拉、抗压承载力设计。

④对于柔性节点,进行变形验算。

7)焊接连接

焊接连接是在预制混凝土构件中预埋钢板,构件之间如钢结构一样用焊接方式连接。与螺栓连接一样,焊接方式在装配整体式混凝土结构中仅用于非结构构件的连接,在全装配式混凝土结构中可用于结构构件的连接。

焊接连接在混凝土结构建筑中用得比较少。有的预制楼梯固定结点采用焊接连接方式。单层装配式混凝土结构厂房的吊车梁和屋顶预制混凝土桁架与柱子连接也会用到焊接连接。用于钢结构建筑的 PC 构件也可能采用焊接方式。

焊接连接结点设计需要进行预埋件锚固设计和焊缝设计,且设计须符合现行国家标准《混凝土结构设计规范》(GB 50010—2010)中关于预埋件及连接件的规定,以及《钢结构设计标准》(GB 50017—2017)和《钢结构焊接规范》(GB 50661—2011)中的有关规定。

2.4 设备及管线设计

装配式建筑应考虑公共空间竖向管井位置、尺寸及共用的可能性,将其设置在便于检修的部位。竖向管线的设置宜相对集中,水平管线的排布应减少交叉。在预制构件上应预留或预埋套管穿管线,如预制楼板应预留孔洞穿管道,预制梁应预留和预埋套管穿管道。管井及吊顶内的设备管线安装应牢固可靠,应设置方便更换、检修的检修门等。建筑室内宜优先采用同层排水,同层排水的房间应有可靠的防水构造措施。采用整体卫浴、整体厨房时,应与厂家配合预留净尺寸及设备管道接口的位置及要求。太阳能热水器系统集热器、储水罐等的安装应与建筑一体化设计,结构主体做好预留预埋。

供暖系统的主立管及分户控制阀门等部件应设置在公共空间竖向管井内,户内供暖管线宜设置为独立环路。采用低温热水地面辐射供暖系统时,分、集水器宜配合建筑地面垫层的做法设置在便于检修管理的部位。采用散热器供暖系统时,要合理布置散热器位置、采暖管线的走向。采用分体式空调机时,要满足卧室、起居室预留空调设施的安装位置和预留预埋条件。采用集中新风系统时,应确定设备及风道的位置和走向。住宅厨房及卫生间应确定排气道的位置和尺寸。

确定分户配电箱位置时,分户墙两侧暗装电气设备不应连通设置。预制构件设计应考虑内装要求,确定插座、灯具位置以及网络接口、电话接口、有线电视接口等的位置。确定线路设置位置与垫层、墙体以及分段连接的配置，在预制墙体内、叠合板内暗敷设时，应采用线管保护。在预制墙体上设置的电气开关、插座、接线盒等均应进行预留预埋。在预制外墙板、内墙板的门窗过梁及锚固区内不应埋设设备管线。

2.4.1　PC 建筑的水暖电设计内容

水暖电各专业对结构有诸如“穿过”“埋设”或“固定在其上”的要求，但由于 PC 建筑很多结构构件是预制的，所以这些要求都必须准确地在建筑、结构和构件图上表达出来。PC 建筑除叠合板后浇层可能需要埋设电源线、电信线外，其他结构部位和电气通信以外的管线都不能在施工现场进行“埋设”作业，不能砸墙凿洞，不能随意打膨胀螺栓。

在 PC 建筑设计中，水暖电各专业须根据设计规范进行设计，与建筑、结构、构件设计以及装饰设计协同互动，将各专业与装配式有关的要求和节点构造准确定量地表达在建筑、结构和构件图样上，具体事项包括：

①竖向管线穿过楼板。

②横向管线穿过结构梁、墙。

③有吊顶时固定管线和设备的楼板预埋件。

④无吊顶时叠合楼板后浇混凝土层管线埋设。

⑤梁、柱结构体系墙体管线敷设与设备固定。

⑥剪力墙结构墙体管线敷设与设备固定。

⑦有架空层时地面管线敷设。

⑧无架空层时地面管线敷设。

⑨整体浴室、整体厨房。

⑩防雷设置及其他。

预埋件布置图

2.4.2　具体分项介绍

1）竖向管线穿过楼板

需穿过楼板的竖向管线包括电气干线、电信干线、自来水给水、中水给水、热水给水、雨水立管、消防立管、排水、暖气、燃气、通风、烟气管道等。《装配式混凝土结构技术规程》（JGJ 1—2014）规定，“竖向管线宜集中布置，并满足维修更换的要求”，一般设置管道井。

竖向管线穿过楼板，需在预制楼板上预留洞口，如图 2.13 所示，圆形壁宜衬套管。关于竖向管线穿过楼板的孔洞位置、直径、防水防火隔音的封堵构造设计等，PC 建筑与现浇混凝土结构建筑没有本质区别，需要注意的就是其准确的位置、直径、套管材质、误差要求等，必须经建筑师、结构工程师同意，判断位置的合理性，对结构安全和预制楼板的制作是否有不利影响，是否与预制楼板的受力钢筋或桁架筋“碰撞”，如有“碰撞”须进行调整。所有的设计要求必须落到拆分后的构件制作图中。

图 2.13　预制楼板上预留孔洞

2）横向管线穿过结构梁、墙

可能穿过结构梁、墙的横向管线包括电源线、电信、给水、暖气、燃气、通风管道、空调管线等。横向管线穿过结构梁或结构墙体，需要在梁或墙体上预留孔洞或套管，如图 2.14 所示。

图 2.14　预制梁上预留孔洞

横向管线穿过结构梁、墙体的孔洞位置、直径、防水防火隔音和封堵构造设计等，与竖向管线一样，其位置、直径、误差要求、套管材质等，必须由建筑师、结构工程师判断，以确定是否对结构安全和预制构件的制作有不利影响，是否与预制楼板的受力钢筋或桁架筋“碰撞”，如有“碰撞”须进行调整。所有的设计要求必须落到拆分后的构件制作图中。设计防火防水隔音封堵构造时，如果需要设置预制梁或墙体的预埋件，应落到预制构件图中。

3）有吊顶时固定管线和设备的楼板预埋件

PC 建筑顶棚宜有吊顶，如此，所有管线都不用埋设在叠合板后浇混凝土层中。

顶棚有吊顶，需在预制楼板中埋设预埋件，以固定吊顶与楼板之间敷设的管线和设备，吊顶本身也需要预埋件。

敷设在吊顶上的管线可能包括电源线、电信线、暖气管线、中央空调管线等，以及空调设备、排气扇、抽油烟机、灯具、风扇的固定预埋件等。设计协同中，各专业需要提供固定管线和设备的预埋件位置、质量以及设备尺寸等，由建筑师统一布置。结构工程师设计预埋件或内埋式螺栓的具体位置，避开钢筋，确定规格和埋置构造等，所有设计必须落在拆分后的预制楼板图样上。

固定电源线等可采用内埋式塑料螺母，如要悬挂较重的设备，宜用内埋式金属螺母或钢板预埋件。自动化程度高的楼板生产线，内埋螺母由机器人定位、画线、安放。

4）无吊顶时叠合楼板后浇混凝土层管线埋设

给水、排水、暖气、空调、通风、燃气的管线不可以埋设在预制构件或叠合板后浇混凝土层中，只有电源线和弱电管线可以埋设于结构混凝土中。

在顶棚不吊顶的情况下，电源线需埋设在叠合楼板后浇混凝土层中，叠合楼板预制板中需埋设灯具接线盒和安装预埋件，为此楼板可能会增加 20 mm 厚度。

5）柱、梁结构体系墙体管线敷设与设备固定

柱、梁结构体系是指框架结构、框架-剪力墙结构和密柱筒体结构。

①外围护结构墙板不应埋设管线和固定管线、设备的预埋件，如果外墙所在的墙面需要设置电源、电视插座和埋设其他管线，应当设置架空层。

②如果需要在梁、柱上固定管线或设备，应当在构件预制时埋入内埋式螺母或预埋件，不要安装后在梁、柱上打膨胀螺栓。内埋式螺母或预埋件的位置和构造应设计在拆分后的构件制作图上。

③柱、梁结构体系内隔墙宜采用可方便敷设管线的架空墙、空心墙板和轻质墙板等。

6）剪力墙结构墙体管线敷设与设备固定

①剪力墙结构外墙不应埋设管线和固定管线、设备的预埋件，如果外墙所在的墙体需要设置电源、电视插座或埋设其他管线，应与框架结构外围护结构墙体一样，设置架空层。

②剪力墙内墙如果有架空层，管线敷设在架空层内。

③剪力墙内墙如果没有架空层，又需要敷设电源线、电信线、插座或配电箱等，设计中需要注意以下几点：

a.电源线、照明开关、电源插座、电话线、网线、有线电视线等，可埋设在剪力墙体内，在构件预制时埋设，或预留沟槽，不得在现场削凿沟槽。

b.剪力墙埋设管线和埋设物必须避开套筒、浆锚连接孔等连接区域,并高于连接区 100 mm 以上。

c.管线和埋设物应避开钢筋。

d.管线和埋设物的位置、高度,管线在墙体断面中的位置、允许误差等,应设计到预制构件制作图上。

④如果需要在剪力墙或梁上固定管线或设备,应当在构件预埋时埋入内埋式螺母或预埋件,不要安装后在墙体或连梁上打膨胀螺栓。内埋式螺母或预埋件的位置和构造应设计在拆分后的构件制作图上。

⑤剪力墙结构建筑的非剪力墙内隔墙宜采用可方便敷设管线的架空墙或空心墙板。

⑥电气以外的其他管线不能埋设在混凝土中。墙体没有架空层的情况下,必须敷设在墙体上的管线应明管敷设,靠装修解决。

7)有架空层时地面管线敷设

PC 建筑的地面如果设置架空层,可以方便地实现同层排水,多户共用竖向排水干管。管线敷设对结构没有影响。

8)无架空层时地面管线敷设

在地面不做架空层的情况下,实现多户同层排水相对困难,除非两户的卫生间相邻。为实现同层排水,局部楼板应下降高度。

9)整体卫浴

PC 建筑宜设置整体卫浴,如图 2.15 所示。设计时应当与整体卫浴制作厂家对接,确认整体卫浴的尺寸、布置,自来水、热水、中水、排水、电源、排气管道的接口,并将接口对结构构件的要求,如管道孔洞预埋件等设计到构件制作图中。

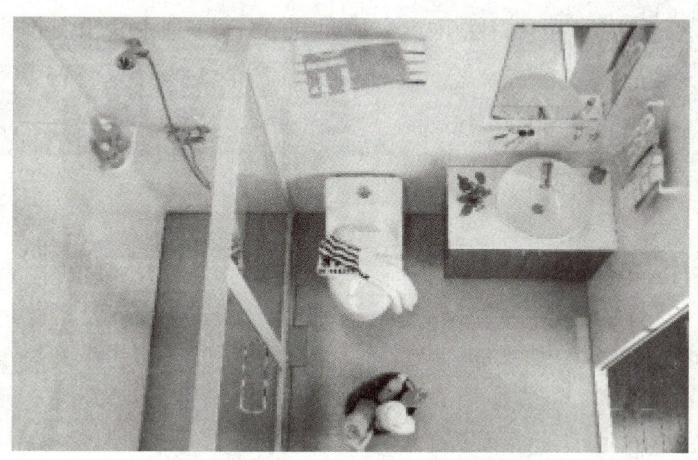

图 2.15　整体卫浴图

10)整体厨房

整体厨房的概念与整体卫浴不一样。整体卫浴就是一个集合体、一个小房子,而整体厨房是由分部组块组成的,实际上是整体橱柜的组合。整体厨房是 PC 建筑的重要构成,设计时应当与整体厨房制作厂家进行对接,确认整体厨房分部件的尺寸、布置,自来水、热水、排水、电源、燃气、排烟道的接口,并将接口对结构构件的要求,如管道孔洞、预埋件等设计到构件制作图中。

11)防雷设置

PC 建筑受力钢筋的连接,无论是套筒连接还是浆锚连接,都不能确保连接的连续性,因此不能用钢筋作防雷引下线,应埋设镀锌扁钢带作防雷引下线,如图 2.16 所示。镀锌扁钢带尺寸不小于 25 mm×4 mm,在埋置防雷引下线的柱子或墙板的构件制作图中给出详细的位置和探出接头长度,引下线在现场焊接连成一

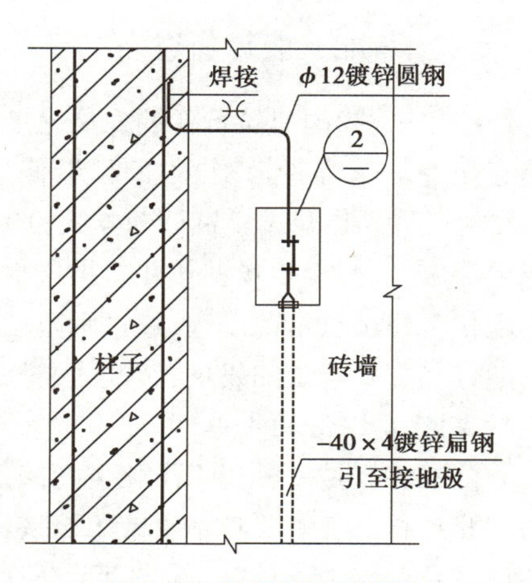

图 2.16　防雷引下线设置

体,焊接点要进行防锈处理。

阳台金属护栏应当与防雷引下线连接,如此,预制阳台应当预埋 25 mm×4 mm 镀锌扁钢带,一端与金属护栏焊接,另一端与其他 PC 构件的引下线系统连接。

距地面高度 4.5 m 以上的外墙铝合金窗、金属百叶窗,特别是飘窗铝合金窗的金属窗框和百叶应当与防雷引下线连接,如此,预制墙板或飘窗应当预埋 25 mm×4 mm 镀锌扁钢带,一端与铝合金窗、金属百叶窗焊接,另一端与其他 PC 构件的引下线系统连接。

2.5 内装系统设计

装配式混凝土结构建筑的装配式内装修设计应遵循建筑、装修、部品一体化的设计原则,满足相关国家标准的要求,达到适用、安全、经济、节能、环保等各项指标的要求。如图 2.17 所示为装配式内装效果图及整体厨房效果图。

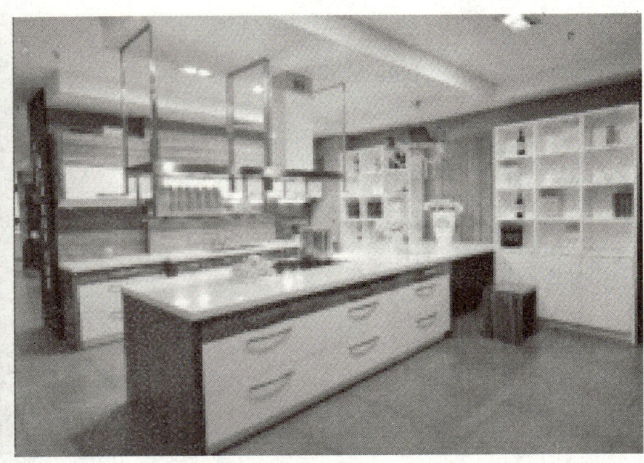

图 2.17 装配式内装效果与整体厨房效果图

装配式内装修应采用工厂化生产的内装部品,实现集成化的成套供应。

装配式内装修设计宜通过结构主体与内装部品的优化参数、公差配合和接口技术等措施,提高构件、部品互换性和通用性。

装配式内装修材料的品种、规格、质量应符合设计要求和现行国家标准规定,选用绿色、环保材料。

装配式内装修设计应综合考虑不同材料、设备、设施的不同使用年限,内装部品应具有可变性和适应性,便于施工安装、维护更新。装配式内装修的材料、设备在与预制构件连接时宜采用 SI 住宅体系的支撑体与填充体分离技术进行设计,当条件不具备时宜采用预埋的安装方式,不应剔槽预制构件及其现浇部位,影响主体结构的安全性。

2.5.1 装配式装修概述

近些年来,我国建筑行业的发展速度是惊人的,其中装饰装修尤为突出,但是,目前我国装饰装修工程中还是存在手工劳动多、工作效率低、装修过程中的能源和资源消耗大、对环境污染严重等诸多问题。

《"十三五"装配式建筑行动方案》明确提出要推行装配式建筑全装修成品交房。加快推进装配化装修,提倡干法施工,减少现场湿作业。推广集成厨房和卫生间,预制隔墙、主体结构与管线相分离等技术体系。建设装配化装修试点示范工程,通过示范项目的现场观摩与交流培训等活动,不断提高全装修综合水平。

随着装配式建筑的发展,装配式装修作为装配式建筑的重要组成部分也进入了快速发展阶段。

1)装配式装修的概念

装配式装修是一种将工厂化生产的部品部件通过可靠的装配方式,由产业工人按照标准程序采用干法施工的装修过程。它主要包括干式工法楼(地)面、集成厨房、集成卫生间、管线与结构分离等分项工程。装配式装修的特点是部品部件在工厂生产,在现场组装完成。

装配式建筑中提到的"全装修成品交房"中的全装修是指建筑在竣工前,建筑内所有功能空间固定面全部铺装或粉刷完成，住宅中厨房和卫生间的基本设备全部安装完成，公共建筑水、暖、电、通风基本设备全部安装到位，并达到建筑使用功能和建筑性能的基本要求。目前，全装修是装配式装修主要的发展方向和标准。

2)装配式装修的特征

传统的装修方式是工人在现场对原材料进行加工，再进行施工。其存在大量的现场加工和湿作业，施工质量完全依赖工人的手艺，工期一般都很长。装配式装修是一种全新的装修方式，它没有湿作业，采用干式工法，部品部件在工厂预先制作完成，由产业工人在现场进行组装，质量好，安装速度快，无污染。与传统装修相比，装配式装修有以下特征：

①标准化设计。标准化设计是实现产品工业化、施工装配化的前提，利用可视化、信息化的BIM等手段可以实现多专业协同设计，使建筑与装配式装修一体化设计，实现设计精细化和标准化。

②工业化生产。产品统一部品化，部品统一型号规格、统一设计标准。同时，由于部品部件在工厂生产，在施工现场组装，因此现场工程实现了低噪声、低粉尘、低垃圾的目标。

③装配化施工。由产业工人现场装配，通过规范装配动作和程序进行施工，安装快，缩短了工期，提高了施工的水平。

④信息化协同。部品标准化、模块化、模数化，使测量数据与工厂制造协同，现场进度与工程配送协同。

⑤工人产业化。标准化的构件和施工安装流程可以对现场施工人员进行标准化的培训，降低了现场施工工人的技术性差错造成的工程质量风险，同时保证了施工进度和质量。

2.5.2　装配式装饰装修设计的具体内容

现浇建筑的装饰装修设计一般由装饰企业承担或购房者自己设计。而对于PC建筑，建筑设计时必须考虑装饰设计的内容。

一方面，PC建筑不能随意在结构构件上砸墙凿洞，不能随意打膨胀螺栓。和现浇混凝土结构相比，PC建筑有更“敏感”甚至更“脆弱”的部位。例如，一旦砸墙凿洞破坏了结构连接部位，就可能造成严重的安全隐患甚至事故。

另一方面，建筑装饰一体化、集成化、工厂化是建筑现代化，也是装配式建筑的主要目的之一。集约式装饰装修会大幅度降低成本，提高质量，减少浪费，有利于建筑安全，结构安全，提升建筑功能，便利用户，也避免因新住宅区各家各户不同步装修而在相当长的时间里对住户生活的干扰。

就装饰装修而言，PC建筑有很大优势。由于湿作业很少，围护结构和主体结构同步施工，装修工期只比结构工期慢几层楼。无论开发商是不是交付全装修房，购房者一定是要装修的。设计师应当在设计中考虑装饰的要求。

建筑设计必须考虑装修需要，与结构设计师共同给出布置、固定、悬挂方案。

①顶棚吊顶或局部吊顶的吊杆预埋件布置。

②墙体架空层龙骨固定方式，如果需要预埋件，考虑预埋件布置。

③收纳柜如何固定，吊柜悬挂预埋件布置。

④整体厨房选型，平面和空间布置。

⑤窗帘盒或窗帘杆固定等。

2.6　深化设计

装配式混凝土建筑深化设计，是指基于设计单位提供的施工图，结合装配式混凝土建筑特点以及参建各方的生产和施工能力，对图纸进行细化、补充和完善，制作能够直接指导预制构件生产和现场安装施工的图纸，并经原设计单位签字确认。装配式混凝土建筑深化设计被称为二次设计，用于指导预制构件生产的深化设计也被称为构件拆分设计(图2.18)。

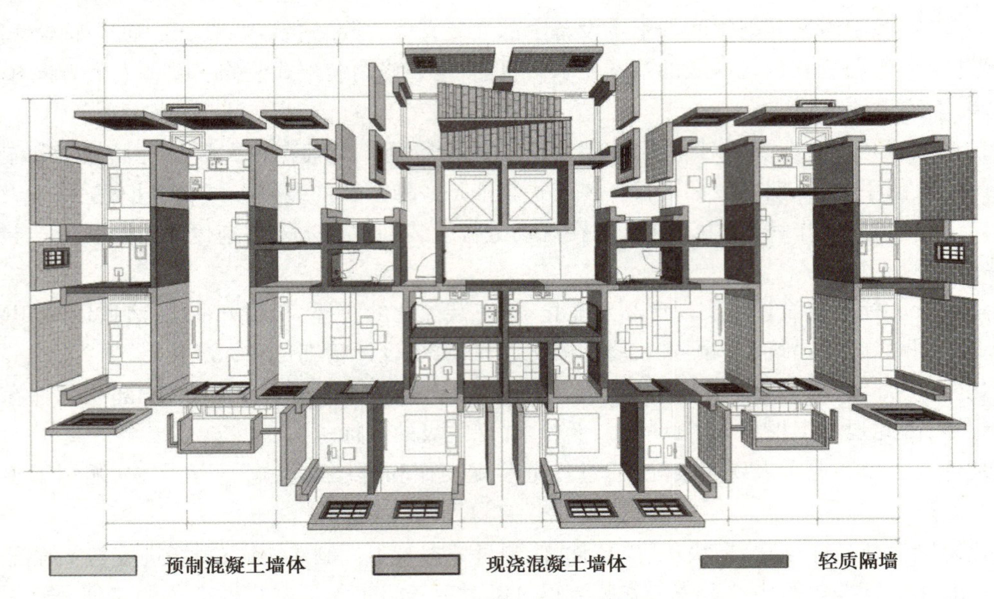

图 2.18　构件拆分设计示意图

(1)构件拆分要点

①预制构件的设计应满足标准化的要求,宜采用建筑信息化模型(BIM)技术进行一体化设计,确保预制构件的钢筋与预留洞口、预埋件等相协调,简化预制构件连接节点施工。

②预制构件的形状、尺寸、质量等应满足制作、运输、安装各环节的要求。

③预制构件的配筋设计应便于工厂化生产和现场连接。

④预制构件应尽量减少梁、板、墙、柱等预制结构构件的种类,保证模板能够多次重复使用,以降低造价。

⑤构件在安装过程中,钢筋对位直接制约构件的连接效率,故宜采用大直径、大间距配筋方式,以便现场钢筋的对位和连接。

(2)构件拼接要求

①预制构件拼接部位的混凝土强度等级不应低于预制构件的混凝土强度等级。

②预制构件的拼接位置宜设置在受力较小部位。

③预制构件的拼接应考虑温度作用和混凝土收缩徐变的不利影响,宜适当增加构造配筋。

2.6.1　深化设计的基本原则

①应满足建设、制作、施工各方的需求,加强与建筑、结构、设备、装修等专业配合,方便工厂制作和现场安装。

②结构方案及设计方法应满足现行国家规范和标准的规定。

③应采取有效措施加强结构整体性。

④装配式混凝土结构宜采用高强混凝土、高强钢筋。

⑤装配式混凝土结构的节点和接缝应受力明确、构造可靠,并应满足承载力、延性和耐久性等要求。

⑥应根据连接节点和接缝的构造方式和性能,确定结构的整体计算模型。结构设计提倡湿法连接,少用干法连接,但对别墅类建筑可用干法连接以提高工作效率。

⑦当建筑结构超限时,不建议采用预制装配的建造方式,如必须采用,其建造方案须经专家论证。

2.6.2　深化设计的内容

装配式混凝土结构工程施工前,应由相关单位完成深化设计,并经原设计单位确认。预制构件的深化设计图应包括但不限于下列内容:

①预制构件模板图、配筋图、预埋吊件及各种预埋件的细部构造图等。

②夹心保温外墙板,应绘制内外叶墙板拉结件布置图及保温板排板图。

③水、电线、管、盒预埋预设布置图。

④预制构件脱模、翻转过程中混凝土强度及预埋吊件的承载力的验算。

⑤节能保温设计图。

⑥面层装饰设计图。

⑦对带饰面砖或饰面板的构件,应绘制排砖图或排板图。

2.6.3 深化设计流程

装配式混凝土建筑深化设计的流程大致为:整体策划→方案设计→施工图设计→图纸审查。

(1)整体策划

对工程所在地建筑产业化的发展程度、政府要求以及项目案例等进行调查研究,与项目参建各方充分沟通,了解建筑物或建筑物群的基本信息、结构体系、项目实施的目标要求,并掌握现阶段预制构件制作水平、工人操作与安装技术水平等。结合以上信息,确定工程的装配率、构件类型、结构体系等。

(2)方案设计

方案设计的质量对项目设计起着决定性的作用。为保证项目设计质量,务必要十分注重方案设计各环节的质量控制,从而在设计过程初期为设计质量奠定良好的基础。方案设计对装配式建筑设计尤其重要,除应满足有关设计规范要求外,还必须考虑装配式构件生产、运输、安装等环节的问题,并为结构设计创造良好的条件,装配式混凝土结构方案设计质量控制主要有以下几个方面。

①在方案设计阶段,各专业应充分配合,结合建筑功能与造型,规划好建筑各部位拟采用的工业化、标准化预制混凝土构配件。在总体规划中,应考虑构配件的制作和堆放,以及起重运输设备服务半径所需空间。

②在满足建筑使用功能的前提下,采用标准化、系列化设计方法,满足体系化设计的要求,充分考虑构配件的标准化、模数化,使建筑空间尽量符合模数,建筑造型尽量规整,避免异形构件和特殊造型,通过不同单元的组合达到立面丰富的效果。

③平面设计上,宜简单、对称、规则,不应采用严重不规则的平面布置,宜采用大开间、大进深的平面布局,承重墙、柱等竖向构件宜上下连续,门窗洞口宜上下对齐、成列布置,平面位置和尺寸应满足结构受力及预制构件设计要求,剪力墙结构不宜用于转角处。厨房与卫生间的平面布置应合理,其平面尺寸宜满足标准化整体橱柜及整体卫浴的要求。

④外墙设计应满足建筑外立面多样化和经济美观的要求。外墙饰面宜采用耐久、不易污染的材料。采用反打一次成型的外墙饰面材料,其规格尺寸、材质类别、连接构造等应进行工艺试验验证,空调板宜集中布置,并宜与阳台合并设置。

⑤方案设计中,应遵守模数协调的原则,做到建筑与部品模数协调、部品之间模数协调以及部品集成化和工业化生产,实现土建与装修在模数协调原则下的一体化,并做到装修一次性到位。

⑥构件的尺寸、类型等应结合当地生产实际,并考虑运输设备、运输路线、吊装能力等因素,必要的时候进行经济性测算和方案比选。另外,因地制宜地积极采用新材料、新产品和新技术。

⑦设计优化设计方案完成后应组织各个层面的人员进行方案会审,首先是设计单位内部,包括各专业负责人、专业总工等;其次是建设单位、使用单位、项目管理单位以及构配件生产厂家、设备生产厂家等,必要时组织专家评审会;再次各个层面的人员分别从不同的角度对设计方案提出优化的意见;最后设计方案应报当地规划管理部门审批并公示。

(3)施工图设计

施工图设计工作量大、期限长、内容广。施工图设计文件作为项目设计的最终成果和项目后续阶段建设实施的直接依据,体现着设计过程的整体质量水平。设计文件编制深度以及完整准确程度等要求均高于方案设计和初步设计。施工图设计文件要在一定投资限额和进度下,满足设计质量目标要求,并经审图机构和政府相关主管部门审查。因此,施工图设计阶段的质量控制工作任重道远。装配式混凝土结构施工图设计质量控制主要有以下几个方面。

①施工图设计应根据批准的初步设计编制，不得违反初步设计的设计原则和方案。

②施工图设计文件编制深度应满足《建筑工程设计文件编制深度规定（2016 年版）》的要求，满足设备材料采购、非标准设备制作和施工的需要，以及编制施工图预算的需要，并作为项目后续阶段建设实施的依据。对于装配式结构工程，施工图设计文件还应满足进行预制构配件生产和施工深化设计的需要。

③解决建筑、结构、设备、装修等专业之间的冲突或矛盾，做好各专业工种之间的技术协调。建筑的部件之间、部件与设备之间的连接应采用标准化接口。设备管线应进行综合设计，减少平面交叉；竖向管线宜集中布置，并应满足维修更换的要求。

④施工图设计文件是构件生产和施工安装的依据，必须保证它的可施工性。否则，在项目开展的过程中容易导致施工困难等问题，甚至影响项目的正常实施。可以采取构件生产厂家和施工单位提前介入、参与设计讨论的方式，确保施工图纸的可实施性。

⑤采用 BIM 技术。采用 BIM 技术进行构件设计模拟生产、安装施工，进行碰撞检查，提前发现设计中存在的问题。

（4）图纸审查

我国强制执行施工图设计文件审查制度。施工图完成后必须经施工图审查机构按照有关法律、法规，对施工图涉及公共利益、公众安全和工程建设强制性标准的内容进行审查。施工图经审查未合格的，不得使用。从事房屋建筑工程、市政基础设施工程施工、监理等活动，以及实施对房屋建筑和市政基础设施工程质量安全监督管理，应当以审查合格的施工图为依据。涉及建筑功能改变、结构安全及节能改变的重大变更应重新送审图机构进行审查。施工图审查机构应对装配式混凝土建筑的结构构件拆分及节点连接设计、装饰装修及机电安装预留预埋设计、重大风险源专项设计等涉及结构安全和主要使用功能的关键环节进行重点审查。对施工图设计文件中采取的新技术、超限结构体系等涉及工程结构安全且无国家和地方技术标准的，应当由省建设行政主管部门组织专家评审，出具评审意见，施工图审查机构应当依据评审意见和有关规定进行审查。

复习思考题

2.1　简述装配式混凝土结构建筑设计各阶段工作流程和设计要点。

2.2　简述装配式混凝土结构建筑设计中建筑平面、立面设计内容、建筑模数化的概念及意义。

2.3　模数、模数协调、基本模数、扩大模数、分模数的概念分别是什么？如何应用？

2.4　装配式混凝土结构建筑设计中结构体系有哪些？连接方式有哪些？

2.5　装配式混凝土结构建筑设计中装饰专业协同设计及机电专业协同设计内容有何不同？

2.6　装配式混凝土建筑的房屋最大适用高度应满足哪些规定？

2.7　高层建筑装配整体式混凝土结构对地下室和底部楼层有哪些要求？

2.8　装配式混凝土建筑对内装系统有哪些规定？

2.9　简述装配式混凝土建筑深化设计的基本原则。

第3章　装配式混凝土构件生产及管理

内容提要：本章节主要介绍混凝土预制构件的种类、生产设备，重点介绍PC构件生产流程以及生产管理重点。希望通过本章的学习，读者能系统熟悉常用的PC构件，并熟悉PC构件的生产流程、生产过程以及生产各阶段的操作要点。

课程重点：

1.熟悉预制构件种类；

2.熟悉预制构件的生产流程；

3.熟悉预制构件生产各阶段的重点；

4.熟悉预制构件的保护以及构件质量问题的检测方法等。

3.1　装配式混凝土建筑基本构件

3.1.1　混凝土预制构件概念及特点

混凝土预制（precact concrete）构件是指通过机械化设备及模具预先生产制作的钢筋混凝土构件，简称预制构件或PC构件。PC构件是组成装配式建筑的基本元素，它经过标准设计、工厂化生产，最终现场装配成为整体建筑。PC构件的生产过程是装配式建筑建造过程中的关键一环，同时也是推动建筑工业化的技术基础。PC构件在德国、英国、美国、日本等国家的使用相当广泛，被认为是实现主体结构预制的基础，而我国的PC构件生产水平还处于起步阶段，发展空间巨大。

PC生产线建设周期较长，建设时间可达3~4个月。这些预制的混凝土构件体积大、自重高，专用构件运输车的物流运输成本高，因此，为了减少运输成本，PC生产线的运距辐射范围一般控制在200 km以内。为了便于质量控制和检测，PC构件通常在工厂预制，但是，对于特殊构件或大型构件，由于道路、场地、运输限制，也可以在符合条件的施工现场预制。

PC构件具有如下优缺点：

①能够实现成批工业化生产，节约材料，降低施工成本。

②有成熟的施工工艺，有利于保证构件质量，特别是进行标准定型构件的生产，预制构件厂（场）施工条件稳定，施工程序规范，比现浇构件更易于保证质量。

③可以提前为工程施工做准备，施工时将已达到强度的PC构件进行安装，可以加快工程进度，降低工人劳动强度。

④结构性能良好，采用工厂化制作能有效保证结构力学性，离散性小。

⑤施工速度快，产品质量好，表面光洁度高，能达到清水混凝土的装饰效果，使结构与建筑统一协调。

⑥工厂化生产节能，有利于环保，降低现场施工的噪声。

⑦防火性能好。

⑧结构的整体性能较差，不适用于抗震要求较高的建筑。

3.1.2　混凝土预制构件的分类

混凝土预制构件的种类很多，按照构件的功能不同可以分为用于建筑结构体系的结构构件、用于建筑围护体系的围护构件以及其他构件。下面就不同种类的构件分别进行说明。

（1）结构构件

结构构件是指在装配式建筑中主要用于受力的构件，一般包括：混凝土预制柱（图3.1）、混凝土预制梁（图3.2）、混凝土预制剪力墙（图3.3）和混凝土预制叠合楼板（图3.4）等。这些主要受力构件通常在工厂预制加工完成后运输到现场进行装配施工。

图3.1　混凝土预制柱

图3.2　混凝土预制梁

图3.3　混凝土预制剪力墙

图3.4　混凝土预制叠合楼板

在混凝土预制板构件安装就位后，在混凝土预制叠合楼板上浇筑混凝土而形成整体的混凝土构件。

(2)围护构件

围护构件按照安装的位置不同可以分为：混凝土预制外墙板、混凝土预制内墙板等；按照板材材料不同可以分为：粉煤灰矿渣混凝土预制墙板、钢筋混凝土预制墙板、轻质混凝土预制墙板、加气混凝土轻质预制板等。

混凝土预制外墙挂板(图3.5)：在外墙起围护作用的非承重预制混凝土墙板。

图3.5　混凝土预制外墙挂板

混凝土预制叠合夹心保温板(图3.6)：在墙厚方面，采用内外预制，中间夹保温材料，通过连接件相连而成的钢筋混凝土叠合墙体。

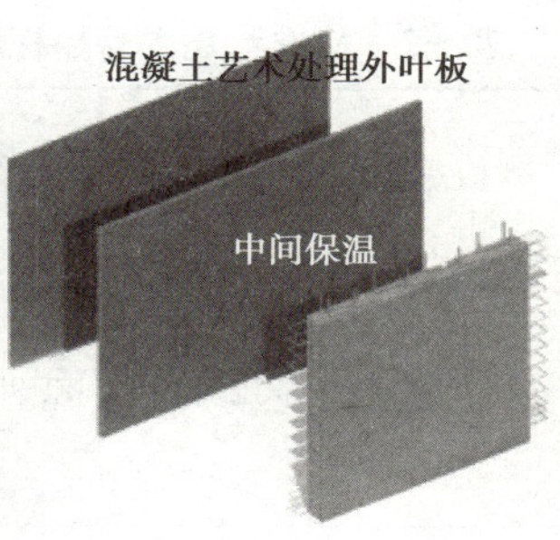

图3.6　混凝土预制叠合夹心保温板

(3)其他构件

装配式混凝土构件的其他构件包括：混凝土预制空调板、混凝土预制楼板、混凝土预制女儿墙、混凝土预制楼梯(图3.7)、混凝土预制阳台板(图3.8)、混凝土预制装饰构件(图3.9)等。

图3.7　混凝土预制楼梯

图3.8　混凝土预制阳台板

图3.9　混凝土预制装饰构件

空调板识图

楼梯识图

阳台板识图

外墙识图

下面简单介绍PC构件的表示方法及含义，如表3.1—表3.4所示。

表 3.1 标准图集中的外墙板编号

外墙板类型	墙板编号
无洞口外墙	WQ - ×× - ×× 无洞口外墙 标志宽度 层高
一个窗洞外墙（高窗台）	WQC1 - ×× ×× - ×× ×× 一个窗洞外墙（高窗台） 标志宽度 层高 门（窗）宽 门（窗）高
一个窗洞外墙（矮窗台）	WQCA - ×× ×× - ×× ×× 一个窗洞外墙（矮窗台） 标志宽度 层高 门（窗）宽 门（窗）高
两个窗洞外墙	WQC2 - ×× ×× - ×× ×× - ×× ×× 两个窗洞外墙 标志宽度 层高 左门（窗）宽 左门（窗）高 右门（窗）宽 右门（窗）高

表 3.2 标准图集中外墙板编号示例

墙板类型	示意图	墙板编号	标志宽度	层高	门（窗）宽	门（窗）高	门（窗）宽	门（窗）高
无洞口外墙	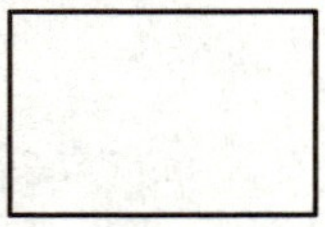	WQ-2428	2 400	2 800	—	—	—	—
一个窗洞外墙（高窗台）	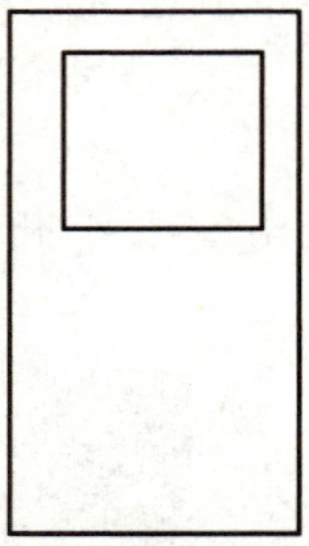	WQC1-3028-1514	3 000	2 800	1 500	1 400	—	—
一个窗洞口（矮窗台）	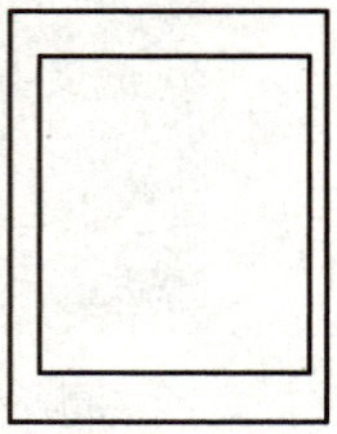	WQCA-3029-1517	3 000	2 900	1 500	1 700	—	—
两个窗洞外墙	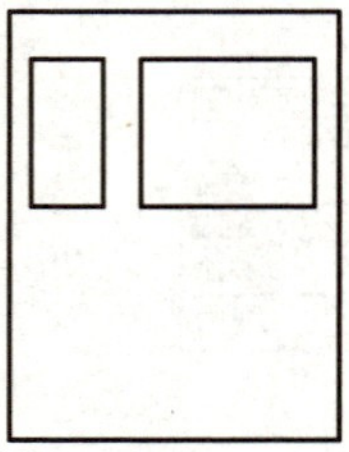	WQC2-4830-0615-1515	4 800	3 000	600	1 500	1 500	1 500

表 3.3 标准图集中内墙板编号

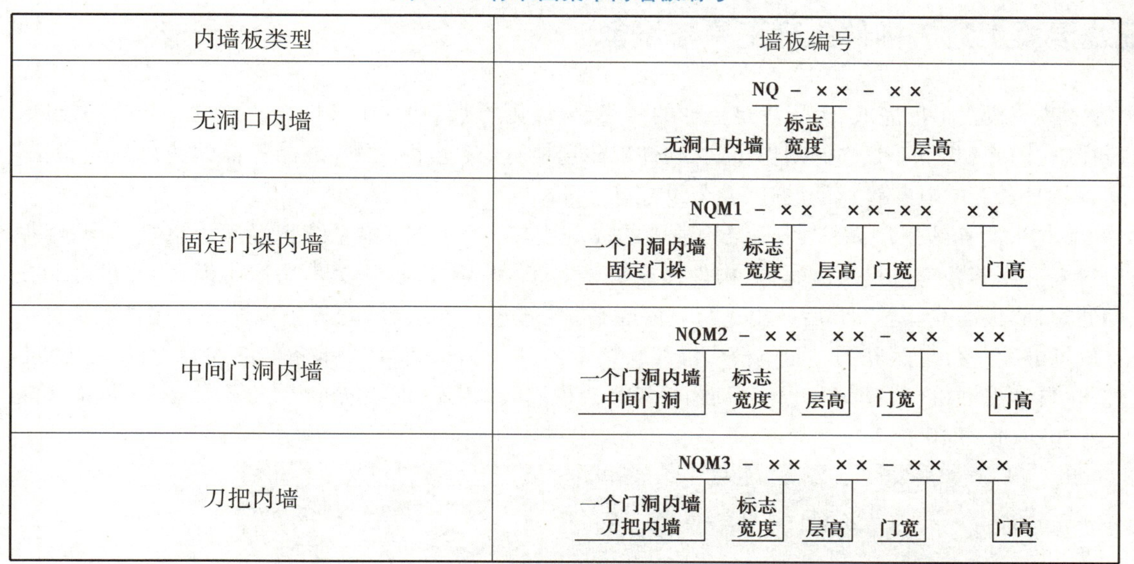

内墙板类型	墙板编号
无洞口内墙	NQ － ×× － ×× 无洞口内墙；标志宽度；层高
固定门垛内墙	NQM1 － ×× ××－×× ×× 一个门洞内墙固定门垛；标志宽度；层高；门宽；门高
中间门洞内墙	NQM2 － ×× ×× － ×× ×× 一个门洞内墙中间门洞；标志宽度；层高；门宽；门高
刀把内墙	NQM3 － ×× ×× － ×× ×× 一个门洞内墙刀把内墙；标志宽度；层高；门宽；门高

内墙识图

表 3.4 标准图集中内墙板编号示例

墙板类型	示意图	墙板编号	标志宽度	层 高	门 宽	门 高
无洞口内墙		NQ-2128	2 100	2 800	—	—
固定门垛内墙		NQM1-3028-0921	3 000	2 800	900	2 100
中间门洞内墙		NQM2-3029-1022	3 000	2 900	1 000	2 200
刀把内墙		NQM3-3029-1022	3 000	2 900	1 000	2 200

3.2　装配式混凝土建筑构件生产工具与设备

PC 构件的生产一般在工厂完成，为了满足生产的需要，现代化的 PC 构件生产厂一般要设置几个功能区，包括混凝土搅拌站、钢筋加工车间、构件制作车间、构件堆放场地、材料仓库（材料、成品等辅助储存）、实验室、模具维修车间、锅炉房、变配电室等辅助设施、办公设施等。

自动化的 PC 构件生产线采用高精度、高结构强度的成型模具，经自动布料系统把混凝土浇筑其中，经振动工位振捣后送入立体蒸养房进行蒸汽养护，构件强度大于等于 40 MPa 时，从蒸养房取出模台，并进至脱模工位进行脱模处理，墙板需在蒸养 2 h 后取出进行表面磨平，再送进蒸养房继续蒸养。脱模后的构件经构件运输平台运至堆放场继续进行自然养护。而空模台沿线自动返回，进入下一道生产准备。在模台返回输送线上设置自动清理机、自动喷油机（脱模剂）、划线机、构件模具边模安装、钢筋、桁架筋安装、检测等工位，从而实现自动化循环流水作业（图 3.10）。

图 3.10　PC 构件厂预制叠合楼板生产线

3.2.1　生产工具

1）扳手

扳手如图 3.11 所示，用于构件生产中模具的固定、内埋件的固定和安装等。

2）钢卷尺

钢卷尺如图 3.12 所示，用于测量较长工件的尺寸或距离。

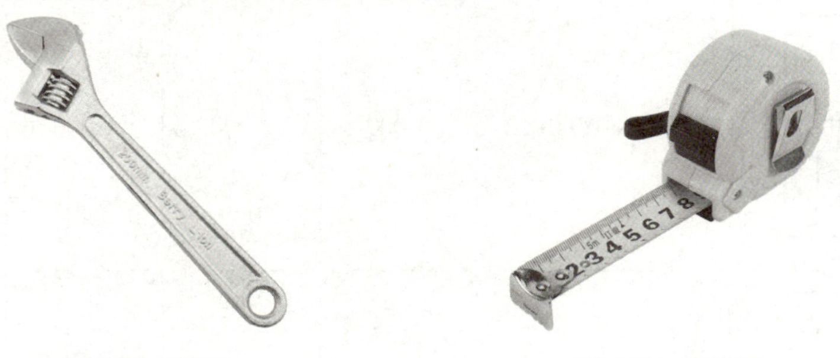

图 3.11　扳手　　图 3.12　钢卷尺

3）滚筒刷

滚筒刷如图 3.13 所示，用于涂刷缓凝剂与脱模剂。

4）塞尺

塞尺用于测量间隙间距。如图 3.14 所示的是楔形塞尺。

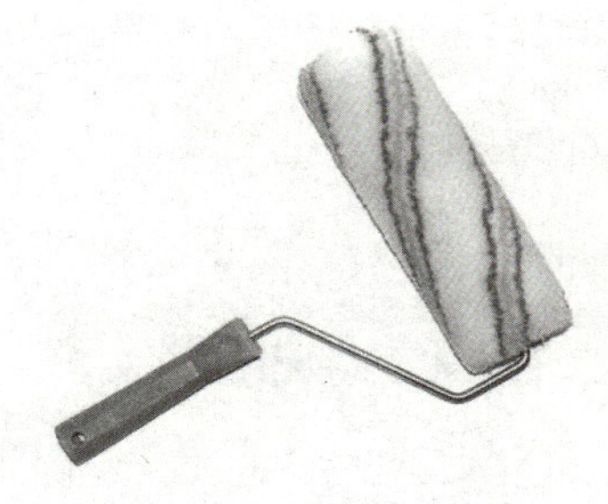
图3.13　滚筒刷

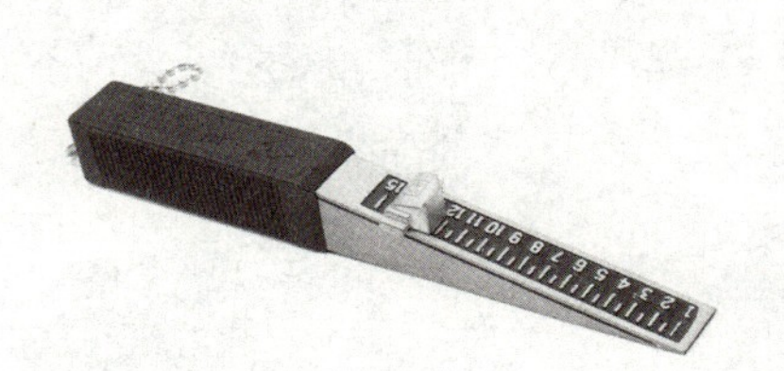
图3.14　楔形塞尺

5)墨斗

墨斗如图3.15所示,用于绘制标准线。

6)橡胶锤

橡胶锤如图3.16所示,用于安放磁盒调整模具位置。

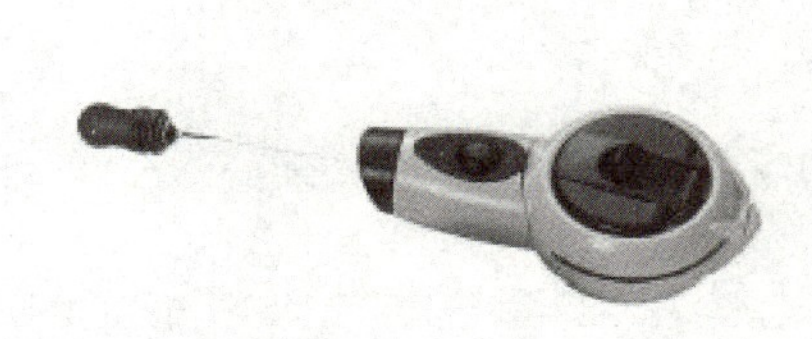
图3.15　墨斗

图3.16　橡胶锤

7)磁盒

磁盒如图3.17所示,它利用强磁芯与钢模台的吸附力,通过导杆传递至不锈钢外壳上,用卡口横向定位,同时用高硬度可调节紧固螺丝产生强下压力,直接或通过其他紧固件传递压力,从而将模具牢牢地固定于模台上。

8)防尘帽

防尘帽如图3.18所示,用于防尘、防外漏、防止泥沙和雨水进入放孔内、防止需要保护的孔出现堵塞或锈蚀等问题。

图3.17　磁盒

图3.18　防尘帽

3.2.2　生产设备

1)划线机

划线机如图3.19所示,用于在底模上快速而准确地标示出边模、预埋件等的位置,可提高放置边模、预埋件的准确性和速度。

2)混凝土布料机

混凝土布料机如图3.20所示,用于向混凝土构件模具中添加均匀定量的混凝土布料。

图 3.19　划线机

图 3.20　混凝土布料机

3)振动台

振动台如图 3.21 所示,用于振捣完成布料后的周转平台,将其中混凝土振捣密实。振动台由固定台座、振动台面、减振提升装置、锁紧机构、液压系统和电气控制系统组成。

图 3.21　振动台

4)养护窑

养护窑由窑体、蒸汽系统(或散热片系统)、温度控制系统等组成。将混凝土构件存放在养护窑中,经过静置、升温、恒温、降温等几个阶段可使混凝土构件强度达到要求。

5)混凝土输送机(直泄式送料机)

混凝土输送机(直泄式送料机)用于存放输送搅拌站出来的混凝土,通过特定的轨道将混凝土运送到混凝土布料机中。混凝土输送机由双梁行走架、运输料斗、行走机构、料斗翻转装置和电气控制系统组成。

6)模台存取机

模台存取机将振捣密实的混凝土构件及模具送至养护窑指定位置,将养护好的构件及模具从养护窑中取出,送回生产线上,输送到指定的脱模位置。模台存取机由行走系统、大架、提升系统、吊板输送架、取/送模机构、纵向定位机构、横向定位机构、电气系统等组成。

7)模台预养护及温控系统

模台预养护及温控系统由钢结构支架、保温膜、蒸汽管道、养护温控系统、电气控制系统(中央控制器、控制柜)、温度传感器等组成。养护通道由钢结构支架、养护棚(钢-岩棉-钢材料)组成,放置于输送线上方,带制品的模板可通过。通道内的预养护工位自动控制启动停止,中央控制器采用工业级计算机,具有较完善的功能,有工艺温度的参数设置。

8)侧力脱模机

模板固定于托板保护机构上,可将水平板翻转 85°~ 90°,便于制品竖直起吊。侧力脱模机由翻转装置、托板保护机构、电气系统、液压系统组成。翻转装置由两个相同结构翻转臂组成,又可分为固定台座、翻转臂、托座、模板锁死装置。

9)运板平车

运板平车用于运输成品 PC 板,将成品 PC 板由车间运送至堆放场。由稳定的型钢结构和钢板组成的车体、走行机构、电瓶、电气控制系统等组成了运板平车。

10)刮平机

刮平机将布料机浇注的混凝土振捣密实并刮平,使得混凝土表面平整。刮平机由钢支架、大车、小车、整平机构及电气系统等组成。

11)抹面机

抹面机如图 3.22 所示,用于内外墙板外表面的抹光,保证构件表面的光滑,抹平头可在水平方向两自由度内移动作业。抹面机由门架式钢结构机架、走行机构、抹光装置、提升机构、电气控制系统组成。

图 3.22　抹面机

12)模具清扫机

模具清扫机如图 3.23 所示,它能将脱模后的空模台上附着的混凝土清理干净。模具清扫机由清渣铲、横向刷辊、支撑架、除尘器、清渣斗和电气系统组成。

13)拉毛机

拉毛机如图 3.24 所示,用于对叠合板构件新浇注混凝土的上表面进行拉毛处理,以保证预制叠合板底板和后浇注的混凝土较好地结合起来。拉毛机由钢支架、变频驱动的大车及走行机构、小车走行、升降机构、转位机构、可拆卸的毛刷、电气控制系统组成。

图 3.23　模具清扫机

图 3.24　拉毛机

3.3　装配式混凝土建筑构件生产工艺

3.3.1　PC 构件生产流程

PC 构件制作需要依据设计图样、有关标准、工程安装计划、混凝土配合比设计和操作规程来完成。PC 构件的制作根据不同的构件类别也略有不同,图 3.25 是大部分 PC 构件的生产流程。

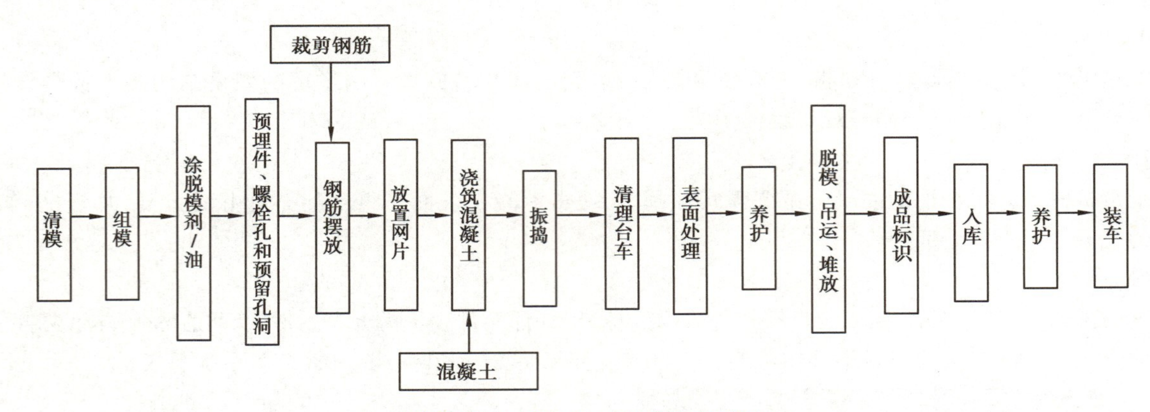

图 3.25 大部分 PC 构件生产流程图

3.3.2 混凝土预制叠合板构件生产流程

叠合板生产流程

1)模台清理、组装边模、涂脱模剂

将上一生产循环用于构件制作的模台上残留的杂物清理干净,并按照构件生产工艺的要求组装边模,在模台表面和边模上涂抹脱模剂。模台清理可以用模台清理机进行,也可由人工完成,但务必保证模台表面无混凝土或砂浆残留。组装后的模具如图 3.26 所示。

图 3.26 组装后的模具

2)模台清理

预制叠合板生产流程(流水线生产模式)

(1)工艺说明

①人工将凝固在模台上的大块混凝土进行松动清理。

②模台清理机挡板挡住大块的混凝土残渣,旋转滚刷对模台表面进行精细清理。

③除尘器对清理过程中产生的扬尘进行清理。

④清理下来的混凝土残渣通过清理机底部的废料箱收集。

⑤模具需要人工进行清理。

模台清理如图 3.27 所示。

(2)注意事项

①如设备清理后的模台不干净,则需要进行人工二次清扫;设备出现故障时,人工进行模台清理。

②模具清理时,保证所有拼接处均清理干净,确保组模时无尺寸偏差。

③模具上下基准面必须清理干净,便于保证构件的整体厚度。

④构件粗糙面处对应的模具可以不做清理直接涂刷表面粗糙剂。

图 3.27　模台清理

3)画线

工艺说明及注意事项：

①将构件 CAD 图纸传送到划线机的主电脑上。

②确定基准点后，划线机自动按图纸在模台上画出模具组装边线（模具在模台上组装的位置、方向）及预埋件安装位置。

③在编程时对布局进行优化，在同一模台上同时生产多个预制构件，提高模台使用效率。

划线机画线如图 3.28 所示。

图 3.28　划线机画线

4)喷脱模剂

工艺说明及注意事项：

①用喷涂机对模台表面进行脱模剂喷涂。

②刮平器对模台表面喷洒的脱模剂进行扫抹，保证脱模剂的均匀性和厚度。

③如喷涂机喷涂的脱模剂不均匀，需要进行人工二次涂刷。

④如无特殊要求，可采用水性脱模剂。

喷脱模剂如图 3.29 所示。

5)组模及钢筋绑扎

工艺说明及注意事项：

①吊车将模具连同绑扎好的钢筋骨架吊运至组模工位，以画线位置为基准控制线进行安装（注意方向、位置）。

②模具、钢筋骨架对照画线位置微调整，控制模具组装尺寸精度。

③模具与模台紧固，下边模和模台间用螺栓连接固定，上边模用花篮螺栓连接固定。

图 3.29　喷脱模剂

④左右侧模和窗口模具采用磁盒固定,确保磁盒使用数量满足固定强度要求。

组模及钢筋绑扎如图 3.30 所示。

图 3.30　组模及钢筋绑扎

6)埋件安装

工艺说明及注意事项:

①安装电器盒需选择正确的型号,注意安装方向。

②接管处及盒口必须用胶带固定牢固、封堵严密,防止混凝土浇筑振捣时进浆。

③安装好后用工装将电器盒固定,避免出现歪斜现象。

④水电预留孔模具要位置准确,封堵、固定牢靠。

埋件安装如图 3.31 所示。

图 3.31　埋件安装

7)混凝土浇注及振捣

(1)工艺说明

①搅拌站按要求搅拌混凝土(配合比、坍落度、体积)。

②通过运输小车,向布料机投料。

③自布料机扫描到基准点开始自动布料或手动布料。

④锁紧模台,振动平台工作至混凝土表面无明显气泡逸出时停止振捣,清理模具、模台、地面上残留的混凝土。

⑤停止振动后松开模台锁紧机构,完成浇筑、振捣。

⑥浇筑后,检验模具、埋件,若发生胀模、位移或封堵腔内进混凝土等现象,要立即处理。

混凝土浇注及振捣如图3.32所示。

图3.32 混凝土浇注及振捣

(2)注意事项

①浇筑前要对前面的工序进行检验,尤其是埋件固定强度及模具固定强度。

②浇注过程尽量避开预埋件位置。

③浇筑过程控制混凝土浇筑量,保证构件厚度。

④如有特殊情况(如塌落度过小、局部堆积过高等)需进行人工干预,用振捣棒辅助振捣,此过程不允许振捣棒触碰预埋件。

⑤清理散落在模具、模台和地面上的混凝土,保持工位清洁。

8)抹面及拉毛

工艺说明及注意事项:

①用塑料抹子粗抹,做到表面基本平整,无外露石子,外表面无凹凸现象。

②特别注意电盒四周的平整度及安装穿线管的预留位置。

③混凝土达到合适的初凝状态时进行表面拉毛工作,拉毛工作要求平直、均匀、深度一致,保证在3~5 mm。

抹面及拉毛如图3.33所示。

9)蒸汽养护

工艺说明及注意事项:

①拉毛后蒸汽养护前需静停,以手压无痕为准。

②自动线会自动将叠合板放入整体蒸汽养护室内。

③养护最高温度不高于60 ℃。

④养护总时间不少于8 h。

⑤操作工随时监测养护窑温度,并做好记录。

图 3.33 抹面及拉毛

⑥蒸汽养护后,混凝土强度达到标准养护强度的 70%以上,混凝土表面无裂纹。

构件蒸汽养护如图 3.34 所示。

图 3.34 构件蒸汽养护

10)拆模

(1)工艺说明

①检查构件强度达到吊装强度要求(不低于 20 MPa)。

②拆卸模具上所有紧固螺丝、磁块、胶封胶堵等,并分类、集中存放。

③使用拆模工具(工装)分离模具与预制构件混凝土。

④拆下的模具清理干净后,做好标记,放至指定位置,待下次使用。

构件拆模如图 3.35 所示。

图 3.35 构件拆模

(2)注意事项

①拆卸时尽量不要使用重物敲打模具。

②拆模过程中要保证构件的完整性。

③拆卸下来的工装、紧固螺栓等零件必须放到工具箱内,分类、集中存放。

④拆模用工具使用后放到指定位置,摆放整齐。

⑤将混凝土残渣等杂物清扫干净,保持工位清洁。

11)吊装

(1)工艺说明

①混凝土强度达到20 MPa后方可进行吊运工作。

②按照图纸标注的吊点位置安装吊具。

③起吊后的构件放到指定的构件冲洗区域进行水洗面作业。

④放置时,在叠合板下方垫截面为300 mm×300 mm的木方,保证叠合板平稳,不允许磕碰。

⑤保证叠合板水平起吊平稳,不允许发生碰撞。

构件吊装如图3.36所示。

图3.36 构件吊装

(2)注意事项

①起吊前检查专用吊具及钢丝绳是否存在安全隐患。

②指挥人员要与吊车工配合并保证构件平稳吊运。

③整个过程不允许发生磕碰,且严禁在吊运通道交叉作业。

④起吊工具、工装、钢丝绳等使用后要放到指定位置,妥善保管,定期检查。

12)冲洗入库

(1)工艺说明

①利用起重机将拆模后符合强度要求的构件吊运至冲洗区。

②用高压水枪冲洗构件四周,形成粗糙面。

③拆除水电等预留孔洞的各种模具模块。

④检查构件外观,无误后报检并填写入库单办理入库交接手续。

构件冲洗入库如图3.37所示。

图3.37 构件冲洗入库

空调板生产流程

(2)注意事项

①有缺陷的构件运到缓冲区处理。

②重复利用的模块放到指定的位置。

③一次性使用的模块收集并放到指定位置。

阳台板生产流程

④按操作规程冲洗构件的四周,并确保露骨深度达到质量标准。

⑤用吊车将构件运到物流车上,避免发生碰撞,构件下方垫截面为300 mm×300 mm的木方保证平稳。

3.3.3　预制外墙板生产流程(含外饰面)

1)PC 外墙板预制技术

①产品概况。PC 外墙板板厚有 160 mm、180 mm 等,由于外饰面砖及窗框在预制过程中完成,所以在现场吊装后只需安装窗扇及玻璃即可(图 3.38)。这样给现场施工提供了很大方便,但同时也给构件生产提出了很高的要求,是对生产工艺和生产技术的一次新挑战。

预制外墙生产工艺（无洞口外墙板）

预制外墙生产工艺（一个窗洞口外墙板）

图 3.38　PC 外墙板

②PC 外墙板预制技术重点:

a.由于 PC 外墙板面砖与混凝土一次成型,因此保证面砖的铺贴质量是产品质量控制的关键。

b.由于 PC 外墙板窗框预埋在构件中,因此采取适当的定位和保护措施是保证产品质量的重点。

c.由于面砖、窗框、预埋件及钢筋等在混凝土浇捣前已布置完成,因此对混凝土振捣提出了很高的要求,是生产过程控制的重点。

d.由于 PC 外墙板厚度比较小,侧向刚度比较差,对堆放及运输要求比较高,因此产品保护也是质量控制的重点。

e.要保证 PC 外墙板的几何尺寸和尺寸变化,钢模设计是生产技术的关键。

③PC 外墙板生产工艺流程如图 3.39 所示。

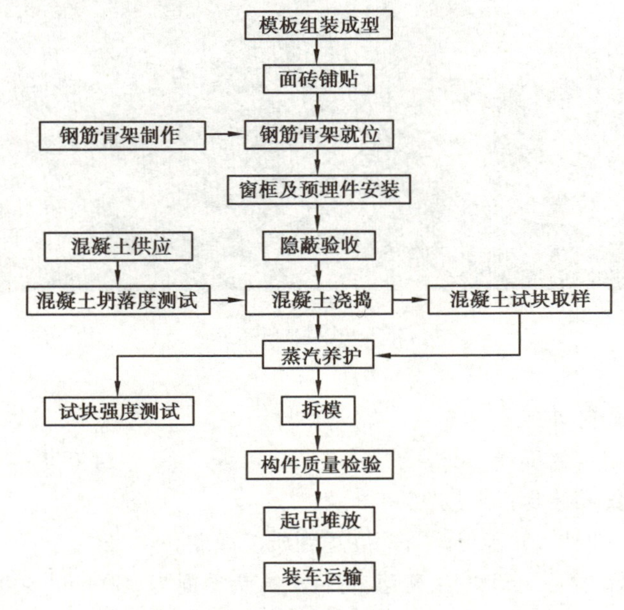

图 3.39　PC 外墙板生产工艺流程

PC外墙板的生产在厂内进行，根据生产进度需要直排布置6个生产模位。

构件蒸汽养护脱模后，直接吊至翻转区翻转竖立后堆放。钢筋加工成型在钢筋车间内进行，钢筋骨架在生产模位附近的场地绑扎。混凝土由厂搅拌站供应。

PC外墙板模板主要采用钢模，钢筋加工成型后整体绑扎，然后吊到模板内安装，混凝土浇筑后进行蒸汽养护。生产过程中的模板清洁、钢筋加工成型、面砖粘贴、窗框安装、预埋件固定、混凝土施工及蒸汽养护、拆模搬运等工序均采用工厂式流水施工，每个工种都由少数相对固定的熟练工人操作实施。

2)模具设计与组装技术

(1)模具设计

由于建筑变化的需要及安装位置的不同，PC外墙板的尺寸形状变化较为复杂，同时对墙板的外观质量和外形尺寸的精度要求也很高。外形尺寸的长度和宽度误差均不得大于3 mm，弯曲也应小于3 mm。这些都给模具设计和制作增加了难度，要求模板在保证一定刚度和强度的基础上，既要有较强的整体稳定性，又要有较高的表面平整度，并且容易安装和调整，以适应不同外形尺寸PC外墙板生产的需要。经过认真分析研究，结合PC外墙板的实际情况，最终确定如下模板配置方案：模板采用平躺结构，整个结构由底模、外侧模和内侧模组成(图3.40)。

图3.40 预制墙板模板组装

此方案能够使外墙板正面和侧面全部与模板密贴成型，使墙板外露面能够做到平整光滑，对保证墙板外观质量起到一定的作用。外墙板翻身主要利用吊环转90°即可。

(2)模具组装

①底模安装就位。在生产模位区，根据PC外墙板生产的操作空间进行钢模的布置排列。底模就位后，先对其进行水平测试，以防外墙板因底模不平而产生翘曲。底模校准后，底模四周采用膨胀螺栓固定于混凝土地坪上，这样可以防止底模在生产过程中移位走动而影响产品质量。模板的组装采用可调螺杆进行精确定位，避免了采用木块定位的缺陷，在很大程度上保证了模板尺寸的精度。

②模板组装要求。钢模组装前，模板必须清理干净，不留水泥浆和混凝土薄片，模板隔离剂不得有漏涂或流淌现象。模板的安装与固定，要求平直、紧密、不倾斜、尺寸准确。此外，由于端模固定得正确与否直接关系到墙板的长度尺寸，所以端模固定采用螺栓定位销的方法。同时，为了保证模板精度，还应定期测量底模的平整度，保证出现偏差时能够及时调整。

3)预制构件生产技术操作要求

(1)面砖制作与铺贴

①面砖制作。

PC外墙板可使用45 mm×45 mm小块瓷砖，且瓷砖在工厂预制阶段与混凝土一次成型。

如果将瓷砖像现场粘贴一样逐块贴在模板上，必然会出现瓷砖对缝不齐的现象，从而严重影响建筑的整体美观效果。为此,在PC外墙板预制中使用的瓷砖是成片的面砖和成条的角砖。它们是在专用的模具中放入面砖并嵌入分格条,压平后粘贴保护贴纸并用专用工具压粘牢固而制成的(图3.41)。

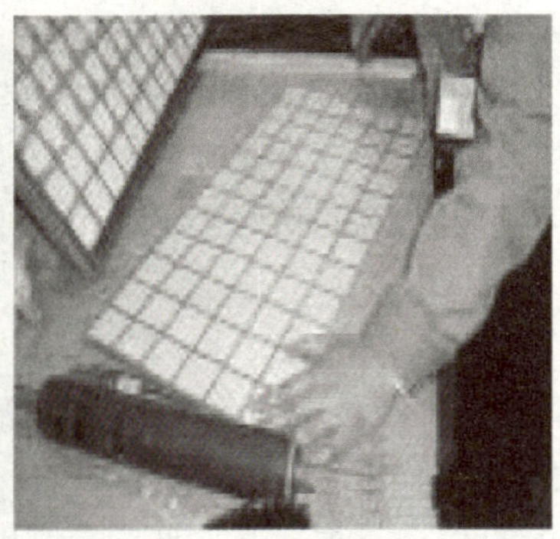

图3.41　面砖制作

平面面砖每片大小为300 mm×600 mm,角砖每条长度为600 mm。平面面砖每片的连接采用内镶泡沫塑料网格嵌条,外贴塑料薄膜粘纸的方式将小块瓷砖连成片。角砖以同样的方式连成条。

②面砖铺贴。

由于PC外墙板的面砖与混凝土一次成型,现场不再进行其他操作,因此面砖的铺贴质量直接影响建筑的美观效果,所以面砖铺贴过程的质量控制十分关键。面砖粘贴前必须先将模具清理干净,不得留有混凝土碎片和水泥浆等。为了保证面砖间缝的平直,需先在底模面板上按照每张面砖的大小进行画线,然后进行试贴,即将面砖铺满底模,在检查面砖间缝横平竖直后再正式铺贴。铺贴面砖时,先将专用双面胶布从底部开始向上粘贴,然后再将面砖粘贴在底模上,面砖粘贴过程中要保证空隙均匀、线条平直、保证对缝(图3.42)。钢模内的面砖铺贴一定要相对牢固,防止浇捣混凝土时发生移动。

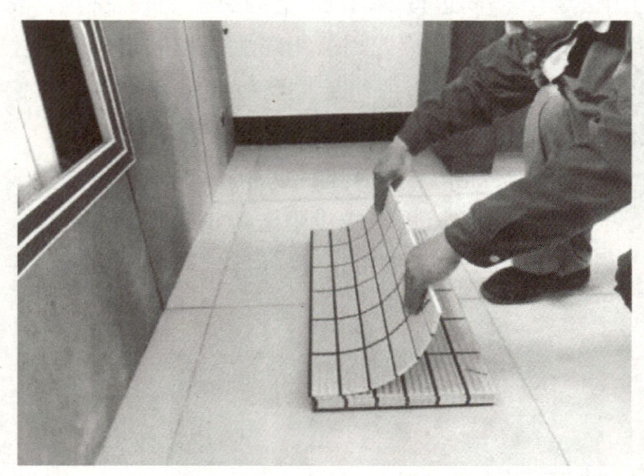

图3.42　面砖铺贴

此外，为了保证面砖不被损坏，在钢筋入模时先使钢筋骨架悬空，即预先在面砖上垫放木块，钢筋骨架先放在木块上，再移去木块缓慢放下钢筋骨架。这样处理可以防止钢筋入模时压碎瓷砖，或使瓷砖发生移动。

(2)窗框及预埋件安装

窗框及预埋件安装如图3.43所示。

图3.43 窗框及预埋件安装

①窗框制作。

由于PC外墙板的窗框直接预埋在构件中，因此在窗框节点的处理上有一些不同于现场安装之处，如需要考虑窗框与混凝土的锚固性等。为此，需要窗框加工单位在根据图纸确定窗框尺寸的同时，还要考虑墙板的生产可行性。此外，在窗框加工完成后，要采取贴保护膜等保护措施，对窗框的上下、左右、内外方向做好标志，还要同时提供金属拉片等辅助部件。

②窗框安装。

安装窗框时，首先根据图纸尺寸要求将窗框固定在模板上，注意窗框的上下、左右、内外不能装错。

窗框固定采用在窗框内侧放置与窗框等厚木块的方法来进行，木块通过螺栓与模板固定在一起，这样可以保证窗框在混凝土成型振动过程中不发生变形。窗框和混凝土的连接主要依靠专用金属拉片来固定，其设置间距为40 cm以内。墙板的整个预制过程都要做好对窗框的保护工作。窗框用塑料布做好遮盖，防止污染，在生产、吊装完成之前，禁止撕掉窗框的保护贴纸。窗框与模板接触面采用双面胶密封保护。

③预埋件安装。

由于预埋件的位置和质量直接关系现场施工，所以采用专门的吸铁钻在模板上进行精确打孔，以严格控制预埋件的位置及尺寸。此外，预埋螺孔定位好以后，要用配套螺栓将其拧好，防止在生产过程中进入垃圾，发生堵塞，待构件出厂时再将这些螺栓拆下。

(3)钢筋骨架

①钢筋成型：

a.半成品钢筋切断、对焊、成型均在钢筋车间进行。钢筋车间按配筋单加工，应严格控制尺寸，个别超差不应大于允许偏差的1.5倍。

b.钢筋弯曲成型应严格控制弯曲直径。HPB235级钢筋弯180°时，$D \geq 2.5d$；HRB335、HRB400级钢筋弯135°时，$D \geq 4d$；钢筋弯折小于90°时，$D \geq 5d$（其中D为弯芯直径，d为钢筋直径）。

c.钢筋对焊应严格按《钢筋焊接及验收规程》(JGJ 18—2012)操作，对焊前应做好班前试验，并以同规格钢筋一周内累计接头300只为一批进行三拉三弯实物抽样检验。

d.半成品钢筋运到生产场地，应分规格挂牌、分别堆放。

②钢筋骨架成型。由于PC外墙板属于板类构件，钢筋的主筋保护层厚度相对较小，因此钢筋骨架的尺寸必须准确（图3.44）。

图 3.44 钢筋骨架成型

(4)混凝土浇捣

①浇捣混凝土前,应对模板和支架、已绑好的钢筋和预埋件进行检查,逐项检查合格后,方可浇捣混凝土。检查时,应重点注意钢筋有无油污现象,预埋件位置是否正确等。

②采用插入式振动器振捣混凝土时,为了不损坏面砖,不采用以往振动棒竖直插入振捣的方式,而是采用平放的方法,将面砖在生产过程中的损坏降到最低程度。混凝土应振捣停止下沉,无显著气泡上升,表面平坦一致,呈现薄层水泥浆为止。

③浇筑混凝土时,还应经常注意观察模板、支架、钢筋骨架、面砖、窗框、预埋件等情况,如发现异常应立即停止浇筑,并采取措施解决后再继续进行。

④浇筑混凝土应连续进行,如因故必须间歇时,应不超过下列允许间歇时间:

a.当气温高于 25 ℃时,允许间歇时间为 1 h;

b.当气温低于 25 ℃时,允许间歇时间为 1.5 h。

⑤混凝土浇捣完毕后,要进行抹面处理。以往常用的方法是先人工用木板抹面再用抹刀抹平,但是因墙板面积较大,采用这种方法难以保证表面平整度和尺寸精度。为了确保外墙板的质量,采用铝合金直尺抹面,从而将尺寸误差精确地控制在 3 mm 以内,个别地方再用抹刀抹平(图 3.45)。

图 3.45 外墙板抹面

⑥混凝土初凝时,应对构件与现浇混凝土连接部位进行毛化处理,粗糙面深度不应小于 6 mm。

(5)蒸汽养护

PC 外墙板属于薄壁结构,易产生裂缝,故宜采用蒸汽养护窑养护(图 3.46)。这样不仅保证了充足的生产操作空间,更在很大程度上提高了预制构件的养护质量,确保脱模起吊与出厂运输的强度符合设计要求。

图3.46　蒸汽养护窑养护

①蒸汽养护分为静停、升温、恒温和降温4个阶段。养护制度通过试验确定，应采用加热养护温度自动控制装备。按规定的时间周期检查养护系统测试的窑面温度、湿度，并做好检查记录，宜在常温下静停2~6 h，升降温速度不宜超过20 ℃/h，最高养护温度不宜超过70 ℃，夹心保温外墙板最高养护温度不宜大于60 ℃，预制构件脱模时的表面温度与环境温度的差值不宜超过25 ℃。

构件进入蒸汽养护窑

进窑养护工艺要求：

a.进窑前应确认模台车编号、模具型号、入窑时间，选定入窑位置后做好记录。

b.进窑前检查模台车周围及窑内提升机周围有无障碍物。

c.在蒸汽养护的状态下，养护时间为8~12 h，出窑后混凝土强度应不低于15 MPa。

②当墙板的温度与周围环境温度差不大于20 ℃时，才可以拉开蒸养罩。

3.3.4　预制外墙板生产流程(含保温层)

1)模台清理

内墙生产流程

预制内墙生产流程（流水线生产模式）

模台清理如图3.47所示，其工艺要求及注意事项如下。

图3.47　模台清理

(1)工艺要求

①人工将凝固在模台上的大块混凝土进行松动清理。

②模台清理机挡板挡住大块的混凝土残渣，旋转滚刷对模台表面进行精细清理。

③除尘器对清理过程中产生的扬尘进行清理。

④清理下来的混凝土残渣通过清理机底部的废料箱收集。

⑤模具需要人工进行清理。

(2)注意事项

①如设备清理后的模台不干净，则需要进行人工二次清扫；设备故障出现时，人工进行模台清理。

②模具清理时，保证所有拼接处均清理干净，确保组模无尺寸偏差。

③模具上下基准面必须清理干净，便于保证构件的整体厚度。

④构件粗糙面处对应的模具可以不做清理直接涂刷表面粗糙剂。

2)画线

画线如图3.48所示,其工艺要求及注意事项如下。

图3.48　画线

①将构件CAD图纸传送到划线机的主电脑上。

②确定基准点后,划线机自动按图纸在模台上画出模具组装边线(模具在模台上组装的位置、方向)及预埋件安装位置。

③在编程时对布局进行优化,在同一模台上同时生产多个预制构件,提高模台使用效率。

3)喷涂脱模剂

喷涂脱模剂如图3.49所示,其工艺说明及注意事项如下。

图3.49　喷涂脱模剂

①用喷涂机对模台表面进行脱模剂喷涂。

②刮平器对模台表面喷洒的脱模剂进行扫抹,保证脱模剂的均匀性和厚度。

③如喷涂机喷涂的脱模剂不均匀,需要进行人工二次涂刷。

④如无特殊要求,可采用水性脱模剂。

4)组模、组钢筋笼

组模、组钢筋笼如图3.50所示,其工艺要求和注意事项分别如下。

(1)工艺要求

①提前做好预埋件安装前的准备工作。

②将灌浆软管一端安装固定在套筒上,另一端利用磁性底座(或者工装)完成套筒软管安装固定在底模上,确保整齐度。

③采用反打工艺时,利用简易工装连同预埋件(斜支撑预埋螺母、现浇混凝土模板预埋螺母)安装在模具内,确保埋件位置准确。

④正打工艺,利用磁性底座将预埋件与模台固定,并安装锚筋,完成后拆除简易工装。

图 3.50　组模、组钢筋笼

⑤按照图纸安装电气埋件(线盒、线管)、安装窗口防腐木方,保证安装精度和强度。

(2)注意事项

①检查套筒安装质量(数量、型号、垂直度等)。

②检查预埋件安装质量(数量、型号、尺寸、锚筋)。

③检查电器盒安装质量(数量、位置、方向、上沿高度等)。

④安装套筒和埋件过程中不许弯曲、切断任何钢筋。

⑤套筒与固定器、磁性底座和模台要固定牢靠。

⑥整个过程中要保护底模的清洁度。

⑦整个过程尽量不踩踏钢筋骨架,保证钢筋骨架位置正确。

5)混凝土一次浇注及振捣

混凝土一次浇注及振捣如图 3.51 所示,其工艺要求及注意事项分别如下。

图 3.51　混凝土一次浇注及振捣

(1)工艺要求

①搅拌站按要求搅拌混凝土(配合比、坍落度、体积)。

②通过运输小车,向混凝土布料机投料。

③自混凝土布料机扫描到基准点开始自动布料或手动布料。

④锁紧模台,振动平台工作至混凝土表面无明显气泡逸出时停止振捣,清理模具、模台、地面上残留的混凝土。

⑤停止振动后松开模台锁紧机构,完成浇筑、振捣。

⑥浇筑后,检验模具、埋件。若发生胀模、位移或封堵腔内进混凝土等现象,要立即处理。

(2)注意事项

①浇筑前要对前面的工序进行检验,尤其是埋件固定强度及模板固定强度。

②浇注过程尽量避开套筒和预埋件位置。

③浇筑过程控制混凝土浇筑量,保证构件厚度。

④振捣后要对表面进行找平,保证平整度,为安装挤塑板打好基础。

⑤如有特殊情况(如塌落度过小、局部堆积过高等)时要进行人工干预,用振捣棒辅助振捣,此过程严禁振捣棒触碰套筒和预埋件。

⑥清理散落在模具、底模和地面上的混凝土,保持工位清洁。

6)挤塑板安装

挤塑板安装如图3.52所示,其工艺要求及注意事项如下。

图3.52　挤塑板安装

①挤塑板需按照图纸预先进行半成品加工。

②构件外露挤塑板周边提前用透明胶带粘贴好。

③安装时,确保各挤塑板块靠紧。

④安装挤塑板要在已浇筑混凝土初凝前完成。

⑤安装后,检查挤塑板平整度,有凹凸不平的地方需使用橡胶锤及时处理。

⑥挤塑板四周要靠紧模板。

⑦挤塑板之间的缝隙、连接件与孔之间的缝隙使用发泡胶封堵。

7)连接件安装

连接件安装如图3.53所示,其工艺要求及注意事项如下。

图3.53　连接件安装

①需要控制钢筋网片与四周模具的保护层厚度。

②要注意网片与挤塑板的保护层厚度。

③要注意垫块的位置和数量。

④要注意网片与连接件之间的连接。

⑤注意网片间的搭接长度。

8)混凝土二次浇注及振捣

混凝土二次浇注及振捣如图3.54所示,其工艺要求及注意事项分别如下。

图3.54　混凝土二次浇注及振捣

(1)工艺要求

①搅拌站按要求搅拌混凝土(配合比、坍落度、体积等)。

②使用运输小车,通过空中轨道向混凝土布料机投料。

③自混凝土布料机扫描到基准点开始自动或手动布料。

④锁紧底模,振动平台工作至混凝土表面无明显气泡逸出后,停止振捣。

⑤停止振捣后,松开模台锁紧装置,完成浇筑振捣。

⑥浇筑后,检验模具、埋件,若发生胀模、位移或封堵腔内进混凝土等现象,要立即处理。

(2)注意事项

①浇注过程尽量避开套筒和预埋件位置。

②浇筑过程控制混凝土浇筑量,保证构件厚度。

③如有特殊情况(如混凝土塌落度过小、局部堆积过高等)时进行人工干预,用振捣棒辅助振捣,振捣时避开预埋件。

④若一次浇筑的混凝土已进入初凝期,必须使用振捣棒插入式振捣,严禁使用振动平台整体振捣。

⑤清理散落在模具、底模和地面上的混凝土,保持工位清洁。

9)抹平、收面

抹平、收面如图3.55所示,其工艺要求及注意事项如下。

图3.55　抹平、收面

①赶平设备要避免与模具直接接触。

②以模具面板为基准面控制混凝土厚度。

③预制构件边角区域需要人工进行抹平。

④清理散落在模具、模台和地面上的混凝土，保持工位清洁。

⑤反打时，若构件外露钢筋、预埋件较多，则使用刮杠进行人工抹平，并将贴近表面的石子压下。

10）预养护

预养护如图 3.56 所示，其工艺要求及注意事项如下。

图 3.56 预养护

①预养窑温度控制在 30~50 ℃，保障混凝土的升温过程。

②预养窑内采用干蒸方式养护。

③预养时间 1~1.5 h。

④经过预养护，混凝土初凝强度达到抹面工序工艺要求。

11）抹面、收光

抹面、收光如图 3.57 所示，其工艺要求及注意事项如下。

图 3.57 抹面、收光

①混凝土初凝强度达到抹面工序工艺要求时才能使用抹面机实施抹面。

②抹面机要避免与模具、埋件接触。

③预制构件边角区域需要人工进行抹平。

④此工序可分为提浆、抹平、收光 3 个步骤，整个过程不允许加水。

⑤要求混凝土平整度满足要求，表面无裂纹。

⑥将模台、模具上的杂物清理干净，保持工位整洁。

12）蒸汽养护

蒸汽养护如图 3.58 所示，其工艺要求及注意事项如下。

图3.58 蒸汽养护

①养护最高温度不高于60 ℃。

②养护总时间一般为8~10 h。

③操作工随时监测养护窑温度,并做好记录。

④经过养护,混凝土强度达到标准养护强度的70%以上,完成蒸汽养护。

⑤蒸汽养护后,构件表面无裂纹。

13)拆模

拆模如图3.59所示,其工艺要求和注意事项如下。

图3.59 拆模

(1)工艺要求

①检查构件强度满足吊装强度要求(不低于20 MPa)方可实施拆模。

②拆卸模具上所有紧固螺丝、磁盒、胶封、胶堵等,并分类集中存放。

③使用拆模工具(工装),分离模具(边模、窗模)与预制构件混凝土。

④将超出构件表面的埋件切割、打磨,保证该位置的平整度。

(2)注意事项

①拆卸模板时尽量不要使用重物敲打模具。

②拆模过程中要保证构件的完整性。

③拆卸下来的工装、紧固螺栓等零件必须分类、集中放到周转箱内,不得随意丢弃。

④拆模工具使用后放到指定位置,摆放整齐。

⑤将拆模后的混凝土残渣及杂物打扫干净,保持该工位清洁。

⑥拆下的模具清理完毕后放到模具存放区待用。

14)翻板吊装

翻板吊装如图3.60所示,其工艺要求及注意事项分别如下。

图 3.60　翻板吊装

(1)工艺要求

①混凝土强度达到设计要求后方可进行模台翻转、起吊。

②正确安装专用吊具。

③翻转角度控制在 80°~85°。

④模台平稳后液压缸将模台缓慢顶起。

⑤通过吊车将构件运至成品运输小车。

(2)注意事项

①起吊前检查专用吊具及钢丝绳是否存在安全隐患。

②指挥人员要与吊车工配合并保证构件平稳吊运。

③整个过程不允许发生磕碰且构件不允许在作业面上空行走,严禁交叉作业。

④起吊工具、工装、钢丝绳等使用过后要存放到指定位置,妥善保管,定期检查。

15)冲洗入库

冲洗入库如图 3.61 所示,其工艺要求及注意事项分别如下。

图 3.61　冲洗入库

(1)工艺要求

①利用起重机将符合强度要求的拆模构件吊运至冲洗区。

②按照图纸,用高压水枪冲洗构件四周,形成粗糙面。

③拆除水电等预留孔洞的各种辅助埋件安装周转材料。

④按照技术提供的构件存放方案将构件放置在指定库位。

⑤检查构件外观和固定强度,无误后报检,并填写入库单办理入库交接手续。

(2)注意事项

①注意工序衔接,防止表面粗糙剂失效。

②冲洗后,将有缺陷的构件运到缓冲区待修处理。

③将可重复利用的模块放到指定的位置。

④一次性使用的模块收集并放到指定位置。

⑤按图纸和操作规程冲洗构件的四周,并确保露骨深度达到质检标准。

⑥用吊车将构件运到物流车上,使用专用工具对构件进行固定。

3.3.5 隔墙制作工艺流程

隔墙制作工艺流程包括3部分,即准备工作、钢筋部分和混凝土部分,具体阐述如下:

准备工作:安装模具→清理卫生→涂刷脱模剂→安装预埋固定件。

钢筋部分:铺设底部面筋→绑扎加强筋→放置底部钢筋垫块→预埋插座、线管→安装吊钉→预留插筋孔→绑扎上部面筋→放置上部面筋垫块。

混凝土部分:浇筑混凝土→混凝土振捣→抹平→养护→脱模→翻板→吊板→存放。

1)准备工作

(1)安装模具

按图施工,确定模具具体尺寸,如图3.62所示。

图3.62 安装模具

(2)清理卫生

保证模具上无固体尘杂、无散落细小构件,如图3.63所示。

图3.63 清理卫生

(3)涂刷脱模剂

①模具按材料分为两种,门窗洞口及暗梁处为铁制,其他为铝合金。

②铝合金部分:涂刷脱模剂。

③铁制部分:涂刷机油(防止模具生锈),如图3.64所示。

图 3.64　涂刷脱模剂

(4)安装预埋固定件

按要求安装预埋固定件(图 3.65)。

图 3.65　安装预埋固定件

2)钢筋部分

(1)铺设底部面筋

直接放置已经加工好的钢筋网片,用老虎钳剪断多余部分,多余的留作修补用,如图 3.66 所示。

图 3.66　铺设底部面筋

(2)绑扎加强筋

绑扎加强筋主要是对板四周和洞口布置加强钢筋,采用绑扎连接到每层的钢筋网片上(图 3.67)。

图3.67 绑扎加强筋

(3)放置垫块

底部放置一块10 mm厚的塑料垫块,保证钢筋网片统一抬高10 mm,无下陷区域(图3.68)。

图3.68 放置垫块

(4)预埋插座、线管

在已经安装好的预埋固定件上安装水电预埋件,区分预埋正反面的位置(图3.69)。

(5)安装吊钉

对照模具和图纸安放吊钉,吊钉下部采用绑扎的方式固定(图3.70)。

图3.69 预埋插座、线管

图3.70 安装吊钉

(6)预留插筋孔

按要求预留插筋孔(图 3.71)。

(7)绑扎上部钢筋

按照模具尺寸放置上层钢筋网片,配置加强四周和洞口加强钢筋,但不要绑扎上部钢筋、桁架钢筋和梁(图 3.72)。

图 3.71 预留插筋孔

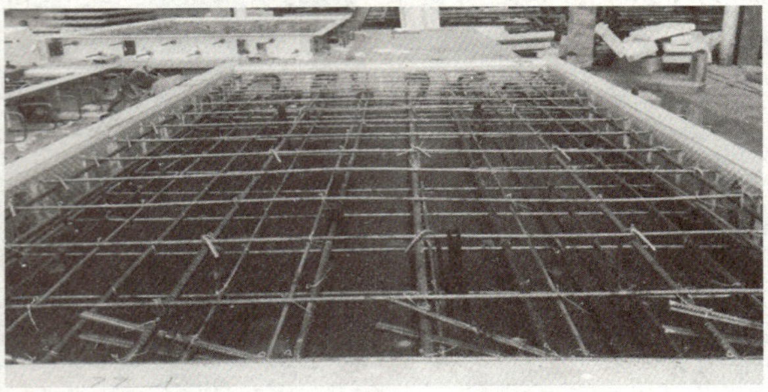

图 3.72 绑扎上部钢筋

(8)放置上部面筋垫块

放置 75 mm 的塑料垫块,保证钢筋网片统一抬高 75 mm,无下陷区域(图 3.73)。

3)混凝土部分

(1)浇筑混凝土

按照图纸设计强度浇筑合格混凝土,按照企业标准随机取样(图 3.74)。

图 3.73 放置上部面筋垫块

图 3.74 浇筑混凝土

(2)混凝土振捣

混凝土振捣完成后查看预埋件是否存在跑位,如有跑位应人工归正(图 3.75)。

(3)抹平

人工采用收光工具抹平(图 3.76)。

图 3.75 混凝土振捣

图 3.76 抹平

(4)养护

采取洒水、覆膜、喷涂养护剂等方式养护,养护时间不少于14 d(图3.77)。

图3.77　养护

(5)脱模

对合格的构件采取人工脱模,清理预埋件表面薄膜,不能用蛮力拆除模具,破坏构件的整体性(图3.78)。

图3.78　脱模

(6)翻板

采用挂钩或者卸爪挂住构件进行翻板(图3.79)。

(7)吊板

起吊机起吊,起吊后检查预制构件是否合格,并粘贴合格证(图3.80)。

图3.79　翻板

图3.80　吊板

(8)存放

按照施工顺序摆放整齐(图 3.81)。

图 3.81　存放

3.3.6　预制外挂板构件生产流程

预制外挂板制作工艺流程包括 3 部分,即准备工作、钢筋部分和混凝土部分,具体阐述如下。

准备工作:安装模具→清理卫生→涂刷脱模剂。

钢筋部分:铺设底部面筋→绑扎加强筋→放置垫块→安装吊钉→安装门框→安装预埋件→预制上部面筋。

混凝土部分:浇筑混凝土→放置保温层→绑扎上部面筋→插玄武岩钢筋→放置外挂板连接钢筋→放置剪力键及套筒定位杆件→二次浇筑混凝土、振捣→抹平→拆除套筒定位杆件→拉毛→养护→脱模→翻板→吊板→存放。

1)准备工作

(1)安装模具

按图施工,确定模具具体尺寸(图 3.82)。

(2)清理卫生

保证模具上无固体尘杂、无散落细小构件(图 3.83)。

图 3.82　安装模具

图 3.83　清理卫生

(3)涂刷脱模剂

模具按材料分为两种:门窗洞口及暗梁处为铁制,其他为铝合金。

铝合金部分涂刷脱模剂(图 3.84),铁制部分涂刷机油(防止模具生锈)。

2）钢筋部分

（1）铺设底部面筋

直接放置已经加工好的钢筋网片，用老虎钳剪断多余部分，多余的留作修补用（图 3.85）。

图 3.84　涂刷脱模剂

图 3.85　铺设底部面筋

（2）绑扎加强筋

绑扎底部加强筋，同时绑扎上部加强筋（图 3.86）。

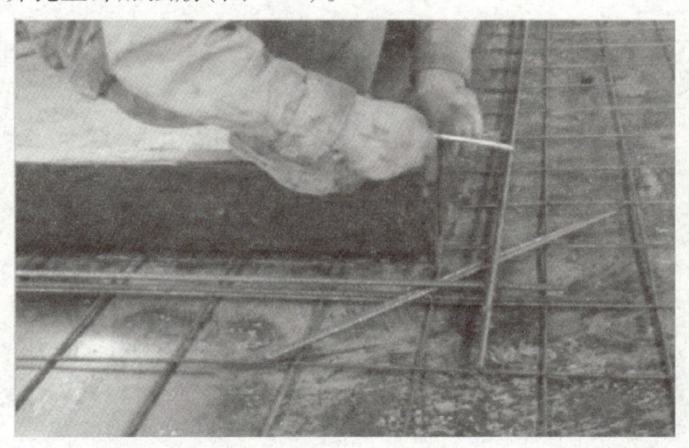

图 3.86　绑扎加强筋

（3）放置垫块

底部放置一块 10 mm 厚的塑料垫块，保证钢筋网片统一抬高 10 mm，无下陷区域（图 3.87）。

图 3.87　放置垫块

(4)安装吊钉

吊钉的安装如图 3.88 所示。

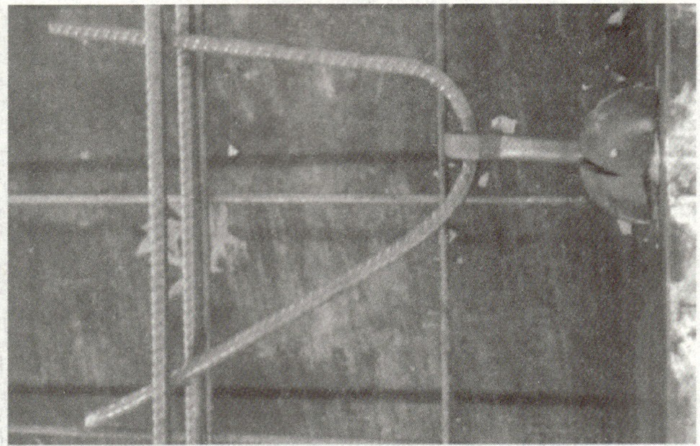

图 3.88　安装吊钉

(5)安装门框

用螺丝钻孔固定(图 3.89)。

图 3.89　安装门框

(6)安装预埋件

在已经安装好的预埋固定件上安装水电预埋件,区分预埋正反面的位置(图 3.90)。

图 3.90　安装预埋件

(7)绑扎加强钢筋

按照模具尺寸放置上层钢筋网片,绑扎预制好的四周和洞口加强钢筋,但不要绑扎上部面筋、桁架钢筋和梁(图3.91)。

图3.91 绑扎加强钢筋

3)混凝土部分

(1)浇筑混凝土

按照图纸设计强度浇筑合格混凝土(图3.92),按照企业标准随机取样。

图3.92 浇筑混凝土

(2)放置保温层

按要求放置保温层,如图3.93所示。

图3.93 放置保温层

(3)绑扎上部面筋

按要求绑扎上部面筋(图 3.94)。

(4)插玄武岩钢筋

按照图纸要求放置玄武岩钢筋,摆放完成后用锤子轻轻击入保温板(图 3.95)。

图 3.94　绑扎上部面筋

图 3.95　插玄武岩钢筋

(5)放置外挂板连接钢筋

按照要求放置外挂板连接钢筋(图 3.96)。

图 3.96　放置外挂板连接钢筋

(6)定尺寸、放置剪力键及套筒定位杆件

按要求定尺寸、放置剪力键及套筒定位杆件(图 3.97)。

图 3.97　定尺寸、放置剪力键及套筒定位杆件

(7)混凝土二次浇筑及振捣

按要求进行混凝土二次浇筑及振捣(图 3.98)。

(8)抹平

采用人工收光工具抹平(图3.99)。

图3.98　混凝土二次浇筑及振捣

图3.99　抹平

(9)拆除套筒定位杆件

拆除套筒定位杆件(图3.100)。

图3.100　拆除套筒定位杆件

(10)拉毛

减少光滑度,防止结合不牢,提高黏结力(图3.101)。

图3.101　拉毛

(11)养护

采取洒水、覆膜、喷涂养护剂等方式养护,养护时间不少于14 d(图3.102)。

(12)脱模

对合格的构件进行人工脱模。用撬棍轻击至顶部模具脱离,并拆除构件上部和门窗模具,清理预埋件表面薄膜(不能使用蛮力拆除模具,以免破坏构件的整体性),然后采用机械起吊脱模(图3.103)。

图 3.102　养护

图 3.103　脱模

(13)翻板

采用挂钩或者卸爪挂住构件进行翻板(图 3.104)。

(14)吊板

起吊机起吊,起吊时检查预制构件是否合格,并粘贴合格证(图 3.105)。

图 3.104　翻板

图 3.105　吊板

(15)存放

按照顺序摆放整齐(图 3.106)。

图 3.106　存放

3.3.7　预制梁制作工艺流程

预制梁制作工艺流程包括3部分，即准备工作、钢筋部分和混凝土部分，具体阐述如下。

准备工作：清理模具→涂刷脱模剂。

钢筋部分：绑扎钢筋→钢筋装模→固定模具。

混凝土部分：浇筑混凝土、振捣→抹平→养护→起吊→脱模→存放。

1）准备工作

（1）清理模具

用锤子或铲子轻击模具，使模具中残留的混凝土脱落，然后清扫干净（图3.107）。

图3.107　清理模具

（2）涂刷脱模剂

铝合金部分涂刷脱模剂（图3.108），铁制部分涂刷机油（防止模具生锈）。

图3.108　涂刷脱模剂

2）钢筋部分

（1）绑扎钢筋

按照图纸要求提前绑扎钢筋，统一堆放（图3.109）。

图 3.109　绑扎钢筋

(2)钢筋装模

钢筋入模后人工调整其整齐度,避免钢筋位置偏移(图 3.110)。

图 3.110　钢筋装模

(3)固定模具

用螺旋杆件固定模具,避免混凝土浇筑引起跑模(图 3.111)。

图 3.111　固定模具

3)混凝土部分

(1)浇筑混凝土

采用泵车浇筑人工填补方式浇筑混凝土(图 3.112)。

图 3.112　浇筑混凝土

(2)抹平(图 3.113)

图 3.113　抹平

(3)养护

统一摆放养护,达到一定强度时可拆除侧模(图 3.114)。

图 3.114　养护

(4)起吊

小型起吊机起吊,挂钩勾于预制梁两侧起吊筋上(图 3.115)。

(5)脱模

人工用铁棍轻击至模具脱落(图 3.116)。

图 3.115　起吊

图 3.116　脱模

(6)存放

按施工日期依次存放(图 3.117)。

预制柱生产工艺流程

3.3.8　预制柱构件生产流程

预制柱生产工艺流程:底模施工→底模上弹出模板边线、预埋件位置→底板模板及预埋件安装→钢筋绑扎→钢筋验收→侧壁铁件安装→侧壁钢筋保护层垫块安装→安装侧模→模板加固→顶面铁件安装→隐蔽验收→混凝土施工。

图 3.117　存放

1)钢筋工程

①钢筋原材料检验:钢筋进场应按不同的规格种类分别抽样复检和见证取样,每批量抽样所代表的数量不超过 60 t,见证数量为总检验数的 30%以上,钢筋经复检合格后方可进行加工,在未确认该批钢筋原料合格的情况下,不得提前进行加工。

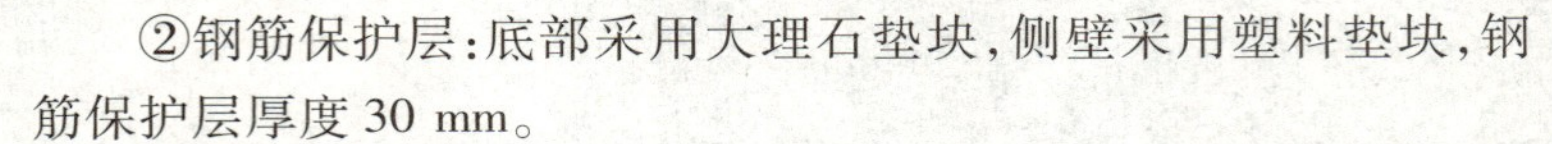

②钢筋保护层:底部采用大理石垫块,侧壁采用塑料垫块,钢筋保护层厚度 30 mm。

③钢筋主筋采用闪光接触对焊连接。纵向受力钢筋不允许采用绑扎连接,且同一断面接头不多于 25%,两接头应错开 35 d。闪光对焊接头必须先做钢筋连接试验,试验合格后再进行柱主筋焊接。施工过程中,要严格控制柱主筋焊接接头质量。

④钢筋放样:绘制钢筋配料单前,应认真学习图纸,了解设计意图,掌握图纸内容,熟悉规程规范,抗震构造节点等技术文件,钢筋配料单应准确,表达钢筋的部位、形状、尺寸、数量,钢筋放样应与钢筋表中的钢筋编号相对应,做到清晰明确,图文一致,在构造允许范围内应合理配置原料,减少钢筋损耗,节约材料。钢筋加工在施工现场进行。钢筋运输采用板车运输至预制柱施工场地。

⑤钢筋安装:钢筋安装前必须将底模表面清扫干净(旧模板应刷脱模剂后再绑扎钢筋),将柱预埋件按照图纸要求放置并固定。

⑥上层钢筋安装完毕后,斜腹杆钢筋应和主柱钢筋穿插绑扎。

⑦钢筋绑扎完毕后及时报验验收,确保钢筋绑扎正确无误,核对底板、预埋件及预埋螺栓数量、位置、型号正确方可安装柱侧模。

⑧钢筋加工安装质量标准如表 3.5 所示。

表 3.5　钢筋加工安装质量标准

项目		允许偏差/mm	检查方法
绑扎钢筋网	长、宽	±10	钢尺检查
	网眼尺寸	±20	钢尺量连续三档,取最大值

续表

项目			允许偏差/mm	检查方法
绑扎钢筋骨架		长	±10	钢尺检查
		宽、高	±5	钢尺检查
受力钢筋	间距		±10	钢尺量两端、中间各一点，取大值
	排距		±5	
	保护层厚度	柱、梁	±5	钢尺检查
		墙	±3	钢尺检查
绑扎筋筋、横向筋间距			+20	钢尺量连续三档，取最大值
预埋件	中心线位置		+5	钢尺检查
	水平高差		+3，0	钢尺和塞尺检查

2）模板工程

①对柱底模要求：首先对预制柱加工区域地面用打夯机将表面压实。用刮板对柱底模地面进行刮平，误差控制在 20 mm 以内。

②预制柱加工区域压实、找平后，浇筑 5 000 mm 宽、100 mm 厚 C20 混凝土，由测量人员投放标高、挂线，人工用刮板将混凝土表面刮平，复测平面每 2 m 一点，最大差值不大于 5 mm。

③为保证底面光滑，在底模上铺一层 18 mm 厚多层板，多层板底下铺 50 mm×100 mm 木方，间距 200 mm。底模接缝用腻子刮平。侧向模板紧夹底模。

④侧模与侧模、侧模与底模模板板缝之间采用海绵胶条封缝，确保模板接缝严密不漏浆。

⑤预埋件四边必须切直并磨平。预埋件必须紧贴外模，并与主筋焊接固定防止移位。

⑥模板加固采用 ϕ12 对拉螺栓和槽钢［12 加固。模板内楞用 50 mm×100 mm 木方做水平楞，间距 200 mm。外楞每边采用槽钢 2［12 做立楞，立楞间距 400 mm，槽钢用对拉螺栓拉接。对拉螺栓与槽钢的连接采用 100 mm×100 mm×10 mm 钢板，外用双螺母拧紧。

⑦加固前要求模板的位置及垂直度必须准确。在模板加固完毕后，应对柱模的位置和垂直度再次进行校核。模板安装必须拉通线确保模板平直。

⑧模板加固完后，用吸尘器将模板内的沙土等杂物清理干净。

3）混凝土工程

①混凝土施工条件：钢筋验收完、预埋铁件验收完、模板验收完、模板内清理完后方可进行。

②混凝土运输采用混凝土罐车，混凝土自卸后，采用人工入模。

③混凝土施工时必须认真振捣，由于钢筋较密，混凝土振动棒采用 30 型小型振动棒。混凝土施工从柱根开始逐渐向柱头施工。混凝土施工时振动棒注意不要碰撞预埋铁件，防止其移位。

④严格控制混凝土坍落度，使其为 140~160 mm，每罐混凝土均要做坍落度检测。

⑤混凝土振捣完成后表面用刮杠刮平，木抹子搓平、铁抹子压光，必须保证混凝土表面平整密实，不得有气孔麻面。

⑥混凝土压光后必须及时进行养护，混凝土终凝后表面喷水，覆盖一层塑料薄膜，塑料薄膜上覆盖一层草帘养护混凝土，保持混凝土表面湿润。

⑦拆模必须待混凝土强度达到 80%方可进行，但只允许拆外模并及时覆盖养护。

⑧柱子翻身、吊运、安装必须待混凝土强度达到 100%后方可进行。

⑨柱子翻身、吊运时必须用橡胶垫保护柱子边角，不得损坏。

⑩质量要求：

a.预制柱必须全数检查，检查工具：50 m 钢尺、直尺、2 m 靠尺、塞尺、细线。

b.预制柱的尺寸允许偏差及检验方法见表 3.6。

表 3.6　预制构件尺寸的允许偏差及检验方法

项　目			允许偏差/mm	检验方法
长度	板、梁、柱、桁架	<12 m	±5	尺量检查
		≥12 m 且<18 m	±10	
		≥18 m	±20	
	墙板		±4	
宽度、高(厚)度	板、梁、柱、桁架截面尺寸		±5	钢尺量一端及中部，取其中偏差绝对值较大处
	墙板的高度、厚度		±3	
表面平整度	板、梁、柱、墙板内表面		5	2 m 靠尺和塞尺检查
	墙板外表面		3	
侧向弯曲	板、梁、柱		l/750 且≤20	拉线、钢尺量最大侧向弯曲处
	墙板、桁架		l/1 000 且≤20	
翘曲	板		l/750	调平尺在两端量测
	墙板		l/1 000	
对角线差	板		10	钢尺量两个对角线
	墙板、门窗口		5	

注:①l 为构件长度(mm);
②检查中心线、螺栓和孔道位置时,应沿纵、横两个方向量测,并取其中的较大值;
③对形状复杂或有特殊要求的构件,其尺寸偏差应符合标准图或设计的要求。

3.3.9　预制楼梯构件生产流程

楼梯生产流程

预制楼梯制作工艺流程包括 3 部分,即准备工作、钢筋部分和混凝土部分,具体阐述如下。

准备工作:安装模具→清理模具→预埋螺杆→上部吊钉预埋→喷涂脱模剂。

钢筋部分:绑扎上部钢筋→放置垫块→绑扎底部钢筋→预留保护层厚度→绑扎楼梯预留钢筋→填充泡沫棒→固定模具→钢筋定位。

混凝土部分:浇筑混凝土→混凝土振捣→放置底部吊钉→抹平→拉毛→养护→脱模→起吊→存放。

1)准备工作

(1)安装模具

模具安装如图 3.118 所示。

图 3.118　安装模具

(2)清理模具

模具清理如图 3.119 所示。

图 3.119 清理模具

(3)预埋螺杆

螺杆预埋如图 3.120 所示。

图 3.120 预埋螺杆

(4)预埋上部吊钉

上部吊钉预埋如图 3.121 所示。

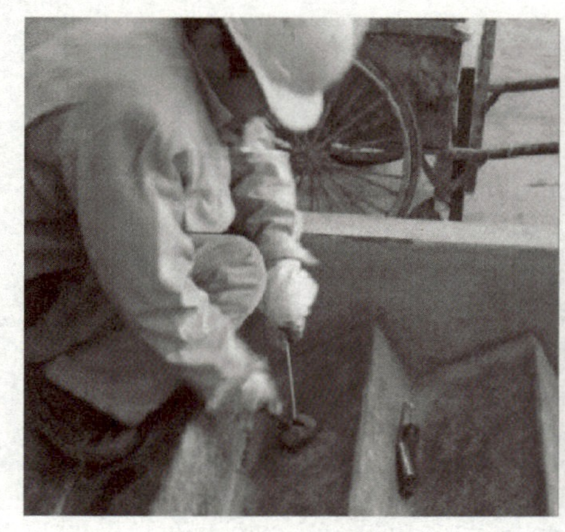

图 3.121 上部吊钉预埋

(5)喷涂脱模剂

四周需喷涂脱模剂,且喷涂到位,方便脱模(图 3.122)。

2)钢筋部分

(1)绑扎上部钢筋

按图纸要求摆放钢筋,用钢丝绑扎(图 3.123)。

图 3.122 喷涂脱模剂

图 3.123 绑扎上部钢筋

(2)放置垫块

将垫块用钢丝绑扎在上部钢筋上,浇筑后形成保护层(图 3.124)。

图 3.124 放置垫块

(3)绑扎底部钢筋

用钢筋架起底部纵向筋,并用钢丝绑扎提前预留的横向筋(图 3.125)。

图 3.125 绑扎底部钢筋

(4)预留保护层厚度

抽离架起钢筋,用钢丝将底部钢筋网悬吊在模具上,预留混凝土保护层厚度(图3.126)。

图3.126　预留保护层厚度

(5)绑扎楼梯预制钢筋(图3.127)

图3.127　绑扎楼梯预制钢筋

(6)填充泡沫棒

填充泡沫棒,防止混凝土浇筑时漏浆(图3.128)。

图3.128　填充泡沫棒

(7)固定模具

固定模具,避免跑模(图 3.129)。

图 3.129　固定模具

(8)钢筋定位

用 PC 管对预留钢筋进行定位(图 3.130)。

图 3.130　钢筋定位

3)混凝土部分

(1)浇筑混凝土

泵车浇筑混凝土,细部采用人工补齐(图 3.131)。

图 3.131　浇筑混凝土

(2)混凝土振捣

人工采用振捣棒振捣,达到一定密实度后可以拆除用于设置保护层厚度的钢筋(图3.132)。

图3.132　混凝土振捣

(3)放置底部吊筋

倒插至混凝土中,安放距离要求离上部吊钉300 mm(图3.133)。

图3.133　放置底部吊筋

(4)拉毛

混凝土初凝后对底部表面进行拉毛处理(图3.134)。

图3.134　拉毛

(5)养护

浇筑完成后现场存放养护(图 3.135)。

图 3.135　养护

(6)脱模

拧开固定螺丝,用锤子和撬棍轻击至模具脱落(图 3.136)。

图 3.136　脱模

(7)起吊

构件起吊如图 3.137 所示。

图 3.137　起吊

（8）存放

构件存放如图3.138所示。

图3.138　存放

3.4　装配式混凝土建筑构件质量管理

装配式混凝土建筑构件质量管理是保证构件合格的关键，企业应该配备专业的质量检测及管理人员，该人员须具备相应的工作能力。质量检测及管理人员须和各岗位人员配合做好构件生产原材料、生产过程、成品检测等过程的质量检查及控制。

3.4.1　原材料质量控制

混凝土原材料符合相关标准要求：

①宜采用不低于强度等级42.5的硅酸盐、普通硅酸盐水泥。

②细骨料宜选用细度模数为2.3~3.0的中粗砂。

③粗骨料宜选用粒径为5~25 mm的碎石。

④粉煤灰应符合Ⅰ级或Ⅱ级各项技术性能及质量指标。

⑤外加剂品种应通过实验室进行试配后确定，质量应符合有关环境保护的规定。

⑥预应力混凝土结构中，严禁使用含氯化物的外加剂。

⑦预制构件混凝土强度等级不宜低于C30；预应力混凝土构件的混凝土强度等级不宜低于C40，且不应低于C30。

3.4.2　生产过程质量控制

①构件生产过程中，应有检查记录和验收合格单。

②预制构件生产过程中需要对以下工序进行质量检查：模具组装、钢筋及网片安装、预留及预埋件布置、夹心外墙板、混凝土浇筑、成品外观及尺寸偏差、外装饰外观、门窗框预埋等。

③隐蔽工程检查：在混凝土浇筑之前，应进行预制构件的隐蔽工程验收，重点检查预留钢筋、连接件、预埋件和预留孔洞的规格、数量是否符合设计要求，允许偏差应满足相关品质规定。

④预制混凝土构件观感质量不宜有一般缺陷，对于已经出现的一般缺陷，应按技术处理方案进行处理，并重新检查验收。

3.4.3　成品检验

预制构件出厂前进行成品质量验收，构件外观质量要求及检验方法如表3.7所示。构件外观质量检查项目包括下列内容。

表 3.7　构件外观质量要求及检验方法

项　目	现　象	质量要求	检验方法
露筋	钢筋未被混凝土完全包裹	受力主筋不应有，其他构造钢筋和箍筋允许少量	观察
蜂窝	混凝土表面石子外露	受力主筋部位和支撑点位置不应有，其他部位允许少量	观察
孔洞	混凝土中孔穴深度和长度超过保护层	不应有	观察
外形缺陷	缺棱掉角、表面翘曲	清水表面不应有，浑水表面不宜有	观察
外表缺陷	表面麻面、起砂、掉皮、污染、门窗框材划伤	清水表面不应有，浑水表面不宜有	观察
连接部位缺陷	连接钢筋、连接件松动	不应有	观察
破损	影响外观	影响结构性能的裂缝不应有，影响结构性能和使用功能的破损不宜有	观察
裂缝	裂缝贯穿保护层到达构件内部	影响结构性能的裂缝不应有，影响结构性能和使用功能的裂缝不宜有	观察

①预制构件的外观质量：表面光洁平整，无蜂窝、塌落、露筋、空鼓等缺陷，常见外观质量缺陷分类如表 3.8 所示，表面有缺陷的预制构件如图 3.139 所示。

表 3.8　构件外观质量缺陷分类

名称	现　象	严重缺陷	一般缺陷
露筋	构件内钢筋未被混凝土包裹而外露	纵向受力钢筋有露筋	其他钢筋有少量露筋
蜂窝	混凝土表面缺少水泥砂浆而形成石子外露	构件主要受力部位有蜂窝	其他部位有少量蜂窝
孔洞	混凝土中孔穴深度和长度均超过保护层厚度	构件主要受力部位有孔洞	其他部位有少量孔洞
夹渣	混凝土中夹有杂物且深度超过保护层厚度	构件主要受力部位有夹渣	其他部位有少量夹渣
疏松	混凝土中局部不密实	构件主要受力部位有疏松	其他部位有少量疏松
裂缝	缝隙从混凝土表面延伸至混凝土内部	构件主要受力部位有影响结构性能或使用功能的裂缝	其他部位有少量影响结构性能或使用功能的裂缝
连接部位缺陷	构件连接处混凝土缺陷及连接钢筋、连接件松动，钢筋严重锈蚀、弯曲，灌浆套筒堵塞、偏移，灌浆孔洞堵塞、偏位、破损等缺陷	连接部位有影响结构传力性能的缺陷	连接部位有基本不影响结构传力性能的缺陷
外形缺陷	缺棱掉角、棱角不直、翘曲不平、飞出凸肋等，装饰面砖黏结不牢、表面不平、砖缝不顺直等	清水或具有装饰的混凝土构件内有影响使用功能或装饰效果的外形缺陷	其他混凝土构件有不影响使用功能的外形缺陷
外表缺陷	构件表面麻面、掉皮、起砂、玷污等	具有重要装饰效果的清水混凝土构件有外表缺陷	其他混凝土构件有不影响使用功能的外表缺陷

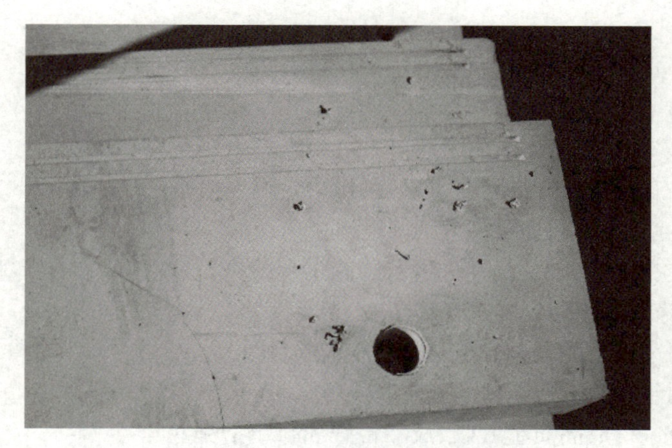

图3.139　表面有缺陷的预制构件

②预制构件的外形尺寸大小无偏差。

③预制构件的钢筋、连接套筒、预埋件、预留孔洞等。

④构件的外装饰和门窗框。

⑤检验合格后，应在明显部位标识构件型号、生产日期和质量验收合格标志，并由质检人员对产品签发准用证，检验不合格的产品不允许出厂和使用。

附：几种常用构件的制作材料要求

1）预制外墙板要求

①混凝土强度等级一般为C30。

②一般采用三明治夹心保温外墙板，饰面层（50 mm或60 mm）+保温层（70~90 mm）+结构层（200~250 mm）。

③保温材料为挤塑聚苯乙烯（XPS）。

④钢筋采用HRB400E和HPB300。

⑤预埋件采用Q235B。

⑥钢筋保护层为25 mm。

⑦与后浇混凝土结合面做成粗糙面，表面凹凸度≥6 mm。

2）预制内墙板要求

①采用钢筋、混凝土及预埋件组合而成。

②混凝土强度等级一般为C30。

③钢筋采用HRB400E和HPB300。

④预埋件采用Q235B。

⑤钢筋保护层为25 mm。

⑥与后浇混凝土结合面做成粗糙面，表面凹凸度≥6 mm。

3）预制阳台板要求

①混凝土强度等级一般为C30。

②一般采用叠合构件也可采用全预制构件。

③钢筋采用HRB400E和HPB300。

④预埋件采用Q235B。

⑤钢筋保护层为15 mm或20 mm。

⑥与后浇混凝土结合面做成粗糙面，表面凹凸度≥6 mm。

4）预制空调板要求

①混凝土强度等级一般为C30。

②一般采用全预制构件。

③钢筋采用HRB400E和HPB300。

④预埋件采用 Q235B。

⑤钢筋保护层为 15 mm 或 20 mm。

复习思考题

3.1 常用的预制构件有哪些？预制构件如何分类？

3.2 在预制构件的生产过程中，如果做好质量管理？

3.3 混凝土浇筑前，应对钢筋以及预埋件进行隐蔽工程检查，检查的内容有哪些？

3.4 PC 成品保护应符合哪些规定？

3.5 预制构件在运输过程中的安全和成品防护应符合哪些规定？

3.6 构件蒸汽养护的基本要求有哪些？

3.7 预制构件出厂前进行成品质量验收，成品检查项目包括哪些？

第 4 章 装配式混凝土建筑构件运输与吊装

内容提要：本章主要介绍预制构件脱模流程、构件起吊时的要点、运输与吊装时的操作方法以及相关规定，主要涉及的预制构件包括预制梁、柱、楼梯、楼板和墙板。

课程重点：

1.掌握构件脱模方法和起吊过程中的技术要求。

2.掌握主要吊装设备的选择方法。

3.掌握预制构件的运输与吊装流程。

4.掌握构件类型及车型的类别和运输过程中的要求。

4.1 装配式混凝土建筑构件脱模与起吊

4.1.1 构件脱模

装配式混凝土结构预制构件在拆模时应注意：

①预制构件在拆模前，需要做同条件试块的抗压试验，试验结果达到一定要求后方可拆模。

②将拆下的边模由两人抬起轻放到边模清扫区，并送至钢筋骨架绑扎区。

③拆卸下来的所有工装、螺栓等各种零件等必须放到指定位置。

④模具拆除完毕后，将底模周围打扫干净。

⑤用电动扳手拆卸侧模的紧固螺栓，打开磁盒磁性开关后拆卸磁盒，确保都完全拆卸后将边模平行向外移出，防止边模在此过程中变形。

⑥构件拆模应严格按照顺序进行，严禁用震动、敲打方式拆模；构件拆模时，应仔细检查，确认构件与模具之间的连接部分完全拆除后，方可起吊；起吊时，预制构件的混凝土立方体抗压强度应满足设计要求。

4.1.2 构件起吊

1）起重机的选用

依据厂房的跨度、构件质量、吊装高度、施工现场条件和现有起重设备等确定起重机的类型。

①中小型厂房（平面尺寸大、高度不大）选用自行式起重机或桅杆式起重机。

②结构高度和长度较大的厂房选用塔式起重机吊装。

③大跨度的重型工业厂房（结合设备安装）选用大型自行式起重机、重型塔式起重机、大型牵缆桅杆式起重机。

2）构件起吊要点

①构件脱模起吊时，预制构件同条件养护的混凝土立方体抗压强度应符合设计关于脱模强度的要求，且不应小于 15 N/mm^2。

②工厂应制订预制构件吊装专项方案。

③构件脱模要依据技术部门关于“构件拆（脱）模和起吊”的指令，进行拆（脱）模和起吊，如图 4.1 所示。

④装拆模具时，应按规定操作，严禁锤击、冲撞等野蛮操作。

⑤墙板以及叠合楼板在吊装前最好利用起重机或木制撬杠先卸载构件的吸附力。

图 4.1　预制构件脱模起吊

⑥构件起吊前应确认模具已全部打开、吊钩牢固、无松动。预应力钢筋"钢丝"已全部放张和切断。

⑦构件起吊时,吊绳与构件水平方向的角度不得小于 45°,否则应加吊架或横梁。

⑧构件拆(脱)模起吊后,应逐步检查外观质量。对不影响结构安全的缺陷,如蜂窝、麻面、缺棱、掉角、露筋等应及时修补。

⑨当脱模起吊时出现构件与模具粘连或构件裂缝时,应停止作业,由技术人员作出分析并给出作业指令后再继续起吊。

⑩构件起吊应缓慢进行,且保证每根吊绳或吊链受力均匀。

⑪用于检测构件拆(脱)模和起吊的混凝土强度试件应与构件一起成型,并与构件同条件养护。

4.2　装配式混凝土建筑构件的运输和堆放

预制构件的运输首先应考虑公路管理部门的要求和运输路线的实际状况,以满足运输安全为前提。装载构件后,货车的总宽度不超过 2.5 m,货车总高度不超过 4.0 m,总长度不超过 15.5 m。一般情况下,货车总质量不超过汽车的允许载重,且不得超过 40 t。特殊构件经过公路管理部门的批准并采取措施后,货车总宽度不超过 3.3 m,货车总高度不超过 4.2 m,总长度不超过 24 m,总载重不超过 48 t。

预制构件装车作业专业性强、安全责任大,是确保运输安全的关键环节。运输作业领导小组应加强对装车工作的领导,指派专人进行现场指挥,加强装车作业组织,确保装车质量。

4.2.1　预制构件的运输要求

1)运输要求

①场外公路运输要先进行路线勘测,合理选择运输路线,并根据具体运输障碍制订措施。对承运单位的技术力量和车辆、机具进行审验,并报请交通主管部门批准,必要时要组织模拟运输。

②装车前,须对构件标识进行检查:标识是否清楚,质量是否合格,有无开裂、破损等现象。

③预制混凝土构件起吊时,混凝土强度不小于混凝土设计强度的 75%。

④提前将场内运输道路上的障碍物进行清理,保持道路畅通。

⑤提前核查场外运输路况,查看有无影响运输作业的道路情况。

⑥装车前,须准备好运输所需的材料、人员、机械。

⑦装车作业人员上岗前必须进行培训,接受技术交底,掌握操作技能和相关安全知识,作业前须按规定穿戴劳动保护用品。

⑧装车前须检查确认车辆及附属设备技术状态良好,并检查加固材料是否牢固可靠。

⑨构件起吊前,确定构件已经达到吊装要求的强度并仔细检查每个吊装点是否连接牢靠,严禁有脱扣、连

接不紧密现象等。

2)运输过程中应注意事项

①PC构件运输过程中,车上应设有专用架,且需有可靠的稳定构件措施;车辆启动应慢,车速应匀,转弯错车时要减速,并且留意稳定构件措施的状态,需要时在安全的情况下尽快进行加固。

②PC外墙板/内墙板可采用竖立方式运输,PC叠合楼板、PC阳台板、PC楼梯可采用平放方式运输。

③现场运输道路应平整坚实,以防止车辆摇晃引致构件碰撞、扭曲和变形。运输车辆进入施工现场的道路,应满足PC构件的运输要求。

④吊车选型应考虑最重墙板的质量,预制墙板临时堆放场地需在吊车作业范围内,且应在吊车一侧,避免在吊车工盲区作业。

⑤临时存放区域应与其他工种作业区之间设置隔离带或做成封闭式存放区域,尽量避免吊装过程中在其他工种工作区内经过,影响其他工种正常工作。

⑥应该设置警示牌及标识牌,与其他工种要有安全作业距离。

4.2.2　运输堆放方式

构件类型与车型选择

预制构件的运输可采用低平板半挂车或专用运输车,并根据构件种类的不同而采取不同的固定方式,楼板采用平面堆放式运输(图4.2)、墙板采用立式运输或靠放式运输(图4.3)、异形构件采用立式运输(图4.4)。预制构件专用运输车,目前国内三一重工股份有限公司(简称"三一重工")和中国重型汽车集团有限公司(简称"中国重汽")均有生产(图4.5)。

(a)叠合板平面堆放运输

(b)楼梯平面堆放运输

图4.2　平面堆放式运输

(a)墙板立式运输

(b)墙板靠放式运输

图4.3　立式或靠放堆放式运输

图 4.4　异形构件立式运输

图 4.5　三一重工和中国重汽生产的运输车

4.2.3　构件码放与存放要求

1）码放要求

①存放场地应进行硬化处理，并应有排水措施；堆放构件的支垫应坚实。成品应按合格、待修和不合格分类堆放，并应进行标识。

②预制外墙板宜插放或靠放，堆放架应有足够的刚度，并应支垫稳固；构件靠放时，宜对称靠放，与地面的倾斜角度宜大于 80°，应采取防止构件移动或倾倒的绑扎固定措施。对构件边角或连锁装置接触处的混凝土，宜采用衬垫并加以保护。连接止水条、高低口、墙体转角等薄弱部位，应采用定型保护垫块或专用套件作加强保护。

③重叠堆放构件时，每层构件间的垫木或垫块应在同一垂直线上。堆垛层数应根据构件自身荷载、地坪、垫木或垫块的承载能力及堆垛的稳定性确定。预制构件的码放应预埋吊件向上，标志向外；垫木或垫块在构件下的位置宜与脱模、吊装时的起吊位置一致。

④采用叠层平放方式堆放或运输构件时，应采取防止构件产生裂缝的措施，构件接触部位应采用柔性垫片填实，支撑牢固，不得有松动，预制混凝土梁、柱构件运输时平放不宜超过两层，预应力板码放高度为 8～10 层。

⑤叠合板、空调板码放，板底宜设通长垫木，6 层为一组，不影响质量安全的可到 8 层，堆放时按尺寸大小堆叠。叠合板垫木位置在钢筋桁架侧面，板两端（至板端 200 mm）及跨中位置均应设垫木，间距计算确定，垫木应上下对齐；空调板距板边 1/5 处放置，阳台板最下面一层支垫应通长设置，叠放层数不宜大于 4 层。

⑥预制女儿墙可采取平放方式,板下部两端垫 100 mm×100 mm 的垫木,距板边 1/5~1/4 放置。当预制女儿墙长度过长时,应在中间适当增加垫木。

⑦楼梯应采用水平方式运输,端部设置防撞垫木;码放高度不宜大于两层,层与层之间设置垫木,且长度大于两个踏步长度,距板边 1/5~1/4 处放置。

2)现场存放注意事项

①堆放时应按吊装顺序、规格、品种、所用幢号房等分区配套堆放,不同构件堆之间宜设宽度为 0.8~1.2 m 的通道,并有良好的排水措施。

②临时存放区域应与其他工种作业区之间设置隔离带或做成封闭式存放区域,避免墙板吊装转运过程中影响其他工种正常工作,防止发生安全事故。

③外墙板与内墙板可采用竖立插放或靠放,插放时采用专门设计的插放架,应有足够的刚度,并需支垫稳固,防止倾倒或下沉;外墙码放时支点放置避免磕碰外叶板;支点木方高度考虑外叶板高度。

④墙板宜升高离地存放,确保根部面饰、高低口构造、软质缝条和墙体转角等不被损坏;连接止水条、高低口、墙体转角等易损部位应加强保护。

⑤预制构件进场后必须按照单元堆放,堆放时核对本单元预制构件数量、型号,保证单元预制构件就近堆放。

⑥预制构件堆放时,保证较重构件放在靠近塔吊一侧。

⑦叠合板堆放场地应平整夯实,并设有排水设施,堆放时底板与地面之间有一定的空隙,垫木放置在桁架侧边,板两端(至板端 200 mm)及跨中位置均应设置垫木且间距不大于 1.6 m。垫木应上下对齐,不同板号应分别堆放,堆放高度不宜大于 6 层,堆放时间不宜超过两个月,垫木的长、宽、高均不宜小于 100 mm。

4.2.4 构件装车与卸车

在装车作业时必须明确指挥人员,统一指挥信号。根据吊装顺序合理安排构件装车顺序,厂房内构件装车采用生产线现有桁吊进行装车。

1)装车注意事项

①装车时需有专人指挥,桁吊操作员严格遵守指挥人员的指挥进行吊装作业。

②平稳起吊,以避免损伤其构件棱角。

③装车时需有专人配合装车,调整垫木位置。缓慢下落,避免构件磕碰。

④对构件边缘等易损部位进行可靠的成品保护。

⑤装车后,须检查货物装载加固是否符合相关规定要求。

⑥使用的加固材料(装置)规格、数量、质量和加固方法、措施、质量符合装载加固方案。加固部位连接牢靠。预制构件底部与车板距离不小于 145 mm。

⑦检查完毕并确认预制构件装载符合要求后,粘贴反光条及限速字样。

2)卸车注意事项

①卸车前需检查墙板专用横梁吊具是否存在缺陷,是否有开裂、腐蚀等严重问题,且需检查墙板预埋吊环是否存在起吊问题。

②现场卸车时应认真检查吊具与墙板预埋吊环是否扣牢,确认无误后方可缓慢起吊,且需检查吊具是否存在裂缝、腐蚀等严重影响起吊的问题。

③起吊过程中保证墙板垂直起吊,可采用吊运钢梁均衡起吊,防止 PC 构件起吊时单点起吊引起构件变形,并满足吊环设计时角度要求。

④如果采用角度起吊,对吊环、吊具额定吊载需乘以角度系数,且如发现墙板严重偏斜及重心偏位要及时处理,避免因受力不均导致安全事故。

4.2.5 组织保障

项目部下设专门的应急小组,建立内部和外部沟通机制。项目经理亲自指导、指挥应急小组的日常工作,直接听取应急小组的各种报告。在特定的紧急状况下将召集会议，组织临时机构或者亲赴现场处理，直至紧急状况解除。各分组组长负责其职责范围内应急预案措施的组织、落实、实施。

1）构件运输防护措施

构件临时支架的选择

①设置柔性垫片避免构件边角部位和连锁装置接触处的混凝土损伤。

②用塑料薄膜包裹垫块避免预制构件外观污染。

③墙板门窗框、装饰表面和棱角采用塑料贴膜或其他措施防护。

④竖向薄壁构件设置临时防护支架。

⑤装箱运输时，箱内四周采用木材或柔性垫片填实，支撑牢固。

⑥应根据构件特点采用不同的运输方式。

⑦托架、靠放架、插放架应进行专门设计，进行强度、稳定性和刚度验算。

⑧外墙板宜采用竖直立放运输，装饰面层应朝外，梁、板、楼梯、阳台宜采用水平运输。

⑨采用靠放架立式运输时，构件和地面倾斜角度宜大于80°，构件应对称靠放，每侧不大于2层，构件层间上部采用木垫块隔离。

⑩采用插放架直立运输时，应采取防止构件倾倒措施，构件之间应设置隔离垫块（图4.6）。

⑪水平运输时，预制梁、柱构件叠放不宜超过3层，板类构件叠放不宜超过6层（图4.7）。

⑫构件运输到现场后，应按照型号、构件所在部位、施工吊装顺序分别设置存放场地，存放场地应在吊车工作范围内。

图4.6　采用插放架运输

图4.7　水平输运

2）运输基本应急措施

针对影响业务正常运行的典型潜在风险因素，项目部将致力于通过采取“策划、分析和提高作业水平”等措施予以防控。由于第三方责任、不可控因素等导致的实际发生的紧急情况，将按照预先制订的应急预案，采取“即时报告、维护现场、请求支援、替换替代、调整计划”等措施。必要时，项目部将临时改变分工模式，由项目经理亲自调配资源，消除或减轻紧急情况带来的不利影响。项目部还将通过培训，并制作便于携带的应急预案印刷品等方法，确保每一位具体从事现场操作的工作人员熟悉本应急预案内容，进而在紧急情况发生时，采取最为恰当的措施。

（1）天气突变应急预案

如在运输作业期间遇天气突变，如降雨等，及时对货物进行遮盖并对车辆采取防滑措施，保证货物安全运抵指定地点。

（2）车辆故障应急预案

在运输前，通知备用车辆及维修人员待命。如在途中运输车辆出现故障，立即安排维修技术人员进行维修；如确定无法维修，及时调用备用车辆，采取紧急运输措施，保证在最短时间内运抵指定地点。

(3)道路紧急施工应急预案

对经过的路线进行反复勘察,并在构件起运前一天再次确认道路状况,掌握运输路线的详细资料。尽管如此,仍难以完全避免道路通行受阻情况。遇到此类情况,现场应及时采取补救措施。若难度较大,项目经理应亲赴现场,协调内外部资源,及时提出运输路线整改方案,在施工部门配合下在最短的时间内完成对道路的整改,确保设备运输顺利。

(4)道路堵塞应急预案

在构件运输过程中遇到交通堵塞情况时,应服从当地交通主管部门的协调指挥,加强交通管制。如遇集市或重大集会,宜改变运输计划,或者寻求新的通行路线,保证顺利通过。

(5)交通事故应急预案

在运输车辆发生交通事故时,现场人员应及时保护事故现场,并上报项目经理及保险公司,说明情况,积极协助交警主管部门处理,必要时,协助交警主管部门在做好记录的前提下"先放行后处理"。

(6)加固松动应急预案

运输过程中,因客观原因导致捆扎松动时,由随行的质量监控人员认真分析松动的原因,重新制订切实可行的加固方案,对构件进行重新加固。

(7)不可抗力应急预案

在运输过程中有不可抗力情况发生时,首先将运输构件置于相对安全地带妥善保管,利用一切可以利用的条件将事件及动态通知业主,并按照业主的授权开展工作。如果基本的通信条件不具备,则做好相关记录和设备的保管工作,直到与业主取得联系或者解除不可抗力事件。不可抗力事件的影响消除后,如果具备继续运输的条件,应在确保构件以及运输人员安全的前提下,继续实施运输计划。

4.2.6 构件运输安全管理

构件车辆堆放相关知识点

1)运输安全管理

①构件运输前,构件厂应与施工单位负责人沟通,制订构件运输方案,包括:配送构件的结构特点及质量、构件装卸索引图、选定装卸机械及运输车辆、确定搁置方法。构件运输方案得到双方签字确认后才能运输。

②提前对装卸场地进行硬化处理,使其能满足构件堆放和机械行驶、停放要求;装卸场地应满足机械停置、操作时的作业面及回车道路要求,且空中和地面不得有障碍物。

③场(厂)内运输道路应有足够宽的路面和坚实的路基,弯道的最小半径应满足运输车辆的拐弯半径要求。

④超宽、超高、超长的构件,需公路运输时,应事先到有关单位办理准运手续,并应错过车辆流动高峰期。

2)构件装车安全管理

①装车前准备,应根据构件的质量、尺寸、形状等选择合适的运输工具和支架,凡需现场拼装的构件应尽量将构件成套装车或按安装顺序装车,运至安装现场,提高工作效率,减少装车过程意外发生,防止因准备不足给装卸、运输过程和装车过程带来不便,甚至出现意外事故。

外墙挂板运输

②构件起吊时应拆除与相邻构件的连接,并将相邻构件支撑牢固。

③对于大型构件(如外墙板),宜采用龙门吊或桁车吊运。对于带阳台或飘窗造型构件,宜采用"C"形卡平衡吊梁。对于小型预制构件,宜采用叉车、汽车起重机转运。

④当构件采用龙门吊装车时,起吊前应检查吊钩是否挂好,构件中螺丝是否拆除等,避免影响构件起吊安全。

内隔墙运输

⑤构件从成品堆放区吊出前,应根据设计要求或强度验算结果,在运输车辆上支设好运输架。

⑥外墙板宜采用靠放方式运输,应使用专用支架运输,支架应与车身连接牢固,墙板饰面层应朝外,构件与支架应连接牢固。如图4.8所示即为构件靠放运输支架。

图 4.8 构件靠放运输支架

⑦楼梯、阳台、预制楼板、短柱、预制梁等小型构件宜采用平运方式,装车时支点搁置要正确,位置和数量应按设计要求进行。载重汽车运输框架预制柱如图 4.9 所示。

⑧根据构件形状及构件重心位置分布,合理设定预制构件吊点位置。预埋吊具宜选用预埋吊钩(环)或可拆卸的埋置式接驳器。

⑨构件装车时吊点和起吊方法,不论上车运输或卸车堆放,都应按设计要求和施工方案确定。吊点的位置还应符合下列规定:

a.两点起吊的构件,吊点位置应高于构件的重心,或起吊千斤顶与构件的上端锁定点高于构件的重心。

b.细长和薄型的构件起吊,可采用多吊点或特制起吊工具,吊点和起吊方法按设计要求进行,必要时由施工技术人员计算确定。

c.变截面的构件起吊时,应做到平起平放,否则截面面积小的一端会先起升。

⑩运输构件的搁置点:一般等截面构件在长度 1/5 处,板的搁置点在距端部 200~300 mm 处。其他构件视受力情况确定,搁置点宜靠近节点处。

图 4.9 汽车运输框架预制柱

⑪构件起吊时应保持水平,慢速起吊并注意观察。下落时平缓,落架时应防止摇摆碰撞,以免损伤棱角或表面瓷砖。

⑫构件装车时应轻起轻落、左右对称地放至车上,保持车上荷载分布均匀;卸车时按"后装先卸"的顺序进行,使车身和构件稳定。构件装车编排应尽量将质量大的构件放在运输车辆前端中央部位;质量小的构件则放在运输车辆的两侧,并降低构件重心,使运输车辆平稳,行驶安全。

⑬采用平运叠放方式运输时,叠放在车上的构件之间应加垫木,并在同一条垂直线上,且厚度相等。有吊环的构件叠放时,垫木的厚度应高于吊环的高度,且支点垫木上下对齐,并与车身绑扎牢固。

⑭构件与车身、构件与构件之间应设板条、草袋等隔离体,避免运输时构件滑动、碰撞。

⑮预制构件固定在装车架后,应用专用帆布带或夹具或斜撑夹紧固定,帆布带压在货品的棱角前,用角铁隔离,构件边角位置或角铁与构件之间接触部位应用橡胶材料或其他柔性材料衬垫等缓冲。

⑯对于不容易掉头且又重又长的构件,应根据其安装方向确定装车方向,以利于卸车就位。

⑰临时加长车身,在车身上排列数根(数量由计算确定)超过车身长度的型钢(如工字钢、槽钢等)或大木方(截面 200 mm×300 mm),使之与车身连接牢固;装车时将构件支点置于其上,使支点超出车身,超出的长度经计算确定。

⑱构件抗弯能力较差时,应设抗弯拉索,拉索和捆扎点应计算确定。图4.10所示即为设抗弯拉索的运输方式。

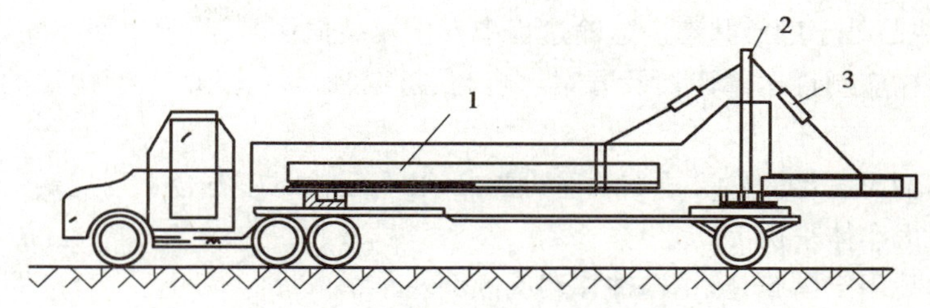

图4.10　设抗弯拉索的运输方式

1—构件;2—支架;3—抗弯拉索

4.2.7　运输过程安全控制

运输过程是运输的重要一环,运输前应对一些交通影响因素进行考虑,提前做好准备。

1)运输前的准备

应组织有关人员(含司机)参加运输道路情况查勘,查勘内容包括:沿途上空有无障碍物、公路桥的允许负荷量、通过的涵洞净空尺寸等。如沿途横穿铁道,应查清火车通过道口的时间,并对司机进行交底。运输超高、超宽、超长构件时,应在指定路线上行驶。

牵引车上应悬挂安全标志,超高的部件应有专人照看,并配备适当器具,保证在有障碍物情况下安全通过。

运输车辆应车况良好,刹车装置性能可靠;使用拖挂车或两平板车连接运输超长构件时,前车上应设转向装置,后车上应设纵向活动装置,且有同步刹车装置。

混凝土预制构件装车完成后,应再次检查装车后构件质量,对于在装车过程中造成的构件碰损部位,应立即安排专业人员修补处理,保证装车的预制构件合格。

2)运输基本要求

场内运输道路必须平整坚实,经常维修,并有足够的路面宽度和转弯半径。载重汽车的单行道宽度不得小于3.5 m,拖车的单行道宽度不得小于4 m,双行道宽度不得小于6 m;采用单行道时,要有适当的会车点。载重汽车的转弯半径不得小于10 m,半拖式拖车的转弯半径不宜小于15 m,全拖式拖车的转弯半径不宜小于20 m。构件在运输时应固定牢靠,以防在运输中途倾倒,或在道路转弯时因车速过高被甩出。根据路面情况掌握行车速度,道路拐弯必须降低车速。

采用公路运输时,若通过桥涵或隧道,则对二级以上公路,装载高度不应超过5 m;对三、四级公路,装载高度不应超过4.5 m。

装有构件的车辆在行驶时,应根据构件的类别、路况控制车辆的行车速度,保持车身平稳,注意行车动向,严禁急刹车,避免事故发生。

构件行车速度不应超过规定值,如表4.1所示。

表4.1　构件行车速度参考表

单位:km/h

构件分类	运输车辆	人车稀少、道路平坦、视线清晰	道路较平坦	道路高低不平、坑坑洼洼
一般构件	汽车	50	35	15
长重构件	汽车	40	30	15
	平板(拖)车	35	25	10

成品运输时,必须使用专用吊具,应使每一根钢丝绳均匀受力。钢丝绳与成品的水平夹角不得小于45°,

确保成品呈平稳状态,应轻起慢放。

成品水平运输时,运输车应有专用垫木,垫木位置应符合图纸要求。运输轨道应在水平方向无障碍物,车速应平稳缓慢,不得使成品处于颠簸状态。运输过程中发生成品损伤时,必须退回车间返修,并重新检验。

预制构件的出厂运输应制订运输计划及方案。超高、超宽、形状特殊的大型构件的运输和码放应采取专门质量安全保证措施。

预制构件的运输车辆应满足构件尺寸和载重的要求,装车运输时应符合下列规定:

①装卸构件时应考虑车体平衡。

②运输时应采取绑扎固定措施,防止构件移动或倾倒。

③运输竖向薄壁构件时应根据需要设置临时支架。

④对构件边角部或与紧固装置接触处的混凝土,宜采用垫衬加以保护。

预制构件运输宜选用低平板车,且应有可靠的稳定构件措施。预制构件的运输应在混凝土强度达到设计强度后进行。预制构件采用装箱方式运输时,箱内四周应采用木材、混凝土块作为支撑物,构件接触部位应用柔性垫片填实,支撑牢固。

构件运输应符合下列规定:

①平面墙板可根据施工要求选择叠层平放的方式运输。

②复合保温或形状特殊的墙板宜采用插放架、靠放架直立堆放,插放架、靠放架应有足够的强度和刚度,支垫应稳固,并宜采取直立运输方式。

③预制叠合楼板、预制阳台板、预制楼梯可采用平放运输,并应正确选择支垫位置。

3)构件卸车及堆放

(1)卸货堆放前准备

构件堆放安全防护

构件运进施工现场前,应对堆放场地占地面积进行计算,根据施工组织设计编制现场堆放场内构件堆放的平面布置图。混凝土构件卸货堆放区应按构件型号、类别进行合理分区,集中堆放,吊装时可进行二次搬运。堆放场地应平整坚实,基础四周松散土应分层夯实,堆放应满足地基承载力要求。混凝土构件存放区域应在起重机械工作范围内。

(2)构件场内卸货堆放基本要求

堆放构件的地面必须平整坚实,进出道路应畅通,排水良好,以防构件因地面不均匀下沉而倾倒。

构件应按型号、吊装顺序依次堆放,先吊装的构件应堆放在外侧或上层,并将有编号或有标志的一面朝向通道一侧。堆放位置应尽可能在安装起重机械回转半径范围内,并考虑到吊装方向,避免吊装时转向和再次搬运。

构件的堆放高度,应考虑堆放处地面的承压力、构件的总质量以及构件的刚度和稳定性的要求。柱子不得超过两层,梁不得超过 3 层,楼板不得超过 6 层,圆孔板不宜超过 8 层,堆垛间应留 2 m 宽的通道。堆放预应力构件时,应根据构件起拱值的大小和堆放时间采取相应措施。

构件堆放要保持平稳,底部应放置垫木。成堆堆放的构件应以垫木隔开,垫木厚度应高于吊环高度,构件之间的垫木要在同一条垂直线上,且厚度要相等。堆放构件的垫木,应能承受上部构件的质量。

构件堆放应有一定的挂钩绑扎间距,堆放时相邻构件之间的间距不小于 200 mm。对侧向刚度差、重心较高、支承面较窄的构件,应立放就位,除两端垫垫木外,还应搭设支架或用支撑将其临时固定,支撑件本身应坚固,支撑后不得左右摆动和松动。

数量较多的小型构件堆放应符合下列要求:

①堆放场地须平整,进出道路应畅通,且有排水沟槽。

②不同规格、不同类别的构件分别堆放,以易找、易取、易运为宜。

③如采用人工搬运,堆放时应留有搬运通道。

④对于特殊和不规则构件的堆放,应制订堆放方案并严格执行。

采用靠放架立放的构件,必须对称靠放和吊运,其倾斜角度应保持大于 80°,构件上部宜用木块隔开。靠放架宜用金属材料制作,使用前要认真检查验收,靠放架的高度应为构件的 2/3 以上。

4.2.8　构件现场存放管理

预制构件运至施工现场后,需放置在专门的构件堆放区,并根据构件种类、大小、功能规划好存放要求,如图4.11所示。

(a)叠合板的存放

(b)墙板的存放

图4.11　预制构件现场存放

(1)构件存放要求

①应该设立专门的成品堆放区域,对存放场地占地面积进行计算,编制存放场地平面布置图。

②场地应平整、坚实,并采取排水措施。

③构件堆放时,最下层构件应垫实,吊环宜向上,标识向外。

④混凝土预制构件存放区应按构件型号、类型进行分区,集中存放。成品之间应有足够的空间或木垫,防止产品相互碰撞造成损坏。

(2)成品保护要求

PC成品保护应符合《装配整体式混凝土结构施工及质量验收规范》(DGJ 08-2117—2012)的规定。

①预制剪力墙、柱进场后堆放不得超过4层。

②预制剪力墙、柱吊装施工之前,应采用橡塑材料保护预制剪力墙、柱成品阳角。

③预制剪力墙、柱在起吊过程中应采用慢起、快升、缓放的操作方式,防止预制剪力墙、柱在吊装过程与建筑物碰撞造成缺棱掉角。

④预制剪力墙、柱在施工吊装后不得踩踏预留钢筋,避免其偏位。

⑤预制外墙板饰面砖、石材、涂刷表面可采用贴膜保护。

⑥预制构件暴露在空气中的预埋铁件应涂抹防锈漆,防止产生锈蚀。

⑦预埋螺栓孔应用海绵棒进行填塞,防止混凝土浇捣时将其堵塞。外露螺杆应套塑料帽或用泡沫材料包裹以防碰坏螺纹。

⑧对连接止水条、高低口、墙体转角等易损部位,应采用定型保护垫块或专用套件加强保护。

⑨PC吊装完成后,外墙板预埋门、窗框及预制楼梯要进行成品保护,防止其他工种施工过程中造成损坏。门、窗框应用槽型木框保护,楼梯踏步宜铺设木板或其他覆盖形式保护。

4.3　装配式混凝土建筑构件的吊装

4.3.1　吊装设备

(1)塔式起重机

塔式起重机通常被称为塔吊,它是一种塔身直立,起重臂安装在塔身顶部且可作360°回转的起重机(图4.12)。这种起重机具有工作幅度和起重高度较大、工作效率和工作速度较高、拆装方便等优点,故被广泛应用于多层及高层民用建筑和多层工业厂房结构的施工中。

(a)塔吊工作图　(b)各个位置的名称

图 4.12　塔式起重机

塔吊一般可按行走机构、变幅方式、回转机构的位置以及爬升方式的不同分成多种类型，如轨道式、爬升式和附着式等(图 4.13)。本节重点介绍装配式混凝土结构施工中常用的附着式起重机。

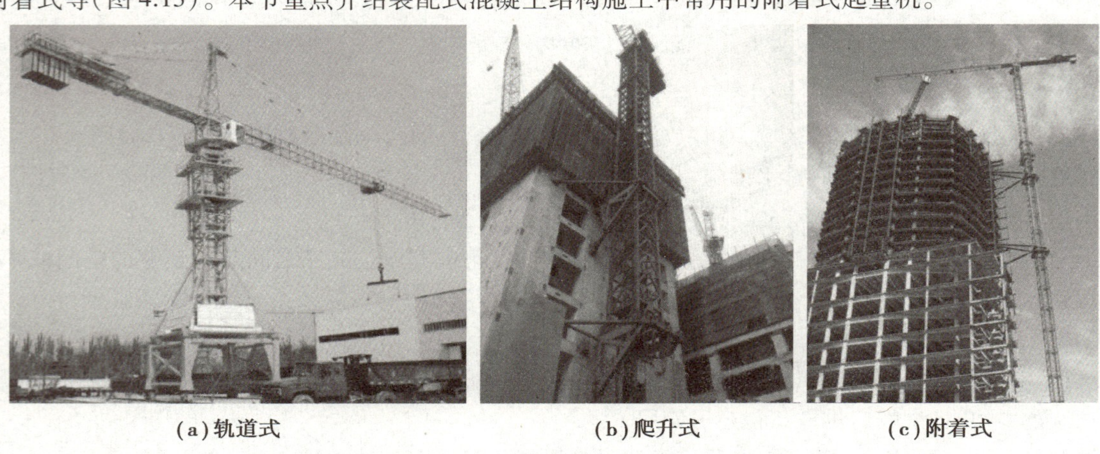

(a)轨道式　(b)爬升式　(c)附着式

图 4.13　塔式起重机的类型

(2)自行式起重机

自行式起重机是指自带动力并依靠自身的运行机构沿有轨或无轨通道运动的臂架型起重机。自行式起重机分为汽车起重机、轮胎起重机、履带起重机、铁路起重机和随车起重机等，如图 4.14 所示。

(a)汽车起重机

(b)履带起重机

图 4.14　各种自行式起重机

自行式起重机分上下两大部分:上部为起重作业部分,称为上车;下部为支承底盘,称为下车。动力装置采用内燃机,传动方式有机械、液力-机械、电力和液压等几种。自行式起重机具有起升、变幅、回转和行走等主要机构,有的还有臂架伸缩机构。臂架有桁架式和箱形两种。有的自行式起重机除采用吊钩外,还可换用抓斗和起重吸盘。表征其起重能力的主要参数是最小幅度时的额定起重量。

4.3.2 塔吊布置

PC楼的塔吊布置要考虑两个方面的因素:①结构形式;②最大起重量位置。对塔吊位置需要进行充分考虑,以实现合理布置,这将有利于预制构件的吊装装配施工。

1)塔吊选择

(1)施工现场选用塔吊要求

①旋转半径。塔吊旋转半径即塔吊吊钩最远点到标准节的距离,一般为40 m,50 m,60 m。塔吊最远吊点至回转中心距离应满足施工平面需要。

②起重高度。起重高度应满足建筑物高度、安全生产高度、构件最大高度和索具高度的要求。

③起重力矩:

$$起重力矩=起重量\times工作幅度$$

起重力矩一般控制在额定起重力矩的75%以下。

(2)应该遵循综合考虑、择优选用的原则

①正常情况下每个单体配备一台塔吊(考虑各个工种协调)。

②大臂范围内起重能力是否满足拆卸构件及构件起吊。

③按建筑物形式合理布置塔吊位置(正常居中布置)。

④塔吊附墙应连接现浇结构(剪力墙和梁)。

⑤塔吊应考虑如何拆卸(人货电梯)。

按照预制装配式结构的施工特点进行塔吊现场布置,如图4.15所示。

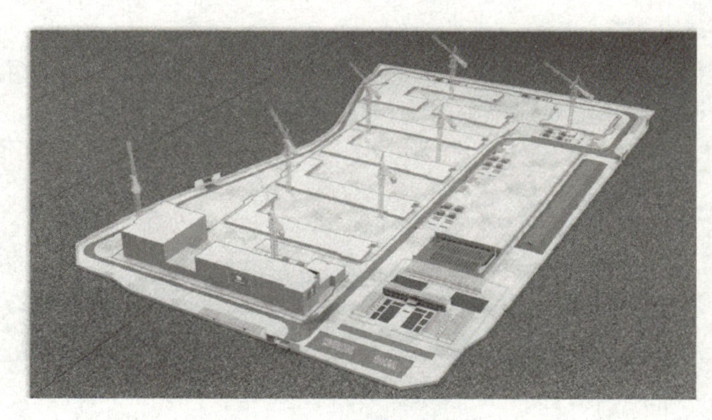

图4.15 塔吊布置图

2)塔吊位置的选择要求

①满足塔吊覆盖面和供应面的要求:

a.塔吊的旋转半径尽量覆盖施工作业面。

b.塔吊旋转半径内尽量不要有生活或办公区域,否则需要另外做安全防护。

c.应考虑后期施工电梯的位置。

②两塔存在相交作业时,应保证各塔重叠部分的高塔最低点与低塔最高点垂直距离在8 m以上。若塔机大臂交叉幅度大于20 m,则高差应不小于10 m。

③周围有建筑物的场所,塔吊的端部与建筑物及建筑物外围施工设施之间的距离不小于0.6 m,否则必须采取相应的防护、隔离措施。

④“谁快谁高”原则,即在施工过程中哪个楼的施工进度快,相应服务于此楼的塔机也升得高,保证施工的

需要。这样在施工过程中根据开工顺序,各塔就已相互错开。各塔在顶升时必须相互协调,统一指挥,避免相互干扰。

⑤施工现场循环交通道路要保持畅通,便于运输塔吊部件的载重汽车进出现场,并要有利于汽车式起重机进场安装塔吊的措施及安全事故应急救援预案。

⑥考虑塔吊安装位置时应注意塔身锚固点与建筑物附墙的装设位置,平衡臂在回转过程中有无与建筑物突出部分发生矛盾的可能。

⑦塔吊的设置范围应保证塔吊的任何部位与架空输变电线路之间保持安全距离。

⑧在安装自升式塔吊时,应保证相邻塔机之间作业与顶升加节不相互影响。

⑨在几台塔吊同在一个范围内作业的条件下,应处理好相邻两塔的塔身高度差,以防止两塔吊相互干扰。

⑩满足塔吊基础设置的要求:

a.塔吊设置在基坑内,标准节避免与上部结构梁重叠。

b.塔机设置在地下室结构范围外,避免与主体基础重叠。

3)塔吊操作规程

①使用前,应检查各金属结构部件和外观情况完好,空载运转时声音正常,重载试验制动可靠,各安全限位和保护装置齐全完好,动作灵敏可靠,方可作业。

②操作各控制器时,应依次逐步操作,严禁越挡操作。在变换运转方向时,应将操作手柄归零,待电机停止转动后再换向操作,力求平稳,严禁急开急停。

③设备在运行中,如发现机械有异常情况,应立即停机检查,待故障排除后方可继续运行。

④严格持证上岗,严禁酒后作业,严禁以行程开关代替停车操作,严禁违章作业和擅离工作岗位或把机器交给他人驾驶。

⑤装运重物时,应先离开地面一定距离,检查制动可靠后方可继续进行。

⑥坚持"十"不吊。作业完毕,应断电锁箱,搞好机械的"十字"作业工作。

4.3.3　钢丝绳和吊索选择

1)钢丝绳选择

钢丝绳是起重机械中用于悬吊、牵引或捆缚重物的挠性件。它一般由许多根直径为 0.4~2 mm、抗拉强度为 1 200~2 200 MPa 的细钢丝按一定规则捻制而成,如图 4.16 所示。

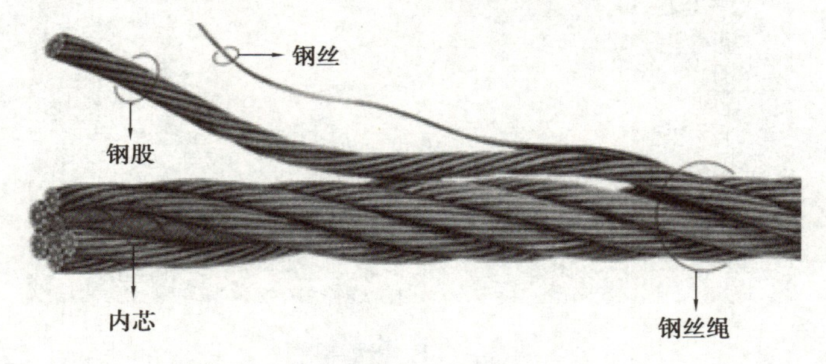

图 4.16　钢丝绳的组成

工程中常用的是双绕钢丝绳。双绕钢丝绳由细钢丝捻成股,再由多股围绕绳芯绕成钢丝绳。按照捻制方向不同,钢丝绳的缠绕方式可分为同向绕、交叉绕和混合绕 3 种(图 4.17)。工程常用钢丝绳的截面如图 4.18 所示。

(a)同向绕

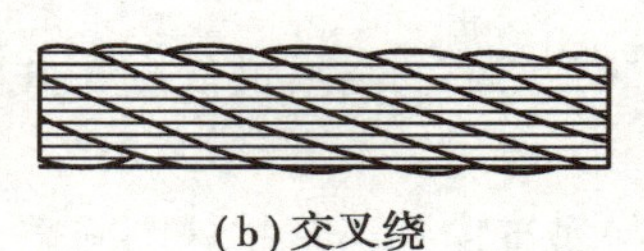

(b)交叉绕

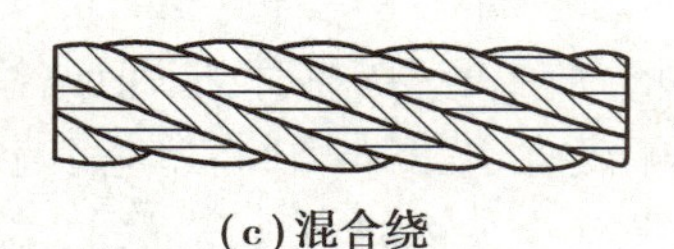

(c)混合绕

图 4.17　钢丝绳的 3 种缠绕方式

图4.18 工程常用钢丝绳截面图

2）吊具选择

（1）吊索选择

钢丝绳吊索，一般选型号为6×19（6股，每股19根）互捻钢丝绳，此钢丝绳强度较高，吊装时不易扭结。吊索安全系数为6~7，吊索大小、长度应根据吊装构件质量和吊点位置计算确定。吊索和吊装构件吊装夹角度一般控制在不小于45°。

（2）卸扣选择

卸扣（图4.19）大小应与吊索相配，选择的卸扣一般应该等于或大于吊索的承载力。

图4.19 常用的卸扣形式

（3）手拉葫芦选择

手拉葫芦（图4.20）用来完成构件卸车时的翻转和构件吊装时的水平调整工作。手拉葫芦在吊装中受力一般大于所配吊索，吊装前要根据构件质量设置位置，翻转吊装和水平调整过程中手拉葫芦的最不利角度通过计算来确定，一般选用3 t手拉葫芦即可。

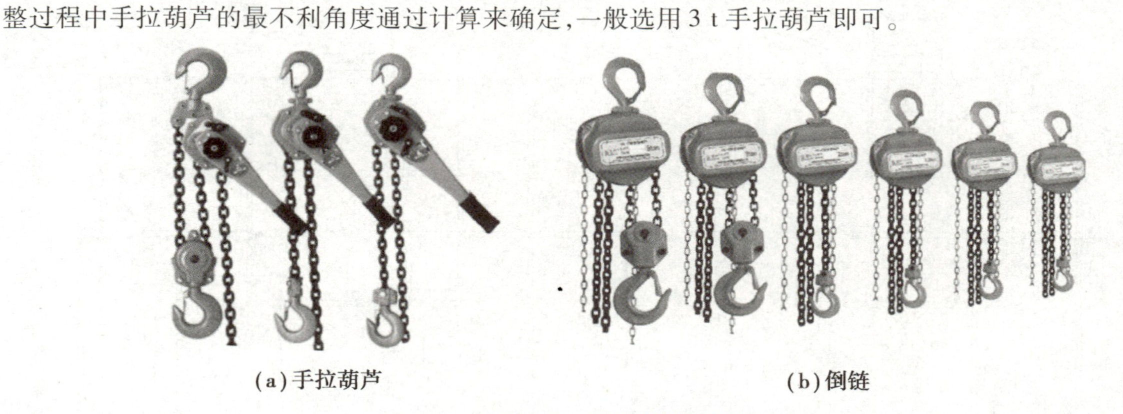

（a）手拉葫芦 （b）倒链

图4.20 手拉葫芦和倒链

4.3.4 构件吊装步骤

1）施工阶段PC前期准备工作

读懂并理解PC构件深化图纸，知道每个构件的定位、编号及质量等信息；购买PE条、PE棒、防水绑带、连接件、斜支撑等材料；按照图纸要求复核图纸尺寸，如首层钢筋定位、预埋斜撑连接件等，钢丝绳、吊点可调式横吊梁、手拉葫芦等起吊工具。

2）吊装前的准备工作

①复核现场PC构件控制线和定位钢筋是否正确，首层现浇混凝土是否满足要求。

②复核调节标高螺栓或硬质垫片高度是否满足图纸要求。

③检查PE条、PE棒、防水绑带、连接件、斜支撑等材料是否满足需求。

3)PC 结构吊装施工流程

PC 施工前,总包单位应编制审批专项《吊装方案》,并由负责人对包括司索信号指挥及吊装司机在内的相关人员进行交底,签字确认。

施工场地布置前,应进行起重机械选型定位工作,然后根据起重机械布局,合理规划场内运输道路,确定各堆场位置。根据构件数量和施工工期等确定塔吊数量。塔吊型号和位置根据构件质量和范围进行确定,原则上距离最重构件和吊装难度最大的构件最近。

(1)吊装注意事项

①吊装用钢丝绳、吊装带、卸扣、吊钩等吊具应根据预制构件形状、尺寸及质量等参数配置,应经验算或试验检验合格,并应在其额定范围内使用。

②正式吊装作业前,应按施工方案进行试吊,验证吊装参数。

③混凝土构件吊装和翻身扶直时的吊点应选择预埋的吊点。无预埋吊点时,应经计算确定吊点位置。

④起吊时的吊点合力宜与构件重心线重合。

⑤吊装时吊索水平夹角不宜小于 60°,不得小于 45°;对尺寸较大或形状复杂的预制构件,宜采用有分配梁或分配桁架的吊具。

(2)墙板吊装流程

①吊装顺序:

a.预制墙板吊装顺序的确定,需遵循便于施工、利于安装的原则。

b.可采用从一侧到另一侧的吊装顺序,需提前制订安装进度计划,有效地提高施工效率,并对需要安装的墙板提前进行验收。

c.每层构件吊装沿着外立面逆时针逐块吊装,不得混淆吊装顺序,如图 4.21 所示。

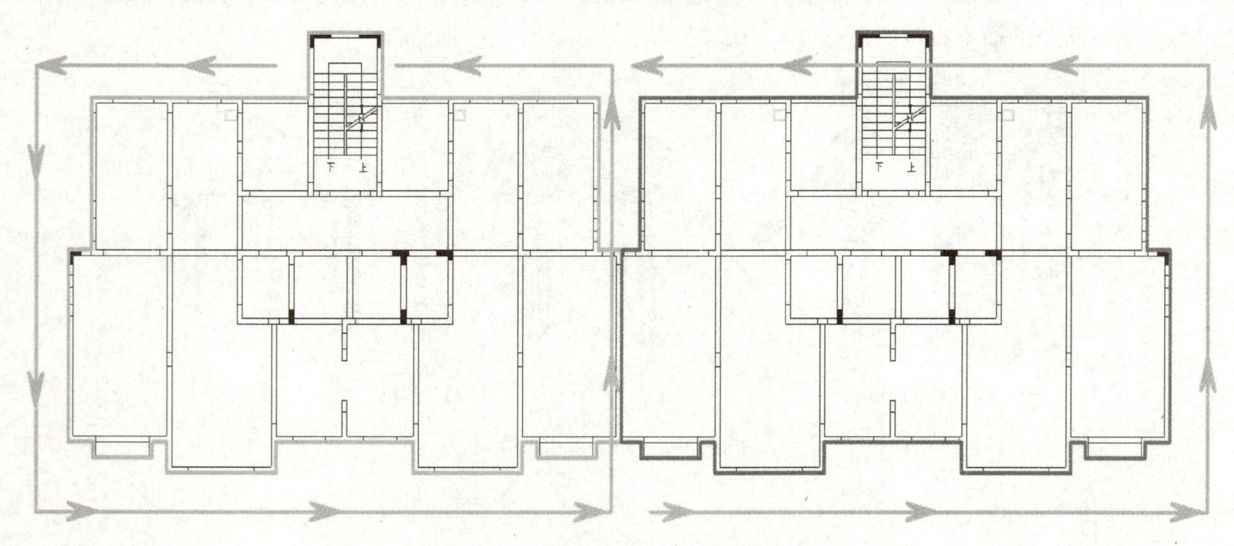

图 4.21　墙板吊装顺序

②现浇部位埋件预留。墙板斜支撑埋件在现浇板上的位置根据墙板预埋件位置确定,预埋螺栓固定可采用预埋螺栓与附加钢筋焊接固定,螺栓预埋时保证浇筑完楼板混凝土时螺栓外露不少于 40 mm,并且在预埋定位前,必须用胶带将预埋螺栓螺纹缠裹好,保证在浇筑混凝土时不污染螺栓螺纹(图 4.22),也可在后期安装前采用膨胀螺栓,但需保证螺栓的锚固强度及定位尺寸。

图 4.22　现浇部位埋件预留

③钢筋定位：

a.转换层插筋定位。预制墙板转换层插筋定位(图 4.23)，要求插筋垂直度，埋入深度、规格数量符合验收规范。可采用预埋钢板控制插筋垂直度，焊接附加钢筋控制插筋的埋入深度。

图 4.23　转换层插筋定位

b.钢筋定位。钢筋位置准确是构件顺利安装的关键，通过反复研究，在定位钢板的基础上增加定位套管(图 4.24)，有效解决钢筋位置不准及不垂直的问题。

图 4.24　钢筋定位套管

c.钢筋位置验收。构件吊装前，钢筋位置、长度、间距、基层清理等严格验收，确保构件安装准确(图 4.25)。

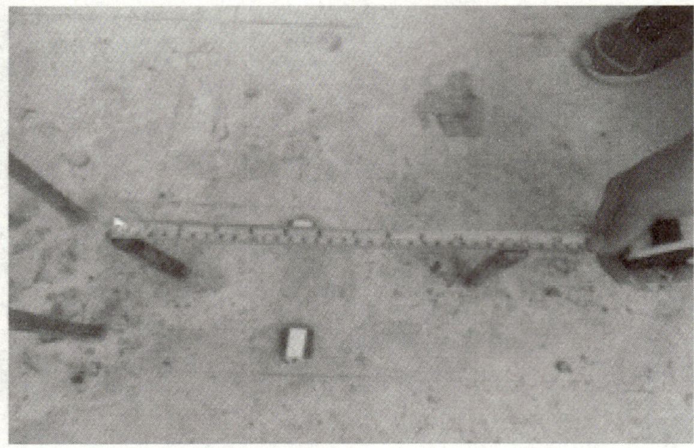

图 4.25　钢筋位置验收

d.注意事项：

• 墙板吊装前需对转换层的插筋进行检验及除锈工作（图 4.26），保证墙板顺利安装。

图 4.26　钢筋检验及除锈

• 对现浇段预埋插筋位置进行二次校正，并保证插筋的垂直度，避免与预制板连接时出现套筒与插筋位置错位，影响安装进度。

④测量放线：

a.建筑物宜采用“内控法”放线（图 4.27），在建筑物的基础层根据设置的轴线控制桩，用水准仪或经纬仪进行以上各层的建筑物的控制轴线投测。根据控制轴线及控制水平线依次放出建筑物的纵横轴线，依据各层控制轴线放出本层构件的细部位置线和构件控制线，在构件的细部位置线内标出编号。

图 4.27　“内控法”放线

b.墙体标高控制。垫片标高控制方法控制墙体标高，每栋建筑物设标准水准点 1~2 个，在首层墙、柱上确定控制水平线，首层根据建筑物水准点，在所有构件框架线内取构件总尺寸 1/4 的两点用垫块找平，垫起厚度 2 cm（图 4.28）。

图4.28 墙体标高控制

⑤外墙板安装:

A.定位、座浆。根据测量放线确定墙板位置,并在相应位置做20 mm的座垫砂浆,在砂浆靠近外叶墙部位放置一通长硬质橡胶条(10 mm宽)(图4.29)。

图4.29 定位、座浆

预制构件连接部位座垫砂浆的强度等级不应低于被连接构件混凝土强度等级且应满足下列要求:

a.砂浆流动度:130~170 mm。

b.抗压强度(1 d):30 MPa。

预制剪力墙底部接缝宜设置在楼面标高处,并应符合下列规定:

a.接缝高度:20 mm。

b.接缝宜采用灌浆料填实。

c.接缝处后浇混凝土表面应设置粗糙面。

B.墙板起吊。墙板必须竖直起吊,可采用专用吊运钢梁,并确认连接紧固(图4.30)。注意起吊过程中,板面不得与堆放架发生碰撞。

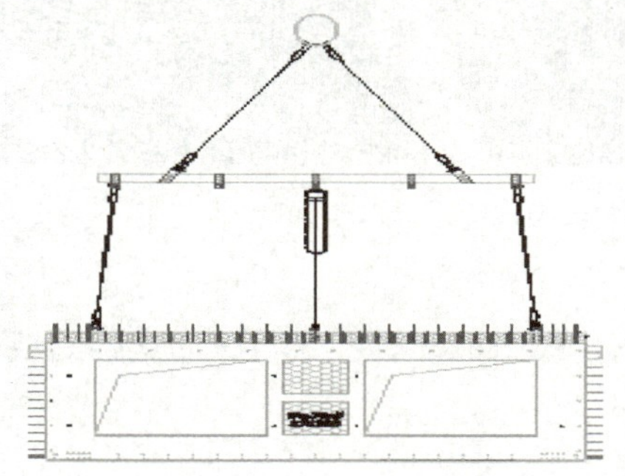

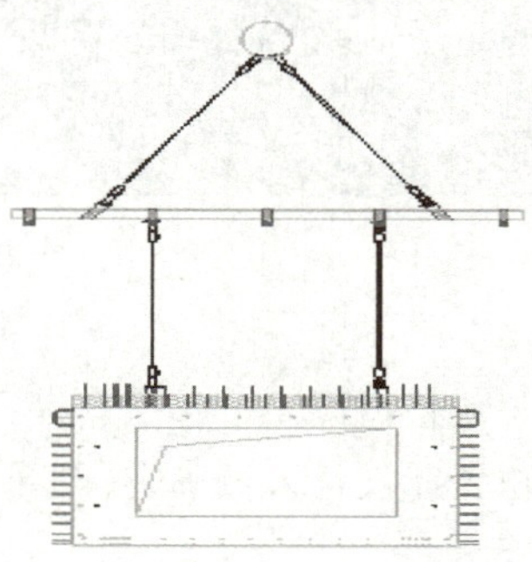

图4.30 墙板吊装示意图

起吊前需对墙板进行简单验收(型号、破损情况),保证安装的正确性,避免二次吊装。

C.吊装步骤:

a.用塔吊缓缓将外墙板吊起,待板的底边升至距地面 50 cm 时略作停顿,再次检查吊挂是否牢固,继续提升使之慢慢靠近安装作业面。

b.在距作业层上方 60 cm 左右略作停顿,施工人员可以手扶墙板,控制墙板下落方向(图 4.31)。

c.墙板在此缓慢下降,待到距预埋钢筋顶部 2 cm 处,墙两侧挂线坠对准地面上的控制线,预制墙板底部套筒位置与地面预埋钢筋位置对准后,将墙板缓缓下降,使之平稳就位。

d.快速利用螺栓将预制墙体的斜支撑杆安装在预制墙板及现浇板上的螺栓连接件上,快速调节,保证墙板的大概竖直(图 4.32)。

图 4.31　墙板下落

图 4.32　墙板调整

4)预制叠合板吊装

①预制叠合板定位技术。

支撑体系安装:第一道支撑需在楼板边附近 0.2~0.5 m 范围内设置。叠合板支撑体系安装应垂直,三角支架应卡牢。支撑最大间距不得超过 1.8 m,当跨度达到 4 m 时房间中间的位置适当起拱。

板底整体支架横杆高度调节完毕后架设方木,预制板按照板受力方向轻放,并在绑扎叠合板面层钢筋前,将板与板、板与梁空隙采用砂浆灌缝密实(图 4.33)。

图 4.33　预制叠合板定位

②吊装。

叠合板吊装:每块板需设 4 个起吊点,吊点位置为叠合板中桁架筋上弦与腹筋交接处或叠合板本身设计吊环,具体的吊点位置需设计人员确定(图 4.34)。

图4.34 叠合板吊装就位

预制楼板吊装完成后进行整浇层的钢筋绑扎及混凝土浇筑，整浇层钢筋必须与预制楼板预留钢筋连接。

预制楼板之间如拼缝过宽，需进行吊模嵌缝处理。

预制叠合板底板厚度一般为60 mm，厚度较薄、大片，为避免吊装时板片受力不均匀影响叠合板结构，应采用专业设备进行吊装。任一边长度大于2.5 m，均应以6点起吊安装。

当楼板为悬臂式结构，支撑架至少达到28 d强度或达到设计要求强度才可拆除。

4.3.5 PC构件吊装安全管理

PC构件在进行吊装时，必须根据施工现场的实际情况制订相应的安全管理措施。操作塔吊的工作人员必须有相应的证明，要对设备的有效期进行检验，工作人员在对塔吊设备进行操作时要严格按照规范，严禁出现无证上岗、不遵守规范操作等情况。当构件进入施工现场后，要对吊点进行检查，进行重心检验，当所有的检验都合格后才能进行起吊。一些尺寸较大或形状较特殊的构件，在起吊时要用平衡吊具进行辅助。

①明确吊点预埋件设置、预制构件运输、机械设备维保等重要管理环节的责任界限。

②起重所用的钢索每周都要检查，当发现磨损或损坏时要及时上报并更换，且要在起吊构件时设置拉绳，便于控制构件的方向。每次吊装工作前，都要根据规范进行交底工作，对刚进入施工现场的新员工进行专业培训，保证工作人员的专业能力以及对施工现场有足够的了解，确保施工安全。

③吊装令签发。

(1)吊装司索指挥安全须知

①吊装司索指挥人员必须持证上岗，必须熟悉并严格执行本现场的各种安全生产规章制度及“起重吊装十不准”。

②吊装司索指挥严禁擅离职守，要当好塔吊操作人员的耳目，确保指挥准确无误。

③吊装司索指挥在作业时要身临施工现场，做到措施得当，安全定位，对不安全的作业行为和违章指令有权拒绝。

④发现施工现场吊装有不安全状况，吊装司索指挥有权及时制止。

⑤用人单位必须查证吊装司索指挥的身份证、岗位证和健康证。拒绝人证不符合规定的人员上岗。

(2)起重司吊安全职责

①吊装司吊必须在有司索指挥和挂钩条件下工作。

②吊车工作前，必须检查吊车，检查合格后方可使用。

③吊装现场必须指挥信号通畅，吊车司机与司索指挥人员应有通信工具。

④不得超负荷吊物，禁止起吊冻结在地面上及被埋在土里的物件。

⑤避开在电线下吊装。在电线两侧进行起吊作业，吊钩钢丝绳及重物与输电线的距离必须符合规定值。

⑥吊车不得在五级风以上，以及暴雨、地面松软不平、泥泞等情况下进行起吊作业。起吊作业时物件捆扎牢固并保证捆扎位置正确。

⑦夜间起吊作业时工作区要有足够的照明设备,并与附近的设备或建筑物保持安全距离。

⑧吊杆下面禁止站人。

⑨吊装司吊必须服从司吊指挥人员发出的信号,有权拒绝无证人员指挥。

(3)吊装施工安全要点

①PC施工前,总包应编制审批专项《吊装方案》,并由负责人对包括司索信号指挥及吊装司机在内的相关人员进行交底,签字确认。

②司索信号指挥、司机、起重吊装人员应持特种作业证上岗。

③吊装作业,应划出吊装作业区域,拉好警戒线。

④指定监护人,告知其职责,吊装施工时执行值守。

⑤对可能发生的危害和应急预案进行交底。

⑥具备条件,发布《吊装令》。

(4)预制构件吊装安全要点事项

①PC预制墙板、楼板、梁柱吊装前,应仔细检查挂钩挂件有无异常(图4.35)。

图4.35 PC构件吊装

②吊装要掌握"慢起、快升、缓放"节奏,由上而下在缆风绳的引导下缓缓降下插入。吊运构件在下降至1 m内,安装人员方准靠近(图4.36)。

图4.36 吊装缆风绳的使用

③装配式建筑施工中，吊运平板，必须是连接4个点，试起吊在一个水平面，这样才会让平面起吊物处于可控之中，特别是一些塔吊，处于盲吊状况，塔吊指挥必须发出单一的准确信号后，塔吊司机才能启动吊运(图4.37)。

④吊装叠合板，必须确认勾住桁架钢筋起吊(图4.38)。

图4.37　叠合板吊装

图4.38　勾住桁架钢筋起吊

⑤墙板、柱吊装就位后，斜支撑应不少于上下各设2道可调节支撑装置，上道支撑高度不宜小于墙高的2/3，且不应小于高度的1/2(图4.39)。

⑥PC柱吊装既要就位准确，同时也要防止绳断事故隐患(图4.40)。

图4.39　支撑位置

图4.40　PC柱吊装

⑦PC构件吊装中，由于经常要求抬头望高处，因此要特别防范临边高处坠落(图4.41)。

⑧叠合板吊装核对就位时，严防身边的“老虎口”(洞口)(图4.42)。

图4.41　施工中楼梯易坠落区域

图4.42　施工中楼板易坠落区域

(5)构件吊装安全

①应实施吊装令制度,具备吊装安全生产条件后方可吊装。在吊装作业时,必须配足司吊指挥人员,且严禁吊装区域下方交叉作业,非吊装作业人员应撤离吊装区域。

②钢丝绳等吊具应根据使用频率,增加检查频次,发现问题立即更换。严禁使用自编的钢丝绳接头及违规的吊具。

③起吊大型空间构件或薄壁构件前,应采取避免构件变形或损伤的临时加固措施。

④人员在现场高空作业时必须佩戴安全带。

(6)大件吊装操作规范

①作业前起重机司机必须检查起重机设备的完好性,进行试运转,保证制动器、安全连锁装置灵敏可靠,机件润滑油位合格。

②工艺技术人员核对被吊物的重心和吊点位置分布符合吊装要求,确定起重耳板尺寸。吊耳必须经中级以上焊工焊接,质检合格。

③现场司索指挥必须检查吊运大件重物捆绑是否平衡牢靠,做好衬垫措施,所有现场操作人员应站在重物倾斜方向的旁侧,严禁面对倾斜方向和反方向站立。

④现场使用的起重工具和索具必须由负责指挥的起重指挥人员进行检查,根据吊运方案选用工具和索具。选用的索具长度必须符合要求,钢丝绳的夹角要适当,在施工中如发现工具、索具缺少,需要代用时,必须经指挥同意后方可代用,并做好记录。

⑤施工吊装时应进行试吊,在离地面 100 mm 时,停止起升,检查起重设备吊索具、缆风绳、地锚等受力情况,确认无问题后才能正式起吊。

⑥多台起重机协同起吊一重物时,质量分布不超过每台起重机额定起重量的 80%,并保证各台起重机之间保持足够的距离,以免发生碰撞。

⑦吊运作业过程中禁止用手直接校正被吊重物张紧的绳索,在重物就位固定前,严禁解开吊装索具。

⑧禁止施工作业人员随同吊装的重物或吊装机具升降。

⑨吊运作业时,被吊重物应尽可能放低行走。严禁被吊重物从人员上空穿越,所有人员不得在被吊重物下逗留、观看或随意走动,不得将重物长时间悬吊于空中。

复习思考题

4.1 塔吊的布置有哪些原则?

4.2 预制墙板的吊装流程是怎样的?

4.3 构件运输应注意哪些事项?

4.4 预制构件吊装有哪些安全要点和注意事项?

第5章　装配式混凝土建筑构件安装

内容提要:本章主要介绍装配式混凝土建筑的结构工程施工重点、装配式混凝土预制构件安装技术、装配式部品安装技术、机电预制安装技术以及成品保护等内容。

课程重点:

1.掌握装配式混凝土结构工程施工准备内容。

2.熟悉不同类型的装配式混凝土结构建筑体系的施工流程。

3.熟悉预制柱、预制梁、预制墙板、预制楼梯、预制阳台等构件的安装过程。

4.了解装配式构件成品保护规则。

5.1　装配式混凝土建筑安装准备

施工准备结合本工程的实际特点,在装配式混凝土结构施工前编制相应的专项施工方案,专项施工方案包括构件的运输与存放、构件吊装作业、构件安装与连接等内容。正式施工前选择有代表性的单元或部件进行试安装,并根据试安装结果及时调整和完善施工方案,严格按专项施工方案中的施工措施进行构件吊装的深化设计。装配式混凝土结构施工前,施工单位应对技术人员、现场作业人员进行质量安全技术交底。根据工程特点、施工进度计划、构件种类和质量,选择适宜的起重机械设备,其所有起重机械设备均应具有特种设备制造许可证及产品合格证。

5.1.1　施工准备

装配式建筑施工特点是以塔吊为主汽车吊为辅的机械化流水施工。吊装一开始,各道工序均应有施工前计划;并依计划紧密配合。因此,施工准备工作在装配式建筑结构施工中显得尤为重要。其主要内容包括:

1)规范、标准对施工组织的要求

行业标准《装配式混凝土结构技术规程》(JGJ 1—2014)第12.1.1条及《装配式混凝土结构工程施工与质量验收规程》(DB11/T 1030—2021)第3.0.1提出了对施工组织设计和施工方案的要求。

JGJ 1—2014条文说明:12.1.1应制定装配式结构施工专项方案。施工方案应结合结构深化设计、构件制作、运输和安装全过程各工况的验算,以及施工吊装与支撑体系的验算等进行策划和制定,充分反映装配式结构施工的特点和工艺流程的特殊要求。

DB11/T 1030—2021条文说明:3.0.1装配式结构工程专项施工方案包括模板与支撑专项方案、钢筋专项方案、混凝土专项方案及预制构件安装专项方案等。装配式结构专项方案主要包括但不限于下列内容:整体进度计划、预制构件运输、施工场地布置、构件安装、施工安全、质量管理、绿色。

2)施工配合准备

①组织现场施工人员熟悉、审查图纸,对构件型号、尺寸、预埋件位置逐块检查,准备好各种施工记录表格。

②组织各施工人员学习各施工方案、安全方案、各工种配合协调方案。

③专门组织吊装工进行安全教育、技术交底、学习培训,使吊装工熟悉墙板、楼板安装顺序、安全施工技术要求、吊具的使用方法和各种指挥信号的操作等。

3)施工现场准备

(1)施工现场运输条件

检查施工现场的运输道路通畅,具备车辆的环形运输条件。

(2)施工安装专用工器具

预制构件施工安装过程中应用了大量的预制构件专用安装工具、器具,提高了施工安装效率、保证了安装质量,如图 5.1 所示。

图 5.1 预制构件专用安装工具、器具

a.通用吊装平衡梁(图 5.2、图 5.3)。

图 5.2 通用吊装平衡梁

图 5.3 模数化通用吊装平衡梁

b.预制构件安装用水平、竖向支撑(图5.4)。

图5.4 预制构件安装用水平、竖向支撑

c.施工安装专用工器具(图5.5)。

图5.5 施工安装专用工器具

d.套筒灌浆及搅拌设备(图 5.6)。

(a)直螺纹剥肋机

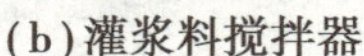

(b)灌浆料搅拌器

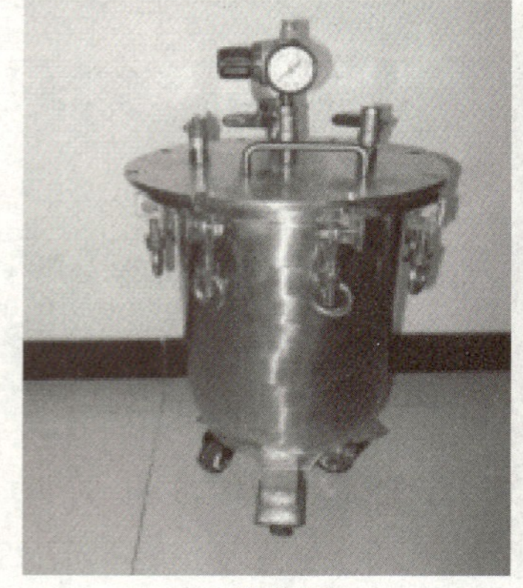

(c)注浆桶

(d)注浆器

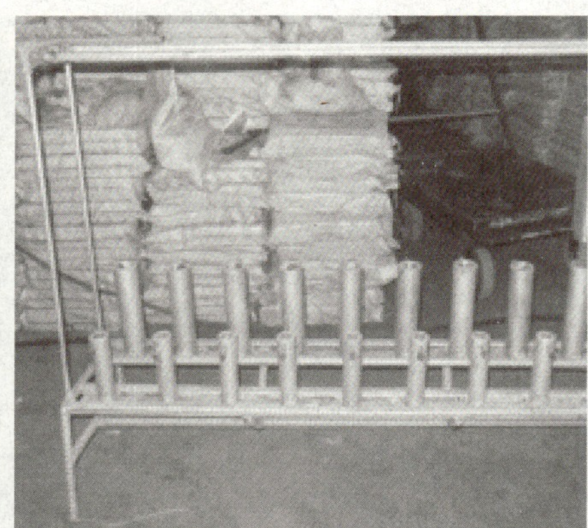

(e)通用试件架

图 5.6　套筒灌浆及搅拌设备

e.预制外挂板插放架、预制梁夹具等(图 5.7)。

图 5.7　预制外挂板插放架和预制梁夹具

吊装平衡梁解决构件种类多,吊点、吊挂方式不同,起吊钢丝有倾斜度、长度要求等问题。

(3)起重设备种类

起重设备种类有塔式起重机、履带式起重机、汽车式起重机、非标准起重装置(拔杆、桅杆式起重机)配套吊装索具及工具。

①塔式起重机。塔式起重机简称塔机、塔吊,是通过装设在塔身上的动臂旋转、动臂上小车沿动臂行走从而实现起吊作业的起重设备(图 5.8)。塔式起重机具有起重能力强、作业范围大等特点,广泛应用于建筑工程中。

图5.8　塔式起重机

塔式起重机按架设方式分为固定式、附着式、内爬式。其中附着式塔式起重机是塔身沿竖向每间隔一段距离用锚固装置与近旁建筑物可靠连接的塔式起重机,目前高层建筑施工多采用附着式塔式起重机。对于装配式建筑,当采用附着式塔式起重机时,必须提前考虑附着锚固点的位置。附着锚固点应该选在剪力墙边缘构件后浇混凝土部位,并考虑加强措施。

②汽车起重机。汽车起重机简称汽车吊,是装在普通汽车底盘或特制汽车底盘上的一种起重机,其行驶驾驶室与起重操纵室分开设置(图5.9)。这种起重机机动性好,转移迅速。在装配式混凝土工程中,汽车起重机主要用于低、多层建筑吊装作业,现场构件二次倒运,塔式起重机或履带吊的安装与拆卸等。使用时应注意,汽车起重机不得负荷行驶,不可在松软或泥泞的场地上工作,工作时必须伸出支腿并支稳。

图5.9　汽车起重机

③履带起重机。履带起重机是将起重作业部分装在履带底盘上,行走依靠履带装置的流动式起重机(图5.10)。履带起重机具有起重能力强、接地比压小、转弯半径小、爬坡能力大、无须支腿、可带载行驶等优点。在装配式混凝土建筑工程中,主要用于大型预制构件的装卸和吊装,大型塔式起重机的安装与拆卸,以及塔式起重机吊装死角的吊装作业等。

图 5.10　履带起重机

(4)起吊前准备

核对预制构件的混凝土强度,构配件的型号、规格、数量等是否符合设计要求,是否达到吊装施工要求。

吊装人员持证上岗,具备特种作业性能;与现浇混凝土建筑相比,PC 结构施工现场作业工人减少,特别是有些工种大幅减少,如模具工、钢筋工、混凝土工等。PC 作业也增加了一些新工种,如信号工、起重工、安装工、灌浆工等。因为这些新工种对工人的专业知识和技术要求更高,所以,这些工种需要由原来的农民工转变为专业的装配式产业工人。

场地应具备 PC 构件运输车辆停放区域,此区域内应进行硬化处理并满足车辆承载力要求。

预制构件临时固定,现场就位。

编制 PC 构件需求计划,指定现场接收人员。

移位的钢筋已经进行了校核。

在塔机的工作范围内不得有障碍物,并应有堆放适当数量配套构件的场地。

汽车吊覆盖区域满足预制构件吊装要求。

场内堆放地点明确,并具有标识。

道路、场地应平整、坚实并有可靠的排水措施。

PC 构件运输车停放区域满足设计荷载 70 t 承载力要求。

在所放的墙板纵、横轴安装线边缘 500 mm 位置的地面上,按工艺设计图纸,将该段墙体的 PC 墙板编号用醒目的标示颜色标示在地面上,并反复核对确保定位正确,吊装时按工艺图纸设计要求一一按图就位。

将所在部位的上层楼板叠合板编号同样用醒目的标示颜色标示在地面上,并反复核对,确保无误,目的同上。

楼梯构件、异形构件同样编号标示。这种做法可以加快吊装速度,减少失误。

5.1.2　施工组织设计编制

在编制施工组织设计之前,需仔细了解设计单位的相关设计资料。施工组织设计要符合现行装配式施工质量验收标准《混凝土结构工程施工规范》(GB 50666—2011)的要求,要充分考虑装配式混凝土结构工序工种繁多、各工种配合要求高、传统施工和预制构件吊装施工等交叉作业因素。本节主要针对施工组织编制的内容进行介绍。

1）工程概况、编制依据、工程主要特点

工程概况主要包括工程名称、面积、地点、工程建筑、结构概况等基本信息。编制依据主要是相应的国家标准及规范。工程主要特点包括工程结构特点、新技术的应用、工程施工重难点等说明。

2）施工部署

施工部署一般包括工程管理的目标以及实施准备。其中工程目标主要包括施工质量目标、安全目标、施工进度目标、绿色环保目标等。工程准备主要包括技术准备、物资准备、人力准备等。

3）施工工期计划

在编制施工工期计划前应明确项目的总体施工流程、预制构件制作流程、标准层施工流程等。在编制工程整体流程的时候要充分考虑预制构件的吊装与传统现浇结构施工的交叉作业，明确两者之间的划分及相互之间的协调。此外还要考虑起重设备作业工种的影响，尽可能做到流水作业，提高施工效率、缩短施工工期。

4）设施布置计划

在编制设施布置计划的时候，除了传统的生活办公设施、施工便道、仓库及堆场等布置外，还要结合预制构件的数量、种类、位置，结合运输条件、垂直运输设备吊运半径等因素，编制合理的设施布置计划。

5）机具设备工具计划

根据施工技术方案设计，制订需要的各种机械、吊具、设备计划。

6）预制构件的存放、进场、吊装计划

根据项目的进度，合理协调构件厂的生产计划，充分考虑交通因素，做好预制构件的进场顺序，并做好构件进场后的存放、吊装计划。

7）主要分项工程施工计划

主要分项工程施工计划包括各分项工程的施工难点、重点的工艺流程及方法。其包括的分项工程有预制结构分项工程、模板分项工程、钢筋分项工程、混凝土分项工程、现浇结构分项工程等，如表5.1所示。

表5.1 装配整体式混凝土结构子分部工程的分项工程及主要验收内容

子分部工程	序 号	分项工程	主要验收内容
装配整体式混凝土结构	1	预制结构分项工程	构件质量证明文件 连接材料、防水材料质量证明文件 预制构件安装、连接、外观
	2	模板分项工程	模板安装、模板拆除
	3	钢筋分项工程	原材料、钢筋加工、钢筋连接、钢筋安装
	4	混凝土分项工程	混凝土质量证明文件 混凝土配合比及强度报告
	5	现浇结构分项工程	外观质量、位置及尺寸偏差

8）质量管理计划

装配式建筑对构件的吊装、安装比传统现浇结构建筑有更高的质量要求，所以要在质量管理计划中明确质量管理的目标，并围绕管理目标重点开展预制构件制作、吊装、施工等过程的质量控制方法以及各不同施工段的重点质量管理规划及组织实施。做好施工人员的安装培训，使工程项目保质保量完成。

9）安全管理计划

装配式混凝土结构工程施工前，应对施工现场可能发生的危害、灾害和突发事件制订应急预案，并应进行安全技术交底，做好安全管理措施编写、现场人员安全培训、预制构件的运输、吊装、安装等施工工序的工作。

5.2 装配式混凝土构件安装流程

装配整体式混凝土结构是由预制混凝土构件通过可靠的连接方式并与现场后浇混凝土、水泥基灌浆料形成整体的装配式混凝土结构。装配整体式混凝土结构具有较好的整体性和抗震性。目前,大多数多层和全部高层装配式混凝土结构建筑采用装配整体式混凝土结构,有抗震要求的低层装配式建筑也多是装配整体式混凝土结构。

常见的装配式混凝土结构建筑包括装配整体式框架结构、装配整体式剪力墙结构、装配整体式框架-剪力墙3种不同的结构体系。不同的结构形式在施工过程中的流程和管理重点也略有不同。施工实施主体在制订预制构件吊装整体流程时,要合理安排工期。下面就不同的结构形式分别介绍施工流程。

5.2.1　施工流程遵循的基本原则

无论什么形式的装配式混凝土结构的施工流程都遵循先柱、梁,后外墙的安装顺序,预制构件和连接结构同步安装等,下面就这两点进行说明。

1)预制构件与连接结构同步安装

建筑主体结构施工过程中装配式混凝土构件与连接结构施工同步安装,工厂预制混凝土构件在现浇混凝土结构施工过程中同步安装施工并最终用混凝土现浇成整体的一种施工方法,即建筑结构构件在工厂中预制成最终成品并运送至施工现场后,在结构施工最初阶段,用塔吊将其吊运至结构施工层并安装到位。安装的同时,混凝土结构中的现浇柱、墙同步施工,并最终在该层结构所有预制和现浇构件施工完成后,浇筑混凝土形成整体。

2)先柱梁结构,后外墙构件

装配式混凝土结构"先柱梁结构,后外墙构件"安装是指在建筑主体结构施工中,先将建筑预制柱、预制梁、预制板等主体混凝土结构施工完毕,再进行预制外墙等构件安装的一种施工方法,即在主体结构施工中,先将主体结构承重部分的柱、梁、板等结构施工完成,待现浇混凝土养护达到设计强度后,再将工厂中预制完成的外墙构件安装到位,从而完成整个结构的施工。装配式混凝土结构安装流程如图5.11所示。

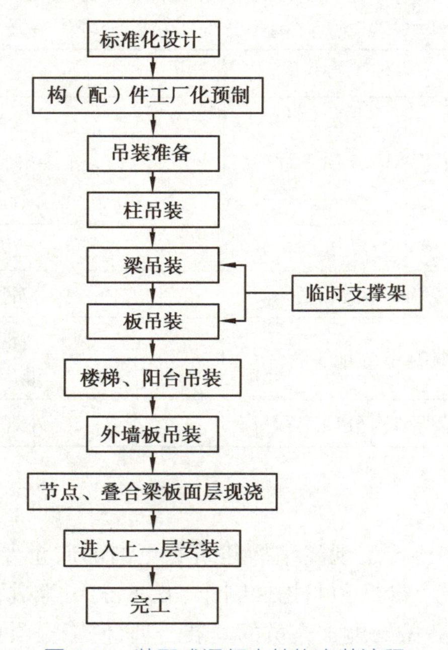

图5.11　装配式混凝土结构安装流程

5.2.2　装配整体式框架结构的施工流程

装配整体式框架结构体系的主要预制构件有预制柱、预制梁、预制叠合楼板等。框架式结构体系是近几年发展起来的,主要参照日本的相关技术,同时结合我国特点研究而形成的结构技术体系。目前,我国装配式框架结构的适用高度较低,一般适用于低层、多层和高度适中的高层建筑。这种结构形式要求具有开敞的大空间和相对灵活的室内布局。相对于其他的结构体系,该体系连接节点单一、简单,结构构件的连接可靠并容易得到保证，方便采用等同现浇的设计概念。框架结构布置灵活，很容易满足不同建筑功能需求，结合外墙板、内墙板以及预制楼板等的应用，可以达到很高的预制率。

其标准层的具体施工流程为：预制柱的放线、吊装、固定及灌浆→预制梁的放线、吊装及固定安装→预制叠合楼板放样、安装及定位→叠合楼板钢筋绑扎、安装→预埋件安装，现浇节点及叠合楼板的混凝土浇筑、养护等工作，如图 5.12 所示。

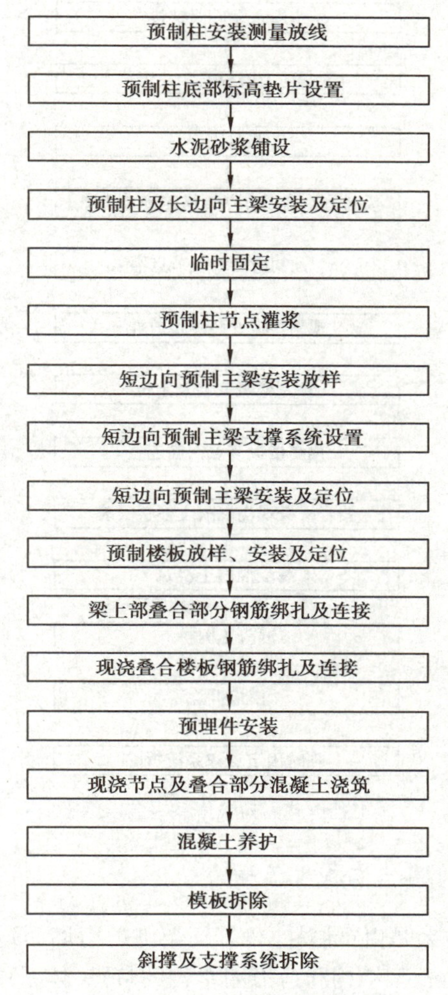

图 5.12　装配整体式框架结构体系标准层施工流程示例

本环节中预制柱连接节点的灌浆施工环节是整个预制构件施工过程中的关键工序，直接影响工程的质量，所以在灌浆前应检查灌浆材料的相关指标是否满足设计要求。灌浆过程中 对工艺过程进行严格检查。灌浆后对节点灌浆是否密实进行检查，保证灌浆环节的质量。

5.2.3　装配整体式剪力墙结构的施工流程

预制墙-叠合板连接节点

装配整体式剪力墙结构的主要构件为预制剪力墙。预制剪力墙底部留孔或预埋套筒与预留钢筋通过灌浆进行结构连接。装配整体式剪力墙结构体系应用最广，使用的房屋高度最大，主要应用于多层建筑或者低烈度且高度不大的高层建筑中。

装配整体式剪力墙结构的主要受力构件，如内外墙板、楼板等在工厂生产，并在现场组装而成。预制构件之间通过现浇节点连接在一起，有效地保证了建筑物的整体性和抗震性。

其标准层的施工流程如图 5.13 所示，主要包括预制剪力墙的测量放线、吊装安装、节点钢筋链接及灌浆工作。

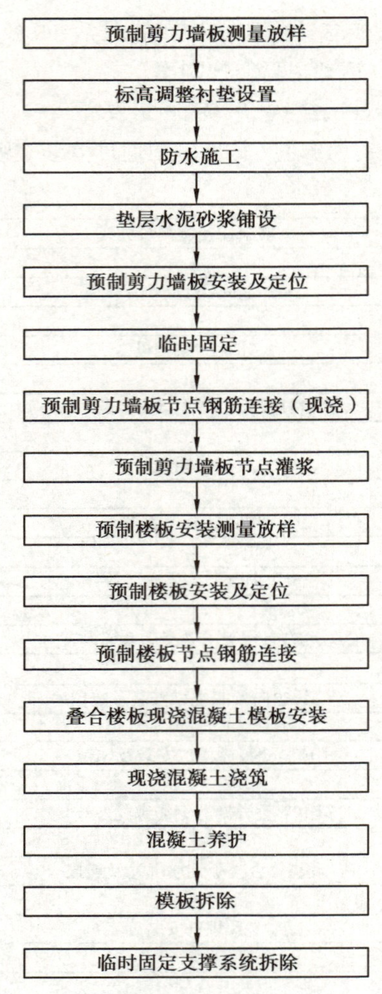

图 5.13　装配整体式剪力墙体系标准层施工流程示例

5.2.4　装配整体式框架-剪力墙结构施工流程

装配整体式框架-剪力墙结构体系是由预制柱、梁等框架与剪力墙(预制或者现浇)共同承担竖向和水平荷载及作用的结构,兼有框架结构和剪力墙结构的特点,体系中剪力墙和框架布置灵活,容易实现大空间和较高的适用高度,满足不同建筑功能的要求。其主要预制构件有预制柱、预制主次梁、(预制或现浇)剪力墙等。当剪力墙在结构集中布置形成筒体时,就成为框架-核心筒结构。根据预制构件部位的不同,又可以分为装配整体式框架-现浇剪力墙结构、装配整体式框架-现浇核心筒结构、装配整体式框架-剪力墙结构 3 种形式。

其标准层的主要施工流程包括:预制墙柱测量放线、安装及定位、节点灌浆,预制主梁测量放线、安装及定位、节点灌浆,剪力墙安装定位及灌浆(现浇剪力墙的施工)等,如图 5.14 所示。

5.2.5　预制构件安装主要工序的一般要求

预制构件的安装一般分为 3 个环节:首先根据预制构件安装的位置进行测量、定位;然后把构件吊装至相应位置,安装并完成现浇或者采用其他连接方式;最后完成构件之间的连接和固定。下面对三个主要步骤进行说明。

1)预制构件测量、定位

吊装前,应在构件和相应的支承结构上设置中心线和标高,并应按设计要求校核预埋件及连接钢筋等的数量、位置、尺寸和标高。

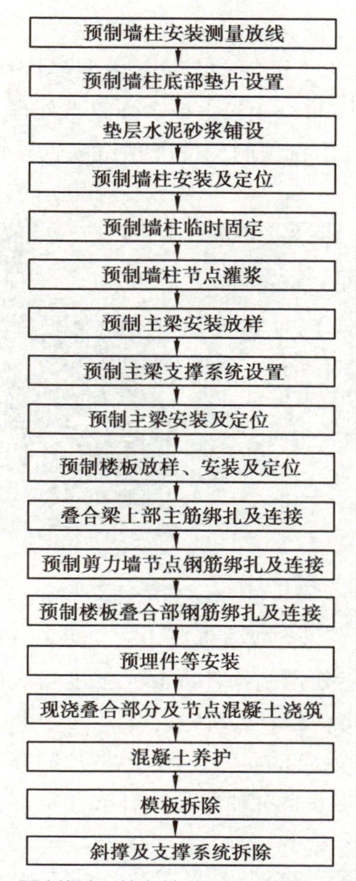

图5.14 预制框架-剪力墙体系标准层施工流程示例

每层楼面轴线垂直控制点不宜少于4个,楼层上的控制线应由底层向上传递引测。每个楼层应设置1个高程引测控制点。预制构件安装位置线应由控制线引出,每个预制构件应设置两条安装位置线。

预制墙板安装前,应在墙板上的内侧弹出竖向与水平安装线,竖向与水平安装线应与楼层安装位置线相符合(采用饰面砖装饰时,相邻板与板之间的饰面砖缝应对齐)。

预制墙板垂直度测量,宜在构件上设置用于垂直度测量的控制点。

在水平和竖向构件上安装预制墙板时,标高控制宜采用放置垫块的方法或在构件上设置标高调节件。

2)预制构件吊装

预制构件吊装施工流程主要包括构件起吊、就位、调整、脱钩等。准备工作有测量放样、临时支撑就位、斜撑连接件安放、止水胶条粘贴等。如图5.15所示即为吊装的一般流程。

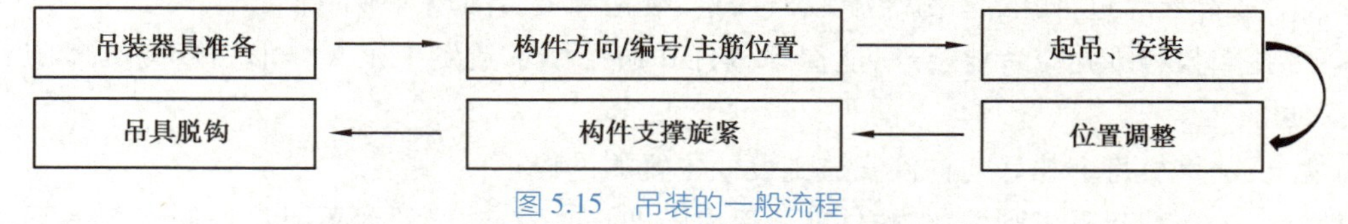

图5.15 吊装的一般流程

预制构件堆放区域要在吊装设备的吊装半径内,避免构件的二次搬运,并保证不影响其他运输车辆的通行。

吊装顺序,除柱、梁、板的吊装顺序之外,同一种构件中也存在不同的吊装顺序,吊装顺序可依据深化设计图纸吊装施工顺序图执行。

吊装前应对构件进行质量检查,尤其检查注浆孔的质量并做好内部清理工作。

人员、机械设备、构件等就位,不仅要设置专门的吊装指挥人员、信号指挥人员等岗位,还要提前对设备、材料进行确认,保证吊装工作的顺利进行。

关于吊装的其他知识详见本书第4章。

3)结构构件连接

装配整体式结构构件连接可采用现浇混凝土连接、套筒灌浆连接和钢筋浆锚搭接、焊接连接、螺栓连接等方式。预制构件与现浇混凝土接触面位置可采用拉毛或表面露石处理,也可采用凿毛处理。预制构件插筋影响现浇混凝土结构部分钢筋绑扎时,可采用在预制构件上预留内置式钢套筒的方式进行锚固连接,如图 5.16 所示。

图 5.16　灌浆套筒施工现场

装配整体式结构的现浇混凝土连接要做到现浇混凝土连接处一次连续浇筑密实,浇筑的强度满足设计要求,现浇混凝土的强度等级不应低于连接处预制构件混凝土强度等级的最大值。采用焊接或螺栓连接时,应按设计要求进行,并应对外露铁件采取防腐和防火措施。

钢筋套筒灌浆连接广泛用于结构中纵向钢筋的连接,包括预制柱、预制墙等竖向构件的连接。套筒灌浆连接要求套筒的定位必须精准,浇筑混凝土前须对套筒所有的开口部位进行封堵,以防在套筒灌浆前有混凝土进入内部影响灌浆和钢筋的连接效果。

浆锚钢筋搭接是装配式混凝土结构钢筋竖向连接形式之一,即在预制构件中预埋波纹管,待混凝土达到要求强度后,钢筋穿入波纹管,再将浆锚连接专用高强度无收缩灌浆料灌入波纹管养护,以起到锚固钢筋的作用。

5.3　装配式混凝土建筑竖向构件安装技术

竖向结构现浇施工

5.3.1　预制构件安装施工

预制构件的吊装施工是装配式建筑施工过程中的重点,根据构件大小、重量、位置的不同需要制订不同的吊装施工方案。本节主要针对预制柱、预制梁、预制剪力墙、预制外墙挂板、预制叠合楼板、预制楼梯和阳台等主要预制构件的吊装流程及施工要点进行介绍。

构件安装一般都要经过绑扎、起吊就位、临时固定、校正和最后固定等工序。

①绑扎:绑扎点数和绑扎位置要合理,能保证构件在起吊中不致发生永久变形和断裂。绑扎本身要牢固可靠,操作简便。

②起吊就位:起重机将绑扎好的构件安放到设计位置的过程。

③临时固定:为提高起重机利用率,构件就位后应随即临时固定,以便起重机尽快脱钩起吊下一构件。临时固定要保证构件校正方便,在校正与最后固定过程中不致倾倒。

④校正:全面校正安装构件的标高、垂直度、平面坐标等,使之符合设计和施工验收规范的要求。

⑤最后固定:将校正好的构件按设计要求的连接方法进行最后固定。

预制柱安装工艺流程

5.3.2　预制柱的安装

预制柱作为框架结构体系中的主要受力构件之一,其安装与连接直接关乎建筑物质量。预制柱的安装需要严格控制,对其中各个流程要进行严格把控。如图 5.17 所示即为预制柱的吊装流程。

图5.17　预制柱的吊装流程

1)预制柱的吊装流程

①预制柱的吊装按照角柱、边柱、中柱的顺序进行,与现浇部分连接的柱先吊装。

②吊装前检查预制柱进场的尺寸、规格,混凝土的强度是否符合设计和规范要求,检查柱上预留套筒、预留钢筋是否满足图纸要求,套筒内是否有杂物,无问题方可进行吊装。

③就位前应设置柱底调平装置,控制柱安装标高。

④预制柱的就位要以轴线和外轮廓线为控制线,对于边柱和角柱,应当以外轮廓线控制为准,如图5.18所示。根据预制柱平面各轴的控制线和柱框线,校核预埋套筒位置的偏移情况,并做好记录,根据图纸将预留钢筋的多余部分割除,若预制柱有小距离的偏移,需借助撬棍及F扳手等工具进行调整,如图5.19所示。

图5.18　预制柱安装

图5.19　对中调整

⑤柱初步就位时,应将预制柱钢筋与上层预制柱的引导筋初步试对,无问题后将钢筋插入引导筋套管内20~30 cm,以确保柱悬空时的稳定性,准备进行固定。

⑥安装就位后在两个方向设置可调节临时固定措施,并应进行垂直度、扭转调整。

⑦采用灌浆套筒连接的预制柱调整就位后,柱脚连接部位采用模板封堵,如图 5.20 所示。预制柱灌浆套筒连接节点如图 5.21 所示。

(a)封堵注浆缝

(b)模板封闭

图 5.20　柱脚连接部位采用模板封堵

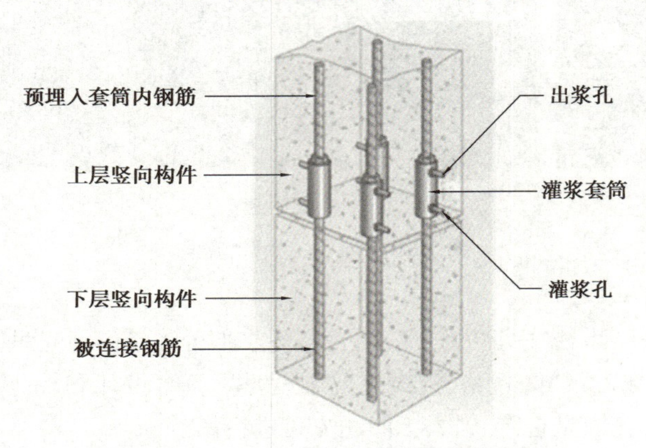

图 5.21　预制柱灌浆套筒连接节点

2)预制柱的斜支撑固定

斜撑系统的主要功能是将预制柱和预制墙板等构件吊装就位后临时固定起来,如图 5.22 所示,同时,通过斜撑上的调节装置对其垂直度进行微调。斜撑系统应按照以下两个原则进行设计:

图 5.22　斜撑固定预制柱

①预制柱吊装时，应根据施工工艺和预制柱所处的位置不同，采用3点支撑或4点支撑。

②在楼面板上设置斜向支撑的固定位置时，应综合考虑与其他预制构件吊装的交叉施工，预制构件的稳定性和平衡性以及对后续工序施工的影响。

3）接缝防水要求

预制柱安装与施工控制要点

①当设计对构件连接处有防水要求时，材料性能及施工应符合设计要求及国家现行有关标准的规定。

a.防水施工前，应将板缝空腔清理干净。

b.应按设计要求填塞背衬材料。

c.密封材料嵌填要饱和、密实、均匀、顺直、表面光滑，并满足设计要求的厚度。

②密封材料嵌缝应符合下列规定：

a.密封防水部位的基层应牢固，表面应平整、密实，不得有蜂窝、麻面、起皮和起砂现象。嵌缝密封材料的基层应干净和干燥。

b.嵌缝密封材料与构件组成材料应彼此相容。

c.采用多组分基层处理剂时，应根据有效时间确定使用量。

d.密封材料嵌填后不得碰损和污染。

5.3.3　预制外墙板的安装

预制外墙安装与施工控制要点

1）预制外墙板的安装

（1）预制外墙板安装流程

预制外墙板的安装一般按照与现浇部分连接的墙板先行吊装的原则进行，具体安装流程如下：

①装配式构件进场、编号、按吊装流程清点数量。

②清理各逐块吊装的装配构件搁（放）置点，按标高控制线垫放硬垫块。

③按编号和吊装流程对照轴线、墙板控制线逐块就位设置墙板与楼板限位装置。

④设置构件支撑及临时固定，调节墙板垂直尺寸，如图5.23所示。

图5.23　预制外墙板吊装、固定与调节

⑤塔吊吊点脱钩，进行下一墙板安装，并循环重复。

⑥楼层浇捣混凝土完成，混凝土强度达到设计、规范要求后，拆除构件支撑及临时固定点。

（2）预制墙板安装操作要点

①预制墙板的临时支撑系统由2组水平连接和2组斜向可调节螺杆组成。根据现场施工情况，对质量过重或悬挑构件采用2组水平连接两头设置和3组可调节螺杆均布设置，确保施工安全。

②根据给定的水准标高、控制轴线引出层水平标高线、轴线，然后按水平标高线、轴线安装板下搁置件。板墙抄平采用硬垫块方式，即在板墙底按控制标高放置墙厚尺寸的硬垫块，然后校正、固定，预制墙板一次吊

装，坐落其上。

③吊装就位后，采用靠尺检验挂板的垂直度，偏差用调节杆进行调整。

④安装就位后设置可调斜撑临时固定，测量预制墙板的水平位置、垂直度、高度等，通过墙底垫片、临时斜支撑进行调整。

⑤预制墙板安装、固定后，再按结构层施工工序进行后一道工序施工。

⑥预制墙板调整就位后，墙底部连接部位采用模板封堵。

⑦采用灌浆套筒连接、浆锚搭接连接的夹芯保温外墙板应在保温材料部位采用弹性密封材料进行封堵。

⑧采用灌浆套筒连接、浆锚搭接连接的墙板需要分仓灌浆时，应采用座浆料进行分仓；多层剪力墙采用座浆时应均匀铺设座浆料。

2）安装说明

（1）测量放线

墙板安装位置测量放线。安装施工前，应在预制构件和已完成的结构上测量放线，设置安装定位标志。对于装配式剪力墙结构，测量、安装、定位主要包括以下内容：每层楼面轴线垂直控制点不应少于 4 个，楼层上的控制轴线应使用经纬仪由底层原始点直接向上引测；每个楼层应设置 1 个引测控制点；预制构件控制线应由轴线引出，每块预制构件应有纵、横控制线各 2 条；预制外墙板安装前应在墙板内侧弹出竖向与水平线，安装时应与楼层上该墙板控制线相对应。

当采用饰面砖外装饰时，饰面砖竖向、横向砖缝应引测，贯通到外墙内侧来控制相邻板与板之间、层与层之间饰面砖砖缝对直；预制外墙板垂直度测量，4 个角留设的测点为预制外墙板转换控制点，用靠尺以此 4 点在内侧进行垂直度校核和测量；应在预制外墙板顶部设置水平标高点，在上层预制外墙板吊装时应先垫垫块或在构件上预埋标高控制调节件。

建筑物外墙垂直度的测量，宜选用投点法进行观测。在建筑物大角上设置上下两个标志点作为观测点，上部观测点随着楼层的升高逐步提升，用经纬仪观测建筑物的垂直度并做好记录。

观测时，应在底部观测点的位置安置水平读数尺等测量设施，在每个观测点安置经纬仪投影时应按正倒镜法测出每对观测点标志间的水平位移分量，按矢量相加法求得水平位移值和位移方向。

测量过程中应该及时将所有柱、墙、门洞的位置在地面弹好墨线，并准备铺设座浆料。将安装位洒水阴湿，地面上、墙板下放好垫块，垫块保证墙板底标高正确。由于座浆料通常在 1 h 内初凝，所以吊装必须连续作业，相邻墙板的调整工作必须在座浆料初凝前进行。

（2）铺设座浆料

座浆时座浆区域需用等面积法计算出三角形区域面积，如图 5.24 所示，同时，座浆料必须满足以下技术要求：

①座浆料坍落度不宜过高，一般在市场购买 40～60 MPa 的座浆料使用小型搅拌机（容积可容纳一包料即可）加适当的水搅拌而成，不宜调制过稀，必须保证座浆完成后呈中间高、两端低的形状。

②在座浆料采购前需要与厂家约定浆料内粗集料的最大粒径为 4～5 mm，且座浆料必须具有微膨胀性。

③座浆料的强度等级应比相应的预制墙板混凝土的强度提高一个等级。

④为防止座浆料填充到外叶板之间，在苯板处补充 50 mm×20 mm 的苯板堵塞缝隙，如图 5.25 所示。

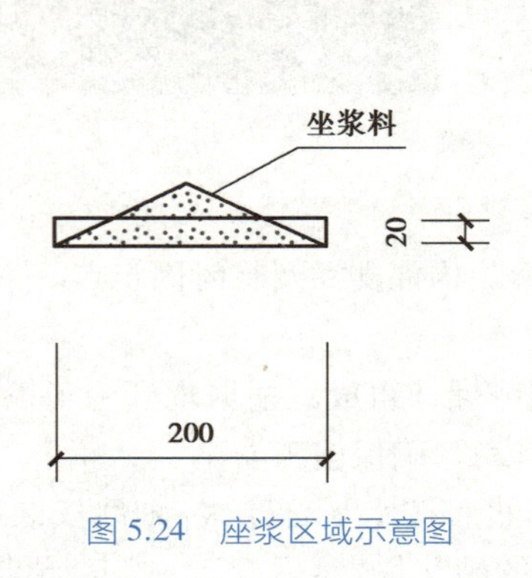

图 5.24　座浆区域示意图

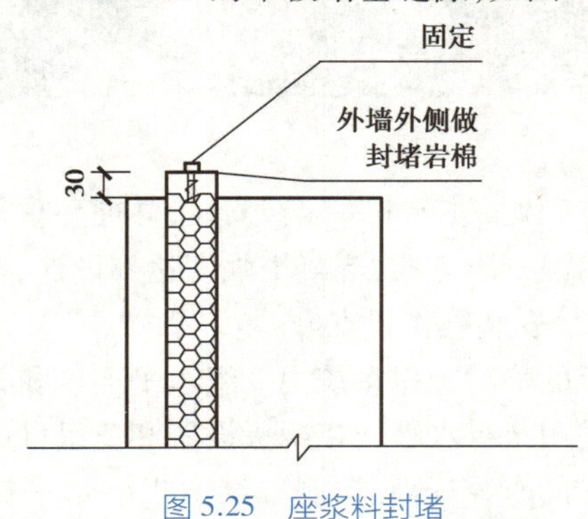

图 5.25　座浆料封堵

⑤剪力墙底部接缝处座浆强度应满足设计要求。

⑥同时,以每层为一检验批;每工作班应制作一组且每层不少于3组边长为70.7 mm的立方体试件,标准养护28 d后进行抗压强度试验。

(3)安装落位

由于吊装作业需要连续进行,所以吊装前的准备工作非常重要。

首先应将所有柱、墙、门洞的位置在地面弹好墨线,根据后置埋件布置图采用后钻孔法安装预制构件定位卡具,并进行复核检查;同时,对起重设备进行安全检查,并在空载状态下对吊臂角度、负载能力、吊绳等进行检查,对最困难的部件进行空载实际演练(必须进行),将倒链、斜撑杆、螺钉、扳手、靠尺、开孔电钻等工具准备齐全,操作人员对操作工具进行清点。

然后检查预制构件预留螺栓孔缺陷情况,在吊装前进行修复,保证螺栓孔丝扣完好;提前架好经纬仪、水准仪并调平。填写施工准备情况登记表,施工现场负责人检查核对签字后方可开始吊装。

预制构件在吊装过程中应保持稳定,不得偏斜、摇摆和扭转。吊装时,一定采用扁担式吊具吊装。

(4)临时固定

墙板底部若局部套筒未对准,可使用倒链将墙板手动微调,对孔。底部没有灌浆套筒的外填充墙板直接顺着角码缓缓放下墙板。

墙板垂直坐落在准确的位置后拉线复核水平是否有偏差,无误差后,利用预制墙板上的预埋螺栓和地面后置膨胀螺栓安装斜支撑杆,复测墙顶标高后,方可松开吊钩,利用斜撑杆调节墙体的垂直度,注意,在调节斜撑杆时必须由两名工人同时、同方向,分别调节两根斜撑杆;调节好墙体垂直度后,刮平底部座浆。

安装施工应根据结构特点按合理顺序进行,需考虑到平面运输、结构体系转换、测量校正、精度调整及系统构成等因素,及时形成稳定的空间刚度单元。必要时应增加临时支撑结构或临时措施。单个混凝土构件的连接施工应一次性完成。

预制墙板等竖向构件安装后,应对安装位置、安装标高、垂直度、累计垂直度进行校核与调整;其校核与偏差调整原则可参照以下要求:①预制外墙板侧面中线及板面垂直度的校核,应以中线为主进行调整;②预制外墙板上下校正时,应以竖缝为主进行调整;③墙板接缝应以满足外墙面平整为主,内墙面不平或翘曲时,可在内装饰或内保温层内调整;④预制外墙板山墙阳角与相邻板的校正,以阳角为基准进行调整;⑤预制外墙板拼缝平整的校核,应以楼地面水平线为准进行调整。

构件安装就位后,可通过临时支撑对构件的位置和垂直度进行微调,如图5.26所示。

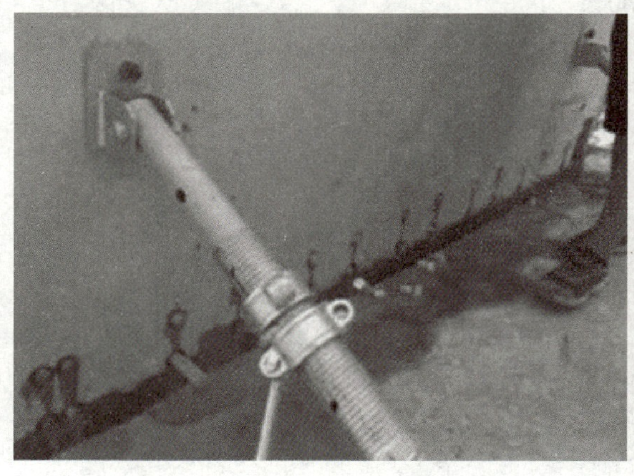

图5.26 构件临时支撑

(5)临时固定

安装阶段的结构稳定性对保证施工安全和安装精度非常重要,构件在安装就位后,应采取临时措施进行固定。临时支撑结构或临时措施应能承受结构自重、施工荷载、风荷载、吊装产生的冲击荷载等,并不至于使结构产生永久变形。

装配式混凝土结构工程施工过程中,当预制构件或整个结构自身不能承受施工荷载时,需通过设置临时支撑来保证施工定位、施工安全及工程质量。临时支撑包括水平构件下方的临时竖向支撑、水平构件两端支撑构件上设置的临时牛腿、竖向构件的临时支撑等。

对于预制墙板，临时斜撑一般安放在其背后，且一般不少于两道；对于宽度比较小的墙板，也可仅设置一道斜撑。

当墙板底部没有水平约束时，墙板的每道临时支撑包括上部斜撑和下部支撑，下部支撑可做成水平支撑或斜向支撑。对于预制柱，由于其底部纵向钢筋可以起到水平约束的作用，故一般仅设置上部支撑。柱的斜撑也最少要设置两道，且应设置在两个相邻的侧面上，水平投影相互垂直。

临时斜撑与预制构件一般做成铰接，并通过预埋件进行连接。考虑到临时斜撑主要承受的是水平荷载，为充分发挥其作用，对于上部的斜撑，其支撑点距离板底的距离不宜小于板高的 2/3，且不应小于高度的 1/2，如图 5.27 所示。

(a)支撑固定　　(b)斜支撑调整

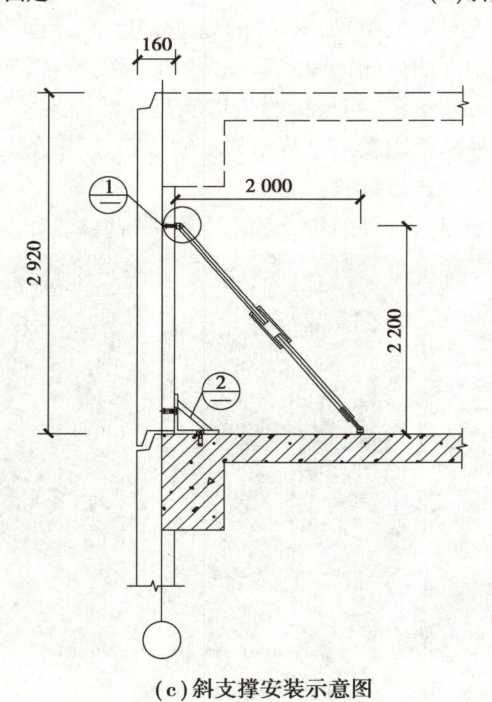

(c)斜支撑安装示意图

图 5.27　斜支撑安装

调整复核墙体的水平位置和标高、垂直度及相邻墙体的平整度后，填写预制构件安装验收表，施工现场负责人及甲方代表(或监理)签字后进入下道工序，依次逐块吊装直至本层外墙板全部吊装就位。

预制墙板斜支撑和限位装置应在连接节点和连接接缝部位后浇混凝土或灌浆料强度达到设计要求后拆除；当设计无具体要求时，后浇混凝土或灌浆料达到设计强度的 75%以上方可拆除；预制柱斜支撑应在预制柱与连接节点部位后浇混凝土或灌浆料强度达到设计要求，且上部构件吊装完成后进行拆除。拆除的模板和支撑应分散堆放并及时清运，应采取措施避免施工集中堆载。

5.3.4　预制外挂墙板的安装

1）外挂墙板施工前准备

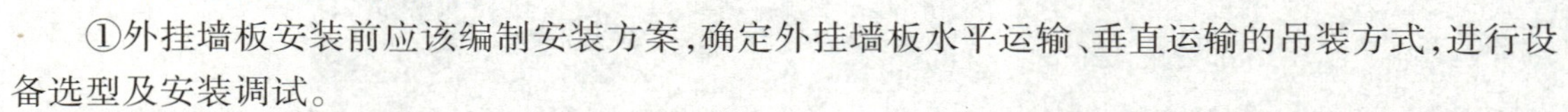

①外挂墙板安装前应该编制安装方案，确定外挂墙板水平运输、垂直运输的吊装方式，进行设备选型及安装调试。

②外挂墙板在进场前应进行检查验收，不合格的构件不得安装使用，安装用连接件及配套材料应进行现场复验，复验合格后方可使用。

③外挂墙板的现场存放应按安装顺序排列并采取保护措施。

④外挂墙板安装人员应提前进行安装技能和安装培训工作，安装前施工管理人员要做好技术交底和安全交底。施工安装人员应充分理解安装技术要求和质量检验标准。

2）外挂墙板施工流程

（1）测量放线

主体结构预埋件应在主体结构施工时按设计要求埋设；外挂墙板安装前应在施工单位对主体结构和预埋件验收合格的基础上进行复测，对存在的问题应与施工、监理、设计单位进行协调解决。主体结构及预埋件施工偏差应符合《混凝土结构施工质量验收规范》（GB 50204—2015）的规定，垂直方向和水平方向最大施工偏差应该满足设计要求。

（2）吊装落位

外挂墙板应按顺序分层或分段吊装，吊装应采用慢起、稳升、缓放的操作方式，应系好缆风绳控制构件转动；吊装过程中应保持稳定，不得偏斜、摇摆和扭转。

（3）临时固定与调整

外挂墙板正式安装前要根据施工方案要求进行试安装，经过试安装并验收合格后可进行正式安装。应采取保证构件稳定的临时固定措施。

外挂墙板的校核与偏差调整应符合以下要求：

①预制外挂墙板侧面中线及板面垂直度的校核，应以中线为主调整。

②预制外挂墙板上下校正时，应以竖缝为主调整。

③墙板接缝应以满足外墙面平整为主，内墙面不平或翘曲时，可在内装饰或内保温层内调整。

④预制外挂墙板山墙阳角与相邻板的校正，以阳角为基准调整。

⑤预制外挂墙板拼缝平整的校核，应以楼地面水平线为准调整。

⑥外挂墙板安装就位后应对连接节点进行检查验收，隐藏在墙内的连接节点必须在施工过程中及时做好隐检记录。

⑦外挂墙板均为独立自承重构件，应保证板缝四周为弹性密封构造，安装时，严禁在板缝中放置硬质垫块，避免外挂墙板通过垫块传力造成节点连接破坏。

⑧节点连接处露明铁件均应做防腐处理，焊接处镀锌层破坏部位必须涂刷三道防腐涂料防腐，有防火要求的铁件应采用防火涂料喷涂处理。

5.3.5　内墙板的安装

（1）安装流程

内墙板的安装流程为：熟悉设计图纸核对编号→测量放线→起吊→安装→斜支撑安装→微调→灌浆→保护→验收。

（2）控制要点

①保证起吊的安全性，如图5.28所示。

②控制垂直度及水平度，如图5.29所示。

图 5.28　内墙板吊装

图 5.29　内墙板安装

③控制灌浆料的质量。

④控制灌浆操作要点。

⑤保护养护期成品。

⑥控制墙板安装正反面。

5.4　装配式混凝土建筑水平构件安装技术

5.4.1　预制梁的安装

1)预制梁安装流程

预制柱安装完成之后，开始对预制梁或预制叠合梁进行安装，安装过程遵守如下标准：

①预制梁或叠合梁的安装顺序遵循先主梁后次梁、先低后高的原则。

②安装前，测量并修正临时支撑标高，确保与梁底标高一致，并在柱上弹出梁边控制线，安装后根据控制线进行精密调整。

③安装前，复核柱钢筋和梁钢筋位置、尺寸，检查柱钢筋与梁钢筋位置是否有冲突。

④测出柱顶与梁底标高误差，柱上弹出梁边控制线。

⑤在构件上标明每个构件所属的吊装顺序和编号，便于吊装工人辨认。

⑥梁底支撑可以采用"立杆支撑+可调顶托+方木"，预制梁的标高通过连接支撑体系的顶丝来调节。

⑦梁起吊时，用吊索勾住扁担梁的吊环，吊索应有足够的长度以保证吊索和扁担梁之间的角度不小于60°。

⑧当梁初步就位后，两侧人员借助柱头上的梁定位线和撬棍将梁精确校正，在调平同时将下部可调支撑拧紧，这时方可松去吊钩。

⑨主梁吊装结束后，根据柱上已放出的梁边和梁端控制线，检查主梁上的次梁缺口位置是否正确。如不正确，做相应处理后方可吊装次梁，梁在吊装过程中要按柱的位置对称吊装。

⑩叠合梁的临时支撑，应在后浇混凝土强度达到要求后方可拆除。预制梁的安装过程，如图 5.30 所示。

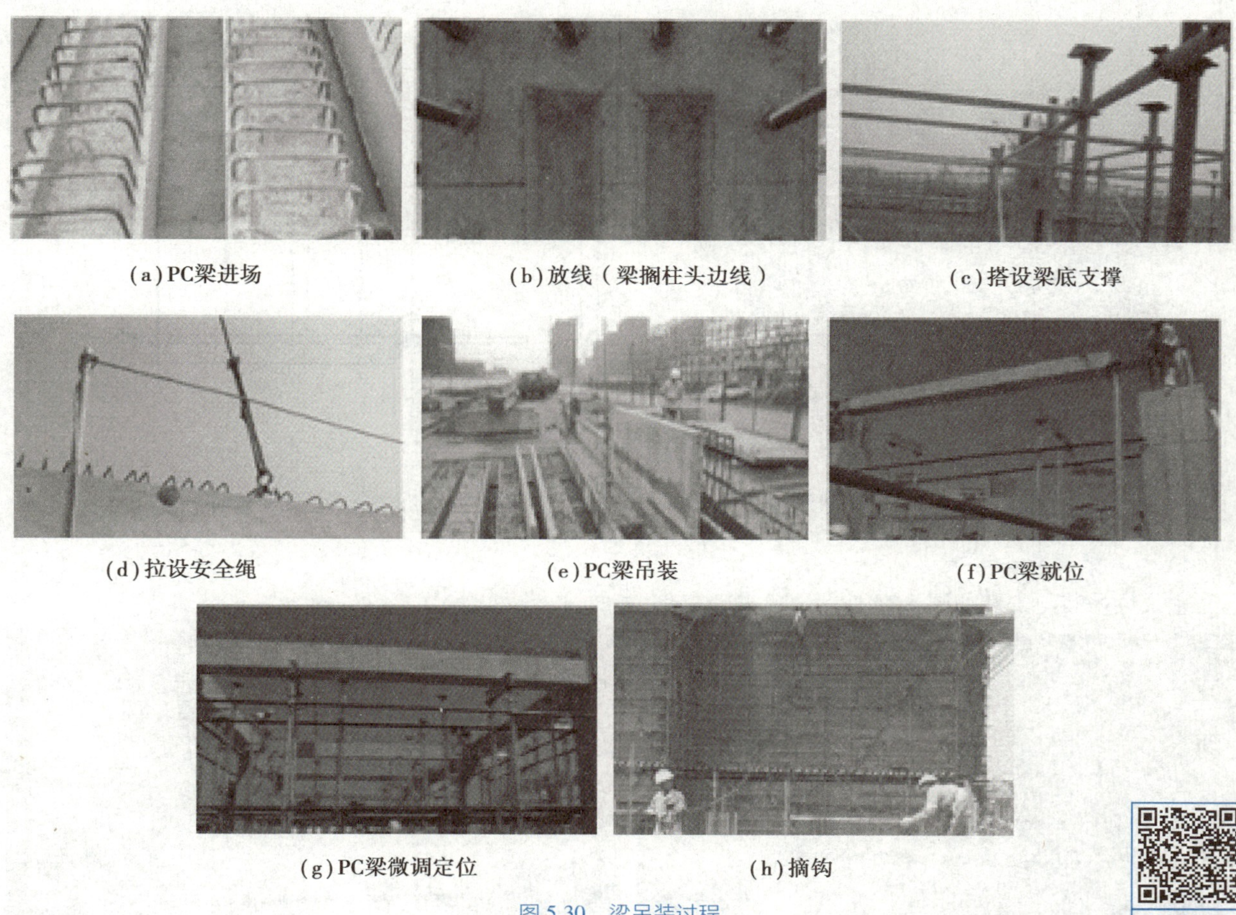

(a) PC梁进场　(b) 放线（梁搁柱头边线）　(c) 搭设梁底支撑

(d) 拉设安全绳　(e) PC梁吊装　(f) PC梁就位

(g) PC梁微调定位　(h) 摘钩

图 5.30　梁吊装过程

预制梁安装与施工控制要点

2) 叠合梁就位

装配式结构梁基本以叠合梁形式出现。叠合梁吊装的定位和临时支撑非常重要，准确的定位决定着安装质量，而合理地使用临时支撑不仅是保证定位质量的手段，也是保证施工安全的必要措施，如图 5.31 所示。

图 5.31　叠合梁吊装

3) 钢筋连接

关于钢筋连接，普通钢筋混凝土工程梁柱节点钢筋交错密集但有调整的空间，而装配式混凝土结构后浇混凝土节点间受空间限制，很容易发生钢筋碰撞的情况，如图 5.32 所示。因此，①要在拆分设计时即考虑好各种钢筋的关系，直接设计出必要的弯折；②吊装方案要按拆分设计考虑吊装顺序，吊装时则必须严格按吊装方案控制先后，如图 5.33 所示。

图 5.32　叠合梁节点钢筋碰撞

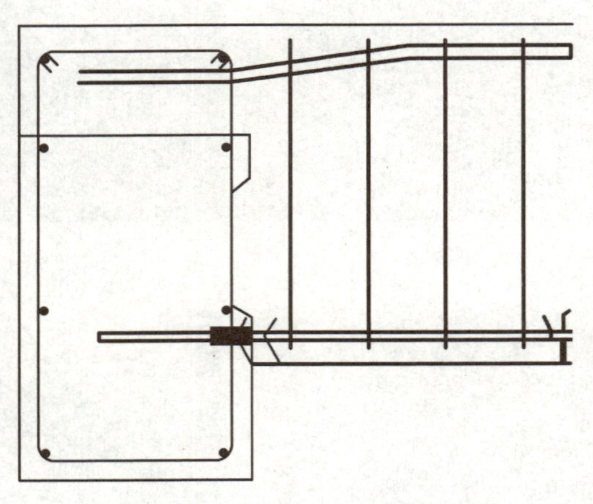

图 5.33　叠合梁节点钢筋避让

4）主次梁吊装与安装

主次梁吊装与安装如图 5.34 所示。

（a）主次梁吊装

（b）主次梁准备就位

（c）主次梁安装就位

（d）主次梁就位调整

(e)主次梁钢筋套管连接

图 5.34　主次梁的吊装与安装

叠合板安装与施工控制要点

5.4.2　预制叠合板的安装

1)叠合板的安装流程

叠合楼板是由预制板和现浇钢筋混凝土层叠合而成的装配整体式楼板。预制底板既是楼板结构的组成部分之一,又是现浇钢筋混凝土叠合层的永久性模板,现浇叠合层内可敷设水平设备管线。叠合楼板整体性好、刚度大,可节省模板,而且板的上下表面平整,便于饰面层装修,适用于对整体刚度要求较高的高层建筑和大开间建筑。安装预制叠合板的一般流程如图 5.35 所示。

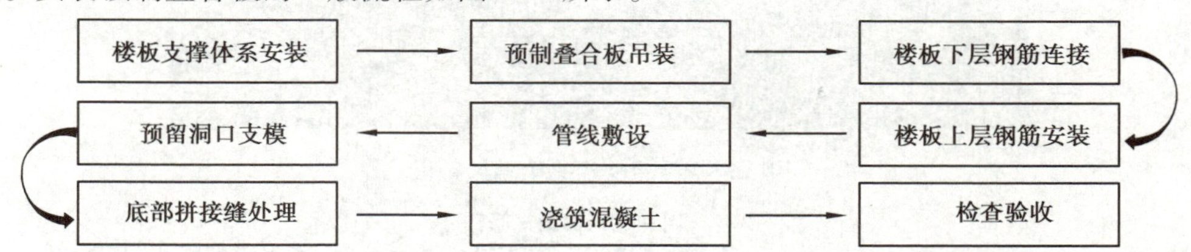

图 5.35　预制叠合板的安装流程

(1)预制叠合楼板的安装过程

①测量:用测量仪器从两个不同的观测点上测量墙、梁等顶面标高。复核墙板的轴线,并校正。

②现浇混凝土梁支模:标高复核后,进行框架梁模板支设。

③楼板支撑体系安装:楼板支撑体系的水平高度必须达到精准的要求,以保证楼板浇筑成型后底面平整,如图 5.36 所示。

④叠合楼板吊装过程:叠合楼板起吊时,要尽可能减小在非预应力方向因自重产生的弯矩,采用预制构件吊装梁进行吊装,4 个(或 8 个)吊点均匀受力,保证构件平稳吊装,保证主副绳的受力点在同一直线上,如图 5.37 所示。

⑤梁、附加钢筋及楼板下层横向钢筋安装:预制楼板安装调平后,按照施工图进行梁、附加钢筋及楼板下层横向钢筋的安装,处理好梁锚固到暗柱中的钢筋及现浇板负筋锚固到墙板内。

⑥水电管线敷设、连接:楼板下层钢筋安装完成后,进行水电管线的敷设与连接工作,如图 5.38 所示。为便于施工,叠合楼板在工厂生产阶段已将相应的线盒及预留洞口等按设计图纸预埋在预制板中。

⑦楼板上层钢筋安装:水电管线敷设经检查合格后,钢筋工进行楼板上层钢筋的安装。

⑧预制楼板底部拼缝处理:在墙板和楼板混凝土浇筑之前,对预制楼板底部拼缝及其与墙板之间的缝隙进行检查,如图 5.39 所示。

⑨混凝土浇筑养护。

图 5.36　叠合板支撑体系

图 5.37　叠合板吊装

图 5.38　叠合楼板水电管线敷设

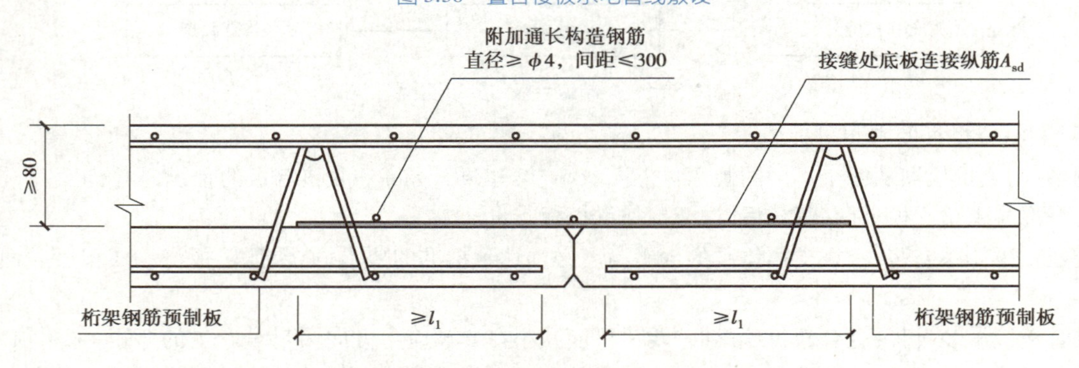

(a) 密拼接缝（板底纵筋间接搭接）

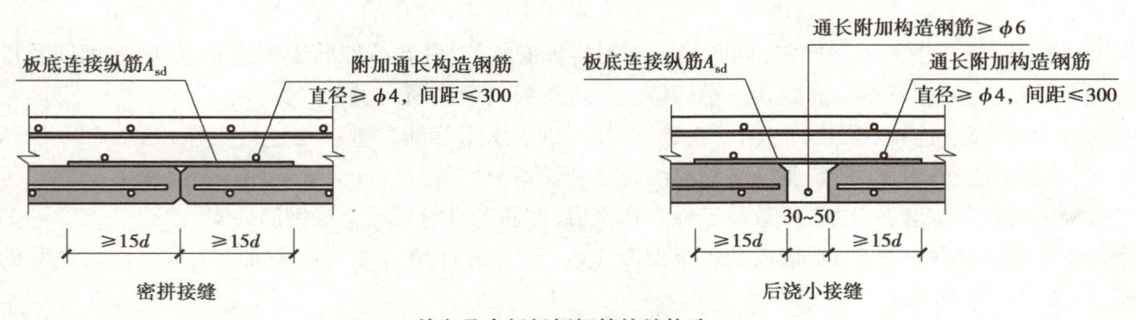

(b) 单向叠合板板侧钢筋接缝构造

图 5.39　叠合板拼缝节点

（2）预制叠合楼板的工艺流程

基层清理→测量放线→支撑体系→标高调节→吊装叠合楼板→复核标高→板缝处理→机电管线敷设→钢筋绑扎→混凝土浇筑→模板支撑拆除。

①清理安装部位的结构基层，做到无油污、杂物。剪力墙上留出的外露连接钢筋不正不直时，及时进行处理，以免影响叠合楼板的安装就位。

②独立支撑放线：根据叠合楼板平面布置图在楼板上测放出独立支撑的点位（图 5.40），并在房间的四角弹出竖向垂直操作线。标高放线抄平放线，在叠合板周围的剪力墙上弹出 1.000 m 标高的控制线，以便叠合楼板安装后进行标高复核和调整。

图 5.40 房间四角弹线

2）支撑体系

①独立钢支柱和稳定三脚架独立钢支柱主要由外套管、内插管、微调节装置、微调节螺母等组成，是一种可伸缩微调的独立钢支柱，主要用于预制构件水平结构作垂直支撑，能承受梁板结构自重和施工荷载。内插管上每间隔 150 mm 有一个销孔，插入回形钢销可调整支撑高度。外套管上焊有一节螺纹管，同微调螺母配合，微调范围 170 mm。

②折叠三脚架采用薄型钢管焊接制作折叠三脚架的腿部（图 5.41），核心部分有 1 个锁具，靠偏心原理锁紧。折叠三脚架打开后，抱住支撑杆，为使支撑杆独立、稳定，可敲击卡棍抱紧支撑杆。搬运时，收拢三脚架的 3 条腿，可手提搬运或码放入箱中集中吊运。

③支撑体系安装独立钢支撑、方钢分别按照平面布置方案放置，独立钢支撑间距为 1 500 mm×1 500 mm，支架调到相应标高，放置主龙骨，方钢采用 60 mm×60 mm×4 mm 型。独立钢支撑第一道设置应距墙边 500 mm 开始设置。

3）钢筋桁架混凝土叠合楼板安装施工（水平受力构件）

框架结构叠合板安装与施工控制要点

①钢筋桁架混凝土叠合楼板的安装施工应符合下列规定：

a.叠合构件的支撑应根据设计要求或施工方案设置，支撑标高除应符合设计规定外，还应考虑支撑本身的施工变形。

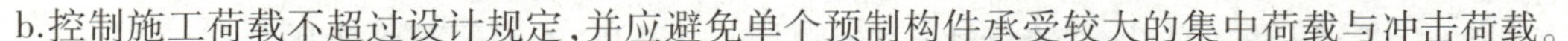

b.控制施工荷载不超过设计规定，并应避免单个预制构件承受较大的集中荷载与冲击荷载。

c.叠合构件的搁置长度应满足设计要求，宜设置厚度不大于 30 mm 的座浆或垫片。

d.叠合构件混凝土浇筑前，应检查结合面粗糙度和检查及校正预制构件的外露钢筋。

e.叠合构件在后浇混凝土强度达到设计要求后，才可拆除支撑或承受施工荷载。

②钢筋桁架混凝土叠合楼板安装施工的现场堆放、板底支撑（图 5.42）与预制混凝土叠合板吊装板的做法没有太大区别。

③由于钢筋桁架混凝土叠合楼板面积较大，吊装必须采取多点吊装的方式。实现多点吊装的做法是每根钢丝绳挂于吊装架的柔性钢丝绳上，借此达到每个吊点受力均匀的目的。

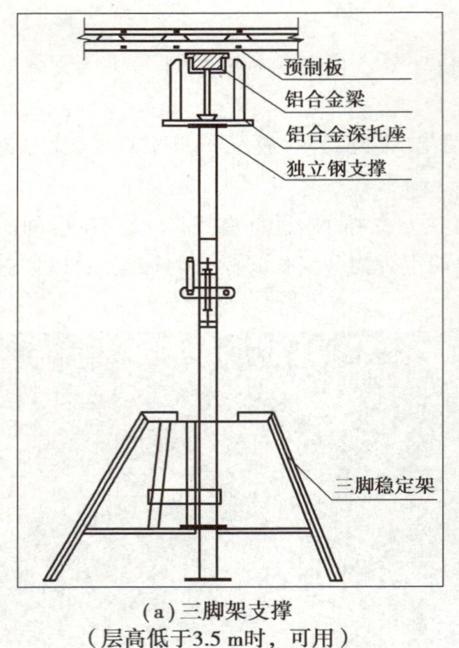

(a)三脚架支撑
(层高低于3.5 m时，可用)

(b)盘扣式支撑
(层高较大时用)

图5.41　支撑体系

图5.42　钢筋桁架混凝土叠合楼板安装

4)叠合梁板施工保证措施

①在预制梁、板吊装结束后,就可以分段进行管线预埋的施工,在满足设计管道流程基础上结合叠合楼板规格合理地规划线盒位置、管线走向,线盒需根据管网综合布置图预埋在预制板中,叠合层仅有7~9 cm,叠合层中杜绝多层管线交错,最多只允许两根线管交叉在一起。

②由于叠浇层梁柱节点处空隙很小,为防止柱下混凝土空洞的产生,采用高一等级的微膨胀细石混凝土浇筑并采用小振动棒振捣,在浇筑时柱根部的混凝土要略高于板的高度,在终凝前将其刮除。

③叠合层混凝土浇捣结束后,应适时对上表面进行抹面、收光作业,作业分粗刮平、细抹面、精收光3个阶段完成。混凝土应及时洒水养护,使混凝土处于湿润状态,洒水次数不得少于4次/d,养护时间不得少于7 d。

5.4.3　预制阳台板(空调板)的安装

预制阳台板安装与施工控制要点

1)预制阳台板(空调板)安装

预制阳台板(空调板)安装工艺流程如图5.43所示,要点如下:

①阳台板进场、编号,按吊装流程清点数量。

②安装前应搭设临时固定与搁置排架。控制标高与阳台板板身线。在墙上弹出构件外挑尺寸及两侧边线,校核高度。

预制空调板安装与施工控制要点

③按编号和吊装流程逐块安装就位。

④悬挑板的临时支撑应有足够的刚度和稳定性,各层支撑应上下垂直。

⑤吊装上层悬挑板时,下层至少保留三层支撑。

⑥构件就位需调节时,可采用撬棍将构件仔细地与控制线进行校核,将构件调整至正确位置,将锚固钢筋理顺就位。

⑦将锚固钢筋与圈梁或板主筋进行绑扎或焊接。

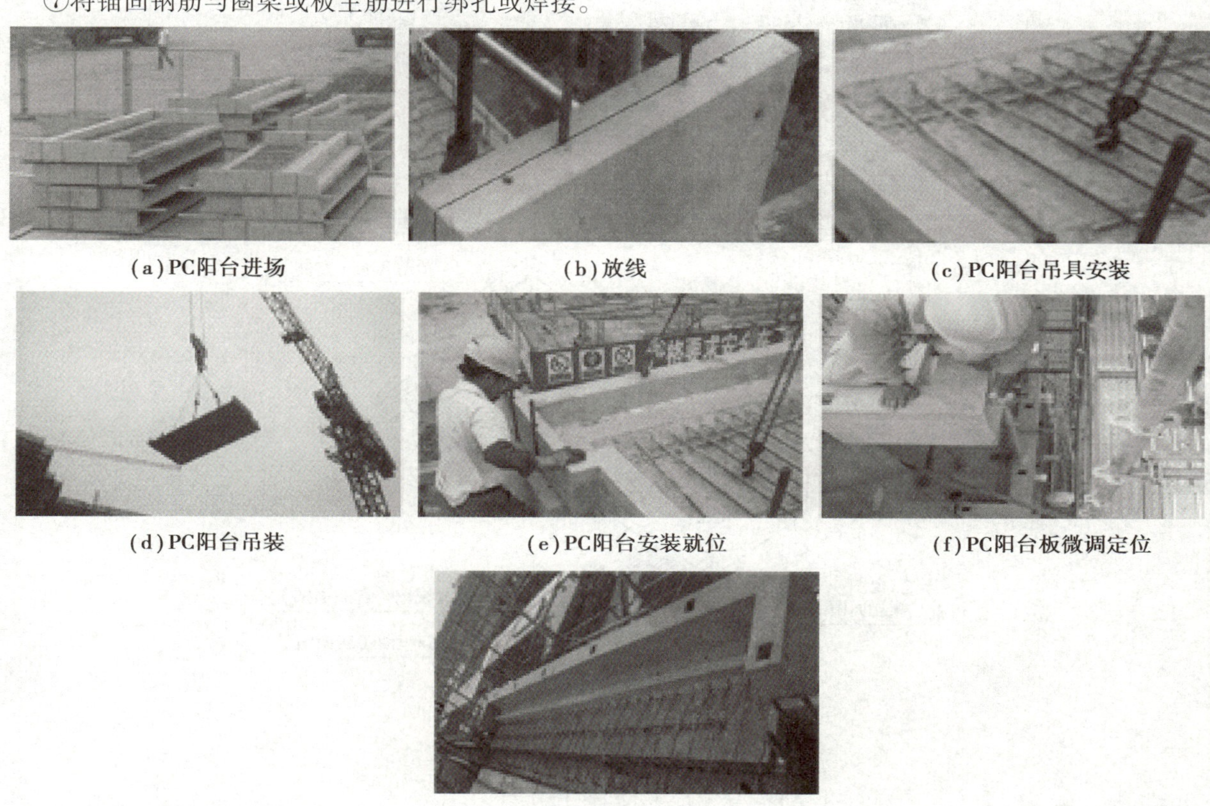

(a)PC阳台进场　(b)放线　(c)PC阳台吊具安装

(d)PC阳台吊装　(e)PC阳台安装就位　(f)PC阳台板微调定位

(g)摘钩

图5.43　阳台安装工艺流程

⑧塔吊吊点脱钩,进行下一叠合阳台板安装,并循环重复。

⑨楼层浇捣混凝土完成,混凝土强度达到设计、规范要求后,拆除构件临时固定点与搁置的排架。

装配式结构的阳台一般设计成封闭式阳台结构,其楼板采用钢筋桁架叠合板,安装如图5.44所示;另外,还有一种悬挑式全预制阳台,如图5.45所示。外墙空调板构造做法如图5.46所示;太阳能板也是全预制悬臂式结构,是按设计甩出钢筋通过后浇混凝土与结构连接,如图5.47所示。整体外观效果如图5.48所示。

2)阳台板施工技术要点

①每块预制构件吊装前测量并弹出相应周边(隔板、梁、柱)控制线。

②板底支撑采用钢管脚手架+可调顶托+100 mm×100 mm木方(或工字形木等),板吊装前应检查是否有可调支撑高出设计标高,校对预制梁及隔板之间的尺寸是否有偏差,并做相应调整。

③预制构件吊至设计位置上方3~6 cm处调整位置,使锚固筋与已完成结构预留筋错开,便于就位,构件边线基本与控制线吻合。

④当一跨板吊装结束后,要根据板周边线、隔板上弹出的标高控制线对板标高及位置进行精确调整,误差控制在2 mm以内。

图 5.44　叠合式阳台板安装

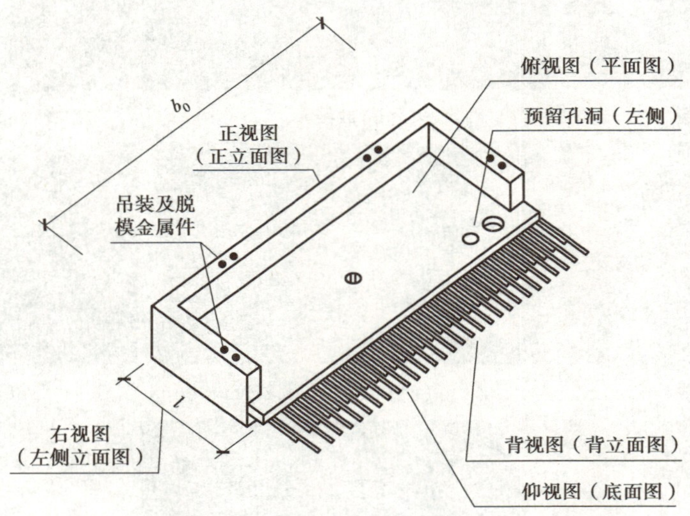

图 5.45　悬挑式全预制阳台板

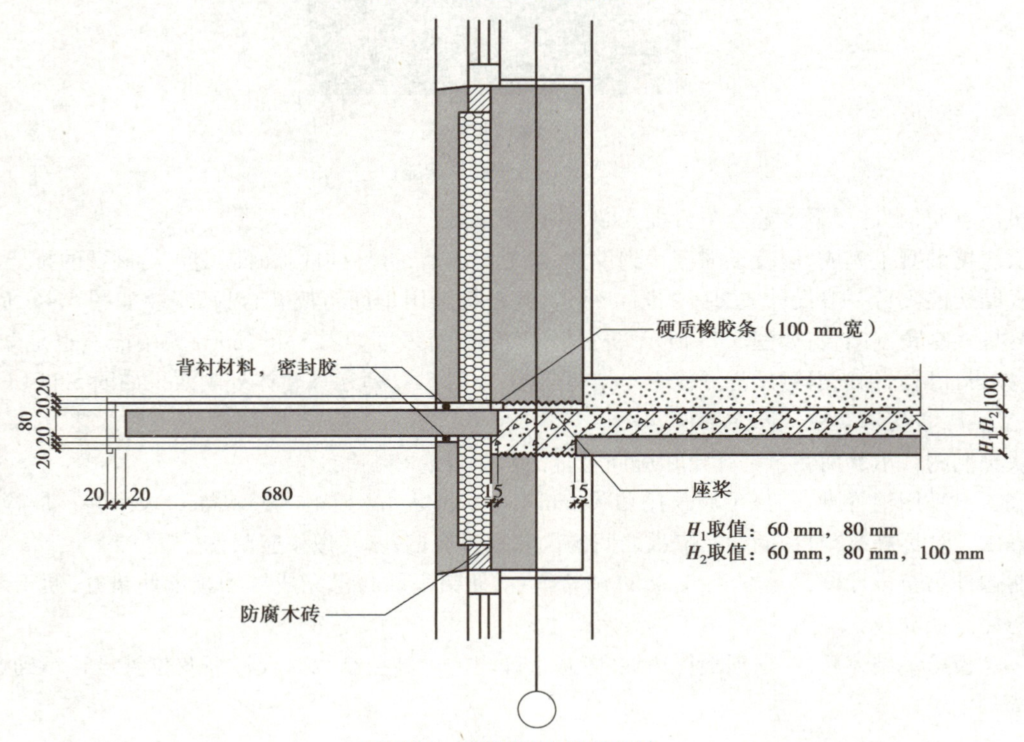

图 5.46　外墙空调板构造做法

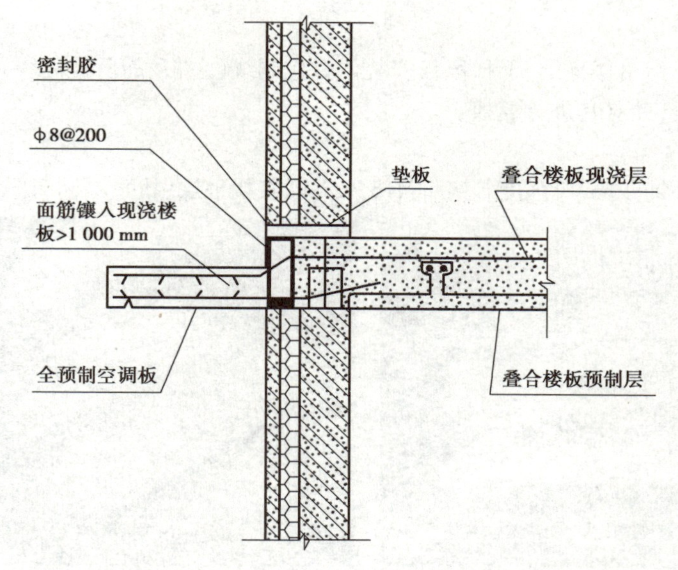

图 5.47　太阳能板连接

图 5.48　整体外观效果

3)施工阳台板重点注意事项

①悬臂式全预制阳台板、空调板、太阳能板甩出的钢筋都是负弯矩筋,首先应注意钢筋绑扎位置准确。同时,在后浇混凝土过程中要严格避免因踩踏钢筋而造成钢筋向下位移。

②施工荷载宜均匀布置,并不应超过设计规定。

③在连接点叠合构件浇筑混凝土前,应进行隐蔽工程验收,其主要内容应包括:混凝土粗糙面的质量;键槽的规格、数量、位置;钢筋的牌号、规格、数量、位置、间距等;钢筋的连接方式、接头位置、接头数量、接头面积百分率等;钢筋的锚固方式及锚固长度;预埋件、预埋管线的规格、数量和位置。

④预制构件的板底支撑必须在后浇混凝土强度达到100%后拆除。对于装配式结构,即使建筑设计有阳台、飘窗、空调板等,在深化和拆分设计时或设计成简支构件或将其和墙板做成一体由工厂解决,千万不要设计成后装悬臂式构件,因为构件不大但脚手架和支撑一点儿不能少,安全隐患突出。

5.4.4　预制楼梯的安装

预制混凝土楼梯安装施工

(1)工艺流程

预制楼梯工艺流程如图 5.49、图 5.50 所示。

(2)标出控制线

在楼梯平台的板面上标出楼梯上、下梯段板安装位置控制线(左右、前后控制线),在楼梯间两侧现浇剪力墙墙面上标出标高控制线,并对其进行复核。

(3)铺设找平层

在上下楼梯梁企口处铺 2 cm 厚强度等级≥M15 水泥砂浆找平层,找平层标高要控制准确。

(a)楼梯码放　　(b)楼梯吊装防护

图 5.49　预制楼梯进场及吊装

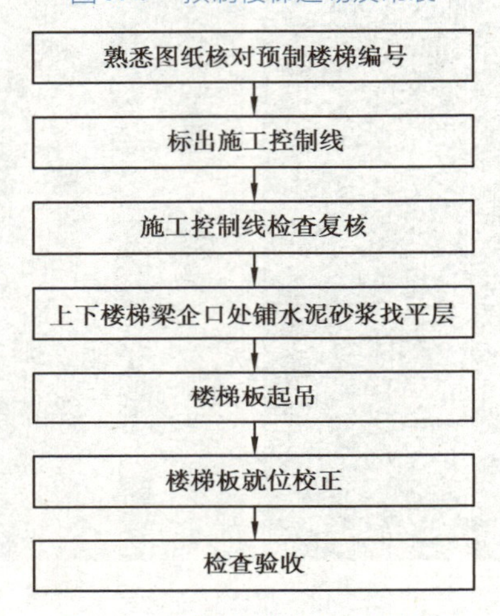

图 5.50　预制楼梯安装工艺流程

(4)预制楼梯板起吊

①为了便于预制楼梯板吊装就位,需采用水平吊装,吊具上安装手动吊葫芦。

②预制楼梯板起吊时将吊具上的吊装用螺栓与楼梯板预埋的内螺纹连接吊点连接,楼梯起吊前,要检查好吊点部位连接是否牢固。

③塔吊缓慢将预制楼梯板吊起,待板的底边升至距地面 500 mm 时略作停顿,利用手拉葫芦将楼梯板调整至踏步面呈起吊状态,并再次检查吊挂是否牢固,板面有无污染破损,若有问题必须立即处理。确认无误后,继续提升使之慢慢靠近安装作业面,如图 5.51 所示。

④吊装时不得随意增加构件吊装点。

⑤预制构件码放及吊装应考虑受力点。

(5)预制楼梯板就位

就位时预制楼梯板保证踏步平面呈水平状态从上吊入安装部位,在作业层上空约 300 mm 处略作停顿;施工人员手扶楼梯板调整方向,将楼梯板的边线与梯梁上的安放位置线对准;放下时要停稳慢放,严禁快速猛放,以避免冲击力过大造成板面震裂。

(6)预制楼梯板校正调整

预制楼梯板基本就位后再用撬棍进行微调,直到位置正确,搁置平实。安装预制楼梯板时,应特别注意标高的准确,校正无误后再脱钩。楼梯板调整时侧面距结构墙体要预留 30 mm 的空隙,为楼梯间保温砂浆抹灰层预留空间。

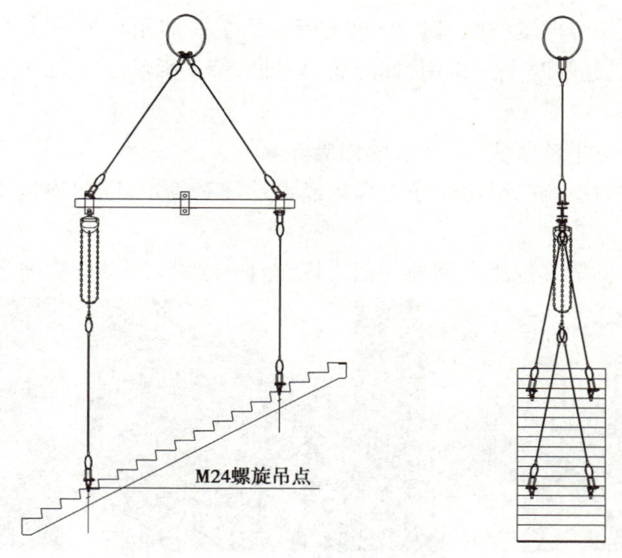

图 5.51　预制楼梯板吊装示意图

(7)预制楼梯与现浇楼梯梁的连接

预制楼梯与现浇楼梯梁之间的连接,如图 5.52 所示。在梯梁上预埋 2 根 ϕ20 钢筋,与预制楼梯上的预留洞对准后安装,然后填砂浆进行固定。

图 5.52　预制楼梯与现浇楼梯梁之间的连接

(8)预制楼梯的固定

预制楼梯固定铰端做法如图 5.53 所示,活动铰端做法如图 5.54 所示。

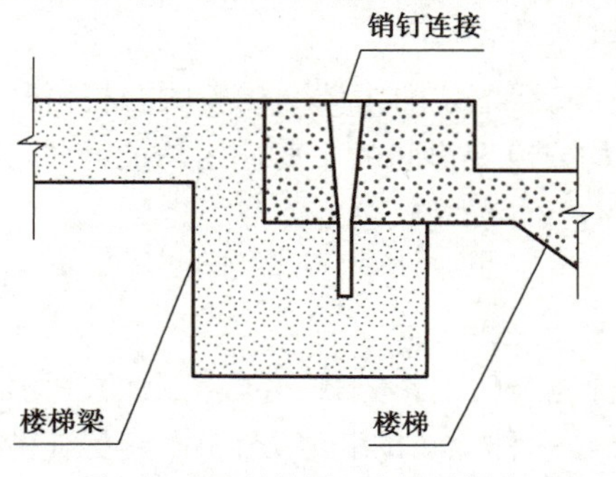

图 5.53　预制楼梯固定铰端做法

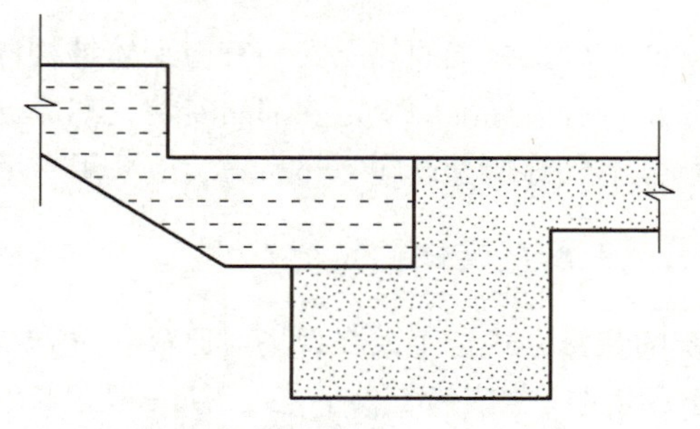

图 5.54　预制楼梯活动铰端做法

预制楼梯安装后要求用胶合板覆盖固定,以达到保护的效果。

5.4.5　水平构件的固定

水平构件的安装一般采用竖向支撑系统。竖向支撑系统主要用于预制主次梁和预制楼板等水平承载构件,在吊装就位后对垂直荷载起临时支撑作用,如图 5.55—图 5.57 所示。竖向支撑系统的设计应按以下几个原则进行:

①首层支撑架体的地基应平整坚实,宜采取硬化措施。

②临时支撑的间距及其与墙、柱、梁边的净距离应经设计计算确定,竖向连续支撑层数不宜少于 2 层且上下层支撑宜对准。

③叠合板预制底板下部支架宜选用定型独立钢支柱,竖向支撑间距经计算确定。

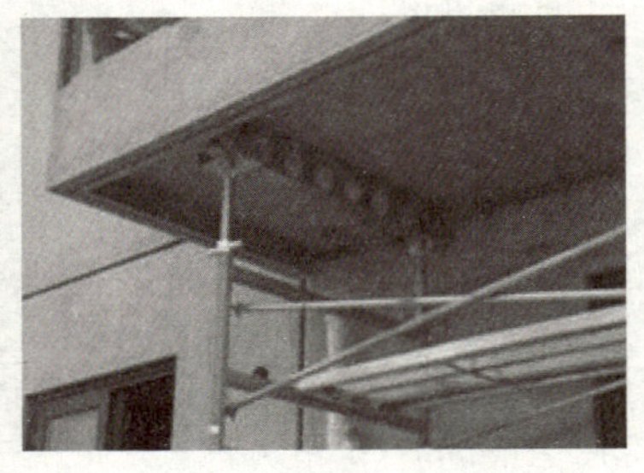

图 5.55　梁下竖向支撑

图 5.56　梁端钢牛腿支撑

图 5.57　阳台临时竖向支撑

5.5　装配式混凝土建筑部品现场安装技术

装配式混凝土建筑部品是指由工厂生产,构成外围护系统、设备与管线系统、内装系统的建筑单一产品或复合产品的功能单元的统称。装配式混凝土建筑部件是指在工厂或现场预先制作完成,构成建筑结构系统的结构构件及其他构件的统称。

装配式装修是一种将工厂化生产的部品部件通过可靠的装配方式,由产业工人按照标准程序采用干法施工的装修,主要包括干式工法楼(地)面、集成厨房、集成卫生间、管线与结构分离等分项工程,装配式装修的特点是:部品、部件在工厂生产,现场组装完成。

对于装配式建筑中提到的"全装修成品交房",全装修是指建筑在竣工前,建筑内所有功能空间固定面全部铺装或粉刷完成,住宅厨房和卫生间的基本设备全部安装完成,公共建筑水、暖、电、通风基本设备全部安装到位,并达到建筑使用功能和建筑性能的基本要求。目前,全装修是装配式装修主要的发展方向和标准。装配式建筑与装配式装修的关系如图 5.58 所示,借助该图,可方便地理解装配式建筑与装配式装修的关系。

图 5.58　装配式建筑与装配式装修的关系示意图

装配式混凝土建筑的部品安装宜与主体结构同步进行,可在安装部位的主体结构验收合格后进行,并应符合国家现行有关标准的规定。部品安装严禁擅自改动主体结构或改变房间的主要使用功能,严禁擅自拆改燃气、暖通、电气等配套设施。部品吊装应采用专用吊具,起吊和就位应平稳,避免磕碰。

5.5.1　装配式装修的特征

传统的装修方式是工人在现场对原材料进行加工,进而进行施工的工作方式,存在大量的现场加工和湿作业,施工质量完全依赖工人手艺,工期一般很长。装配式装修是一种全新的装修方式,没有湿作业,采用干式工法,部品部件在工厂预先制作完成,产业工人在现场进行组装,质量好,安装速度快,无污染。与传统装修相比,装配式装修主要有以下特征。

(1)标准化设计

标准化设计是实现产品工业化、施工装配化的前提,利用可视化、信息化的 BIM 等手段可以实现多专业协同设计,使建筑与装配式装修一体化设计,实现设计精细化和标准化。

(2)工业化生产

产品统一部品化,部品统一型号规格,统一设计标准。同时,部品、部件在工厂生产,在施工现场组装,实现了现场施工低噪声、低粉尘、低垃圾的目标。

(3)装配化施工

由产业工人现场装配,通过规范装配动作和程序进行施工,安装快,加快了工期并提高了施工的水平。

(4)信息化协同

部品标准化、模块化、模数化,测量数据与工厂智造协同,现场进度与工程配送协同。

(5)标准化培训

标准化的构件和施工安装流程要求对现场施工人员进行标准化的培训,从而降低因现场施工工人技术差造成的工程质量风险,同时保证施工进度和质量。

5.5.2　部品安装准备工作

①应编制施工组织设计和专项施工方案,包括安全、质量、环境保护方案及施工进度计划等内容。

②应对所有进场部品、零配件及辅助材料按设计规定的品种、规格、尺寸和外观要求进行检查。

③应进行技术交底。

④现场应具备安装条件,安装部位应清理干净。

⑤装配安装前应进行测量放线工作。

5.5.3　安装规定

(1)预制外墙安装规定

①墙板应设置临时固定和调整装置。

②墙板应在轴线、标高和垂直度校核合格后永久固定。

③当条板采用双层墙板安装时,内外层墙板的拼缝宜错开。

(2)现场组合骨架外墙安装规定

①竖向龙骨安装应平直,不得扭曲,间距应满足设计要求。

②空腔内的保温材料应连续、密实,并应在隐蔽验收合格后进行面板安装。

③面板安装方向及拼缝位置应满足设计要求,内外侧接缝不宜在同一根竖向龙骨上。

(3)龙骨隔墙安装规定

①龙骨骨架应与主体结构连接牢固,并应垂直、平整、位置准确。

②龙骨的间距应满足设计要求。

③门、窗洞口等位置应采用双排竖向龙骨。

④壁挂设备、装饰物等的安装位置应设置加固措施。

⑤隔墙饰面板安装前,隔墙板内管线应进行隐蔽工程验收。

⑥面板拼缝应错缝设置,当采用双层面板安装时,上下层板的接缝应错开。

(4)吊顶部品安装规定

①装配式吊顶龙骨应与主体结构固定牢靠。

②超过 3 kg 的灯具、电扇及其他设备应设置独立吊挂结构。

③饰面板安装前应完成吊顶内管道、管线施工,并经隐蔽验收合格。

(5)架空地板安装规定

①安装前应完成架空层内管线敷设,且应经隐蔽验收合格。

②地板辐射供暖系统应对地暖加热管进行水压试验并在隐蔽验收合格后铺设面层。

5.5.4　整体厨房安装

整体厨房是由结构(底板、顶板、壁板、门)、橱柜家具(橱柜及填充件、各式挂件)、厨房设备(冰箱、微波炉、烤箱、抽油烟机、燃气灶具、消毒柜、洗碗机、水盆、垃圾粉碎器等)、厨房设施(给排水、电气管线与设备等)进行系统搭配而组成的一种新型厨房形式。整体厨房系统设计应合理组织操作流线,操作台宜采用 L 形或 U 形布置,应设置洗涤池、灶具、操作台、排油烟机等设施,并预留满足设计规范要求的电器设施位置和接口等。整体厨房安装流程如图 5.59 所示。

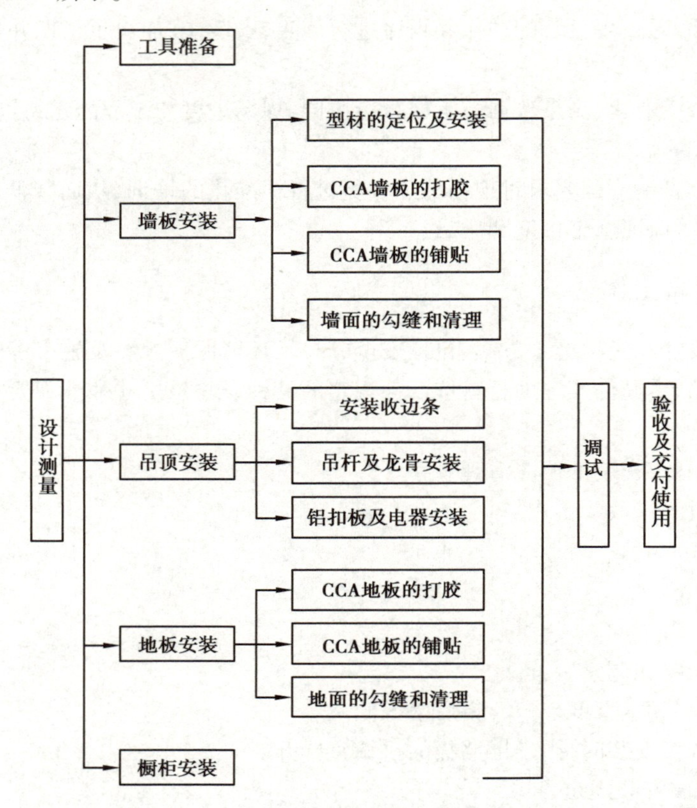

图 5.59　整体厨房安装流程

5.5.5　整体卫浴安装施工

装配式全装修住宅卫生间宜采用整体卫浴系统,所谓整体卫浴是指由工厂生产、现场组装的满足沐浴、盥洗和便溺功能要求的基本单元模块化部品,如图 5.60 所示。住宅卫生间建筑装修一体化工程应满足住宅建筑可持续发展的原则,应系统考虑产品和部品在设计、制造、安装、交付、维护、更新直至报废处理全生命周期中各种阶段技术运用的合理性。住宅卫生间建筑装修一体化工程宜采用装配式建造方式,整体协调建筑结构、机电管线和内装部品的装配关系,做到内外兼顾、相互匹配。

住宅卫生间建筑装修一体化工程设计应采用标准化设计方法,遵循模块化原理,采用模块化的产品和部品,通过标准模块的组合满足多样化的要求。住宅卫生间建筑装修一体化工程设计应遵循模数协调规则,建筑空间和部品规格设计应选用标准化、系列化的参数尺寸,实现尺寸间的相互协调。住宅卫生间建筑装修一体化工程宜采用建筑结构体与建筑内装体、设备管线相互分离的方式。当使用整体卫浴时,其性能和质量应符合《住宅整体卫浴间》(JG/T 183—2011)的有关规定。

给排水设备体系与墙板地板单独分离,后期维修不需要将卫生间地面、墙面整体开凿,仅需取下墙板地板,可以降低维修成本,节约时间,减少污染。浴室下面是一个独立的瓷盆,几乎可以解决因防水不好而渗漏的问题。系统构造上采用墙面防水、墙板留缝打胶或者密拼嵌入止水条,实现墙面整体防水。地面防水是指地面安装工业化柔性整体防水底盘,水通过专用快排地漏排出,整体密封不外流。防潮墙面柔性防潮隔膜,引流冷凝水至整体防水地面，防止潮气渗透到墙体空腔。多项配套专用部品量身定制，契合度高。

图5.60　整体厨房效果图

系统优势上，工业化柔性整体防水底盘，整体一次性集成制作防水密封可靠度100%，可变模具快速定制各种尺寸。专用地漏，满足瞬间集中排水，防水与排水疏堵协同，构造更科学，地面减重70%。整体卫浴空间及部件，结合薄法同层排水一体化设计，契合度高。整体卫浴安装流程如图5.61所示。

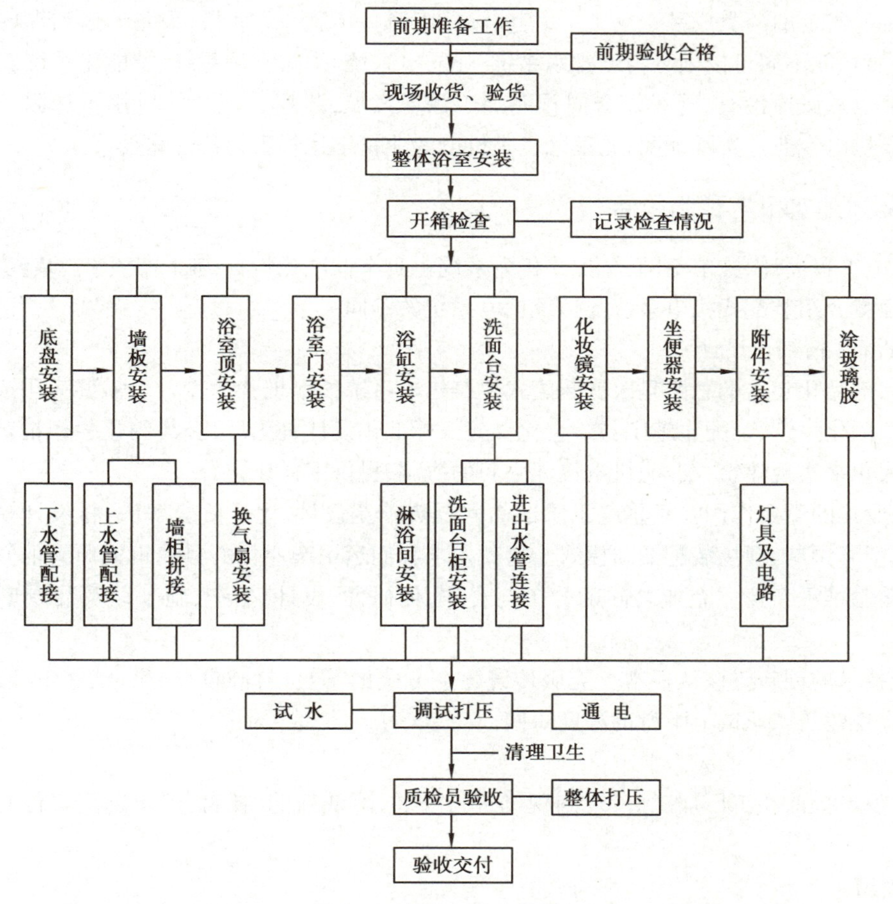

图5.61　整体卫浴安装流程

整体卫浴安装注意事项：

①卫生间地面必须找平，无积水，无垃圾。

②给水系统：安装冷热水管主管与支管（接头预留DN15外牙），并完成试压，保证无渗漏，符合国家标准及整体浴室安装要求。

③排水系统:安装排污排水立管与整体浴室垂直投影范围外的支管,无渗漏,符合国家标准及整体浴室安装要求。

④卫生间地面防水层与墙面防水层交界处搭接长度不应小于 100 mm。

⑤卫生间门口应有阻止积水外溢的措施。

⑥卫生间宜设置淋浴底盘,淋浴区应设置专用地漏。

⑦洗衣机排水采用直排方式时,排水管口应采用专用密封垫封堵。

⑧设置热水器的卫生间应明确热水器安装及固定方式,热水器位置应不影响其他部品的使用功能。

⑨快装轻质隔墙设计应充分考虑悬挂壁挂空调、电视等重物的需要,并采用安全可靠的加固措施。

5.6　机电设备现场安装技术

5.6.1　装配式建筑机电预制概述

装配式建筑机电预制是指建筑的机电系统实行数字化(精细化)设计、工厂化生产、装配化施工、信息化管理的方式,是一种新型的机电安装整体解决方案。机电预制的核心是将管道预制与安装分离,减少现场加工操作工艺,在模型阶段设置施工所需的几何尺寸、管材、壁厚、类型等参数信息,再根据实际情况进行模型调整,最后导出加工所需要的各类成品送到工厂,等实际施工时将预制好的管段、设备等运到现场按模型拼装。

机电系统按照功能不同可以划分为给排水系统、强弱电系统、采暖空调系统、智能化系统。随着 BIM 技术的发展,机电专业也从碰撞检查、管线综合向预制加工深入发展,装配式理念的应用不局限于钢结构、PC 结构,同样也适用于机电专业。实践证明,此理念也是机电专业精细化管理的最优途径。

5.6.2　装配式建筑机电预制内涵

与传统的机电工程设计、施工不同,装配式机电系统也具有标准化设计、工厂化生产、装配化施工、信息化管理等特点,下面就介绍装配式机电系统与传统机电系统的不同。

(1)标准化设计(精细化设计)

标准化设计、部品化建造的思路是改变装配式建筑机电系统技术现状的途径。需要运用成套集成体系进行标准化设计、工厂化生产、装配化施工与社会化供应。标准化设计是工厂化、集约化生产批量定型产品的先决条件,运用模块化来实现建筑、结构、机电设计之间的协调,提供多样化选择。

新型建筑工业化的重要作用在于将施工阶段的问题提前至设计、生产阶段解决,将设计模式由面向现场施工转变为面向工厂预制、现场装配的新模式。这就要求我们运用产业化的目光审视原有的知识结构和技术体系,采用产业化思维重新建立企业之间的分工与合作,使研发、设计、生产、施工以及装修形成完整的协作机制。

机电系统新技术的创新应该从根本上克服传统建造方式的不足,打破设计、生产、施工、装修等环节各自为战的局限性,实现建筑产业链上下游的高度协同。

(2)工厂化生产

机电各专业设备提前在工厂加工好,运到现场进行安装,降低耗能、耗材,保障装配式住宅安全、环保、节能的品质。

(3)装配化施工

建筑施工尽可能装配集成作业,以干式装配作业代替现场湿式作业方式,施工快,以不动火作业代替动火作业,利于建筑质量的精确控制,利于现场的整洁,并且便于后期维护管理。

(4)信息化管理

BIM 技术不仅可以实现数字化设计、生成工厂加工图,同时还可以导入工程管理平台,实现对预制构件的物料管理、进度管理以及施工过程管理。随着 BIM 技术越来越成熟,机电预制装配也实现了全信息化的管理。

5.6.3　装配式建筑机电预制安装操作控制要求

1)施工操作控制要求

(1)人员的控制要求

专业管理人员必须具备相应的资质,并持证上岗。特殊工种人员必须持有效证件上岗。一般操作人员应经培训后考核上岗。

(2)施工机械的控制要求

①施工机械在进场前必须进行全面的检修,检修合格挂上设备完好卡后方可进场。

②施工机械实行定人定机,专人操作、保养,并在设备上挂上机械管理卡。

③施工机械操作者必须持证上岗,在使用过程中必须严格按操作规程操作。

④现场配置专职机修工,对所有施工机械进行统一维修保养,从而确保施工机械的完好率。

2)一般操作控制

①本项目一般过程指操作工艺较简单的过程,如设备、管道、电气、暖通、动力施工安装的全过程。

②由施工员按正确的施工技术对操作人员进行技术交底,由操作人员按交底的要求进行操作,操作过程中的质量控制由班组长负责,并坚持“检查上道工序、保证本道工序、服务下道工序”的检查程序,使操作全过程处于受控状态。

③“三检”“三评”。

“三检”是指:

a.自检:由班组长按质量手册上的“检验及试验程序”进行班组施工质量自检,上班进行交底,下班后对每一位操作工人每天的施工全过程产品进行认真仔细的检查,并做好自检资料管理。

b.互检:工序交接须坚持互检,互检由施工员会同质量员、班组长进行,合格后方可进行下道工序的施工,并做好记录。

c.专检:公司质检部门与项目部技术负责人、质量员组织质检,相关施工员及班组长参加,进行质量检验。

“三评”是指:

a.一评:分项工程完成后由施工员进行分项质量预检并填写分项质量检验评定表,由质量员组织评定,并核定等级。

b.二评:单位工程由公司层级的工程师组织质检部门、技术部门、项目经理部、技术负责人进行预检,进行分部工程质量评定,及时填写分部工程质量评定表,报送总包。

c.三评:单位工程完工后的检验工作,邀请总包、建设单位和监理公司及当地质检站相关人员进行单位工程质量评定。

3)关键部位操作要求

①关键部位操作指对本工程起决定作用的过程,如通风空调机、电气调试、弱电和自控系统等的安装调试。

②关键部位操作要求,除向作业人员提供施工图纸、规范和标准等技术文件外,还需要专业的工艺文件或技术交底,明确施工方法、程序、检测手段及需用的设备和器具,以保证关键过程质量满足规定及投标书要求。

③专业工艺文件或技术交底由项目经理负责编制或收集,由施工人员向作业人员进行书面交底,在施工过程中需指导监督文件执行。

④施工过程中由项目经理指定设备员负责施工机械设备的管理,并组织维护与保养,以确保施工需要。

⑤关键部位操作应具备的条件、试验、监控和验证与一般过程控制相同。

4)特殊操作要求

①引用公司的《特殊操作要求控制工作程序》。

②特殊操作要求控制的环节:

a.给水、消防等管道的压力试验,污水、废水、雨水等管道的灌水试验,水冲洗,电气线路的绝缘测试,避雷接地、综合接地的电阻测试等应会同建设单位、监理公司共同检查验收。

b.特殊操作要求:操作结果不能通过产品检验和试验完全验证。

c.对特殊操作要求进行连续监控,对必要的参数加以记录标识和保存。

d.采用 PC 新工艺、新技术、新材料和新设备施工时,按特殊操作要求进行连续监控。

5)安装流程

机电系统的安装流程:支吊架放样→支吊架安装→风管、主管、桥架安装→喷淋支管安装。先根据建筑信息模型或者施工图纸进行支吊架的放样,确定支吊架的安装位置,然后对支吊架进行整体安装,支吊架安装完成后分别对风管、主管以及桥架进行安装,安装完成后进行喷淋支管的安装。安装过程中各个区域内需要考虑局部的先后工序,优先考虑标高较高的管道,并严格按照模型及图纸进行施工安装。图 5.62 所示即为机电预制构件现场安装图。

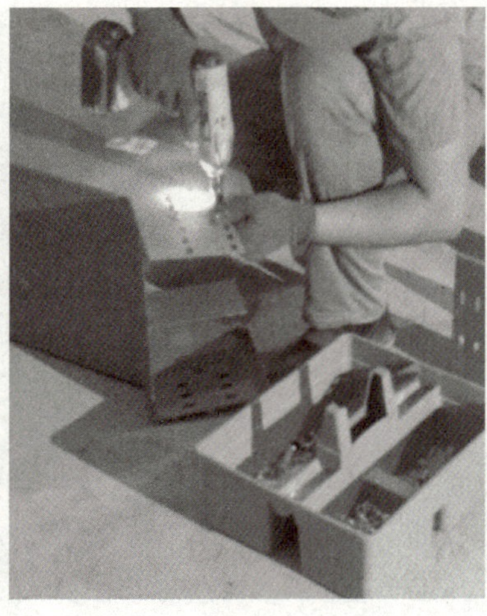

图 5.62　机电预制构件现场安装图

5.6.4　施工过程介绍

1)放样工作

放样是指施工人员根据支吊架布置图纸,利用放样机器人,将支吊架的点位放至顶板上,放样过程中,应边放样边利用红外线进行校核,以保证放样点的准确性。放样分两个阶段:第一阶段为风管、单根主管及综合区域的放样,主要借助放样机器人;第二阶段为支管的放样,需利用放样机器人和红外线,在主管安装完成后,对支管进行定位放样。

风管及喷淋主管支吊架以红外线辅助找平,批量下料。误差在 20 mm 以内的,安装完毕后切断多余部分。喷淋支管批量下料局部处理。

钻孔过程中遇到钢筋喷淋支架只能前后纵向移动,必须左右移动的不能超过 10 mm。消防、喷淋主管道及风管必须成批钻孔。喷淋支管道局部成批钻孔。

2)支吊架制作安装

支架立柱局部成批下料,根据实际情况预留最多 20 mm 调节余量,按实际尺寸下料。现场施工人员利用红外线,参考支吊架的平面、剖面图,结合模型制作支吊架,并进行安装。

3)桥架安装

①箱、柜等连接时,进线口和出线口等处应采用抱脚和翻边连接,并用固定螺丝紧固,末端应加装封堵。

②桥架、线槽经过建筑物变形缝(伸缩缝、沉降缝)时应断开,用内连接板搭接,不需要固定,保护地线和槽内导线均应补偿余量。

③线槽、桥架的接口应平整,连接可采用内连接或外连接,接缝处应紧密平直,连接板两端有不少于 2 个防松螺帽或防松垫圈的连接固定螺栓,螺母置于线槽的外侧,跨接地线为接地线截面积不小于 4 mm 的铜芯软导线,并且需要加平垫和弹簧垫圈,用螺母压接牢固。线槽盖装上后应平整、无翘角,出线的位置应准确。

④线槽、桥架进行交叉、转弯、丁字连接时,应采用单通、二通、三通、四通或平面二通、平面三通连接,导线

接头处应设置接线盒或将导线接头放在电气器具内。

⑤在吊顶内敷设时，如果吊顶无法上人时应留有检修孔。

⑥待线槽全部敷设完毕后，应在配线之前进行调整检查。确认合格后，再进行槽内配线。

⑦装在竖井的桥架，预留孔洞四周应做高出地面 50 mm 的止水台。

⑧安装在竖井内的垂直桥架，预留孔下方、桥架四周应安装防火托板，洞口处填满防火堵料，线槽内部也应做支架填充防火堵料。

⑨线槽、桥架水平长度超过 30 m 应设伸缩节，线槽接头不宜设在墙体内。

4）给排水管道安装

①管道安装宜从大口径逐渐到小口径。不允许使用切割时会产生高温的切割机具切断管道，避免温度过高破坏复合胶黏剂的黏结强度。

②加工螺纹应使用套丝机。使用水溶性无毒冷却液，用标准螺纹规检验。

③螺纹加工完后，应清除管端和螺纹内的冷却液和金属切屑，做好防腐处理。

④衬塑管端部应进行倒角处理，头部衬塑厚度 1/2 倒角，坡度宜为 10°~15°。

⑤管道与管件连接处，须用生料带缠绕接口处，这样可保证整个钢塑复合管道均处于保护之中。

⑥应使用配套的各种标准管件连接。

⑦螺纹连接时，应用色笔在管壁上标记拧入深度，确保螺纹拧入后能压紧密封垫圈。

⑧管子与管件连接后，外露的螺纹部分及所有钳痕和表面损伤的部位应作防锈处理。

⑨与橡胶密封圈接触的管外端应平整光滑，不得有划伤橡胶圈或影响密封的毛刺等缺陷存在。

5）喷淋主管、支管

（1）管网安装

管网安装前应调直管子，并应清除管子内的杂物；安装时应随时清除已安装管道内的杂物。干管安装前要检查管腔并通过拉扫（钢丝缠布）清理干净。在丝头处涂好铅油缠好麻，一人在末端扶平管道，用管钳咬住前节管件，用另一把管钳转动管至松紧适度，对准调直时的标记，要求丝扣外露 2~3 扣，并清掉麻头，以此方法装完为止（管道穿过伸缩缝或过沟处，必须先穿好钢套管）。

管网安装时，当管道公称直径≤70 mm 时，采用螺纹连接；当管道公称直径>70 mm 时，采用沟槽连接。连接后均不得减小管道的通水横断面面积。

多种管道交叉时的避让原则：冷水让热水，小管让大管等。

自动喷水灭火系统干管根据设计要求及变更洽商使用管材，按压力要求选用碳素钢管或无缝钢管。干管安装按管道定位、画线（或挂线）、支架安装、管子上架、接口连接、水压试验、防腐保温等施工顺序进行。按施工草图进行管段的加工预制，包括断管、套丝、上零件、调直、核对尺寸，按环路分组编号，码放整齐。管道的安装位置应符合设计要求，当设计无要求时，管道的中心线与梁、柱、楼板等的最小距离参考表 5.2。

表 5.2　管道中心线与梁、柱、楼板的最小距离

单位：mm

公称直径	26	32	40	60	70	80	100	126	150	200
距　离	40	40	50	60	70	80	100	126	150	200

管道穿过建筑物的变形缝时，如果是墙加柔性套管，在建筑物内加波纹软管并采用防冻措施。穿过墙体或楼板时应加设套管，套管长度不得小于墙体厚度，或应高出楼面或地面 50 mm 且管道穿墙处不得有接口；管道的焊接环缝不得位于套管内。套管与管道的间隙应用不燃烧材料填塞密实。

管道横向安装宜设 0.002~0.005 的坡度且应坡向排水管；当局部区域难以利用排水管将水排净时，应采取相应的排水措施。当喷头数量≤5 只时，可在管道低凹处加设堵头；当喷头数量>5 只时，宜装设带阀门的排水管。

配水干管、配水管应做红色或红色环圈标志并加上水流方向标志。

管网在安装中断时，应将管道的敞口封闭。

安装完的干管，不得有塌腰、拱起的波浪现象及左右扭曲的蛇弯现象。管道安装横平竖直，水平管道纵横方向弯曲的允许偏差为 5 mm。

管道安装后，检查坐标、标高、预留口位置和管道变径等是否正确，然后找直，用水平尺校对复核坡度，调整合格后，再调整吊卡螺栓 U 形卡，使其松紧适度、平整一致，最后焊牢固定卡处的止动板。

管道安装后摆正或安装管道穿结构处的套管，填堵管洞口，预留口处应加临时管堵。

(2)立管安装

自动喷水灭火系统的立管一般敷设在管道井内，安装时从下向上安装，安装过程中要及时固定好已安装的立管管段，并按测绘草图上的位置、标高甩出各层消火栓水平支管接头。

为保证立管垂直度，仔细核对各层预留孔洞位置是否垂直，吊线、剔眼、栽卡子。将预制好的管道按编号顺序运到安装地点。

室内消火栓系统和自动喷水灭火系统的管道穿楼板及穿墙均需加钢套管，穿楼板部分套管，管的下端与楼板平齐，上端高出楼板地面 2 cm(厨房、卫生间 5 cm)，穿墙套管两端与墙平齐。套管与管道间隙用石棉水泥打口。安装前先卸下阀门盖，有钢套管的先穿到管上，注意按编号从第一节开始安装。涂铅油缠麻将立管对准接口转动入扣，一把管钳咬住管件，一把管钳拧管，拧到松紧适度，对准调直时的标记要求，丝扣外露 2~3 扣，并清净麻头。

检查立管的每个预留口标高、方向、半圆弯等是否准确。将事先栽好的卡子松开，把管放入卡内拧紧螺栓，用吊杆、线坠从第一节管开始找好垂直度，扶正钢套管，最后填堵孔洞，预留口必须安装临时丝堵。

(3)喷头安装

喷头安装应在系统试压、冲洗合格后进行。

喷头安装宜采用专用的弯头、三通。

喷头安装时，不得对喷头进行拆装、改动，并严禁给喷头附加任何装饰性涂层。

喷头安装应使用专用扳手，严禁利用喷头的框架施拧；喷头的框架、溅水盘产生变形或释放原件损伤时，应采用规格、型号相同的喷头更换。

喷头安装时，溅水盘与吊顶、门、窗、洞口或墙面的距离应符合设计要求。

当喷头溅水盘高于附近梁底或高于宽度小于 1.2 m 的通风管道腹面时，喷头溅水盘高于梁底，通风管道腹面的最大垂直距离应符合表 5.3 的规定。

表 5.3　通风管道腹面最大垂直距离的相关规定

单位：mm

喷头与梁、通风管道的水平距离	通风管道腹面的最大垂直距离
300~600	26
600~760	76
750~900	76
900~1 050	100
1 050~1 200	150
1 200~1 350	180
1 350~1 500	230
1 500~1 680	280
1 680~1 830	380

当通风管道宽度大于 1.2 m 时，喷头应安装在通风管道腹面以下部位。

6)消防管道

①消防管道安装需要按设计图纸及《建筑给水排水及采暖工程施工质量验收规范》(GB 50242—2002)进行施工。

②消防系统管道采用热镀锌钢管,管道的试验压力为1.0 MPa,其所用管件与闸阀的公称压力不低于1.0 MPa,丝扣连接。

③消火栓口中心距装饰地面1.10 m,箱内阀门中心距箱侧面140 mm,距箱后面100 mm。埋地引出管的标高为-1.60 m。

④管道连接严禁焊接,丝扣连接时管道套丝必须3次完成,另要确保螺纹无乱丝、破坏、缺丝等现象,连接时采用白厚漆与麻丝为填料锁紧,锁紧后外露螺丝以2~3扣为准,且应将外露的麻丝剔除干净。丝扣连接破坏的镀锌层表面及外露螺纹部分应做防腐处理。支架、法兰、阀门连接时螺栓拧紧后突出螺母的长度不得大于螺杆直径的1/2,且螺栓安装应统一方向,支架开口(孔)必须使用钻床钻孔,严禁使用电焊烧割支架或开口槽。

⑤材料选用符合国家标准,且不得使用有砂眼、裂纹、编扣、丝扣不全或角度不准的管件,管材的管口铁膜、毛刺应清除干净,选用管钳为24″和36″两种进行锁紧(24″和36″代表管钳的规格,具体参数可查阅管钳的规格表)。

⑥各类阀门必须试压合格后才能安装在管路上。管道及附件安装完毕后要进行系统试压,并经施工员和监理验收后再对其进行清洗。

⑦管道穿过墙和楼板时应设金属套管,安装在楼板内的套管其顶部高出装饰地面20 mm,其底部与楼板底面相平,安装在墙内的套管两端与装饰面相平,立管套管与管道之间的缝隙应用阻燃密实材料和防水油膏填实,端平光滑,横贯套管与管道之间的缝隙应用防水油膏填实且端口平滑。

7)风管系统安装

(1)风管安装

①风管安装前,应清除管内外杂物,并做好清洁和保护工作。

②风管安装的位置、标高、走向应符合设计要求,现场风管接口的配置,不得缩小其有效截面。

③风管在地面进行组装,组装时保持作业面平整,然后使用倒链进行吊装,在上升过程中要保持两侧受力均匀,且受力点不能位于风管接缝处。风管角钢法兰连接螺栓应均匀拧紧,其螺母宜在同一侧。

④风管的连接处,应平直、不扭曲。风管水平安装的允许偏差为3/1 000,且不大于20 mm。暗装风管的位置应正确、无明显偏差。

⑤风管与设备连接采用防火软接连接,减少设备震动带来的冲击力。应松紧适度,无明显扭曲。

⑥风管接口的连接应严密、牢固。风管法兰垫片的材质采用厚度为4 mm的耐热橡胶板,垫片不应凸入管内,不应突出法兰外,连接或咬口不严密的采用密封胶密封。

⑦薄钢板法兰风管的连接应符合下列规定:

a.风管连接时将角件插入四角处,角件与法兰四角接口的固定应稳固、紧贴,端面应平整,相连处不应有大于2 mm的连续穿透缝。法兰四角连接处螺栓保证连接牢固。

b.法兰端面粘贴密封胶条且紧固法兰四角螺丝后,方可安装插条。安装插条不应松动。

c.薄钢板法兰、立咬口与包边立咬口的紧固螺栓(铆钉)间距不应大于150 mm,分布应均匀,最外端的连接件距风管边缘应不大于100 mm。

(2)风阀安装

①安装多叶调节阀、防火防烟调节阀等各类风阀前,应检查其结构是否牢固,调节、制动、定位等装置应准确灵活。

②安装时注意风阀的气流方向,应按风阀外壳标注的方向安装,不得装反。

③风阀的开闭方向、开启程度应在阀体上有明显和准确的标志。

④防火阀有水平、垂直、左式和右式之分,安装时应根据设计要求,防止装错。防火阀易熔件应在系统试运转之前安装,且应迎气流方向。防火分区隔墙两侧的防火阀,距墙表面不应大于200 mm。防火阀、排烟防火阀安装时必须单独配置风管支吊架。

⑤止回阀宜安装在风机压出端,开启方向必须与气流方向一致。

⑥变风量末端装置安装,应设独立支吊架,与风管连接前应做动作试验。

(3)风口安装

①各类风口安装应横平竖直,表面平整,固定牢固。在无特殊要求情况下,露于室内部分应与室内线条平行。各种散流器面应与顶棚平行。

②有调节和转动装置的风口,安装后应保持原来的灵活程度。

③室内安装的同类型风口应对称分布;同一方向的风口,其调节装置应在同一侧。

5.7 装配式混凝土建筑评价标准

5.7.1 验收程序与划分

PC 结构质量验收按单位(子单位)工程、分部(子分部)工程、分项工程和验收批的划分进行。根据《建筑工程施工质量验收统一标准》(GB 50300—2013),土建工程分为 4 个分部:地基与基础、主体结构(预制与现浇)、建筑装饰装修、建筑屋面。机电安装分为 5 个分部:建筑给排水及采暖、建筑电气、智能建筑、通风与空调、电梯。建筑节能为 1 个分部。

PC 结构按 PC 构件质量验收部分、PC 构件吊装质量验收部分、部分现浇混凝土质量验收部分、PC 结构竣工验收与备案部分等 4 个部分划分。

5.7.2 验收方法与标准

1)PC 构件验收方法

PC 构件验收分为 PC 构件制作生产单位验收与施工单位(含监理单位)现场验收。

(1)PC 构件制作生产单位验收

PC 构件制作生产单位验收包含 5 个方面:模具、外墙饰面砖、制作材料(水泥、钢筋、砂、石、外加剂等)、PC 构件外观质量及 PC 构件几何尺寸。PC 构件的外观质量和几何尺寸应在成品后逐块验收。

(2)PC 构件施工单位(含监理单位)现场验收

PC 构件施工单位(含监理单位)现场验收应验收 PC 构件的观感质量、几何尺寸和 PC 构件的产品合格证等有关资料,并对 PC 构件图纸编号与实际构件的一致性进行检查,对 PC 构件在明显部位标明的生产日期、构件型号、构件生产单位及其验收标志进行检查。按设计图纸的标准对 PC 构件预埋件、插筋、预留洞的规格、位置和数量进行检查。

2)PC 构件验收标准

PC 构件验收标准如表 5.4—表 5.10 所示。

表 5.4 PC 钢模检测表

序号	检测项目	允许偏差/mm	实测值/mm	检验方法
1	边长	+1,-2		钢尺四边测量,每块检查
2	板厚	+1,-2		钢尺测量,取两边平均值
3	扭曲、翘曲、弯曲、表面凹凸	-2,+1		四角用两根细线交叉固定,钢尺测中心点高度
4	对角线误差	-1,+2		细线测两根对角线尺寸,取差值,每块检查
5	预埋件	±2		钢尺测量
6	直角度	±1.5		用直角尺或斜边测量

表5.5 PC钢模检测表

板编号：

序号	检测项目	允许偏差/mm	实测值/mm	检验方法
1	面砖质量(大小、厚度等)	抽查		入模粘贴前，按到厂箱数10%抽取样板，每箱任意抽出两张295 mm×295 mm瓷片作尺寸、缝隙检查
2	面砖颜色	抽查		入模粘贴前，检查瓷片颜色是否与送货单及预制厂样板一致，目测
3	面砖对缝(缝横平竖直、宽窄不一、嵌 条密实、错缝超标等)	全数检查		目测与钢尺测量相结合
4	窗楣上的鹰嘴	0，-1°		用三角尺量，全数检查

表5.6 PC铝窗入模检测表

板编号：

序号	检测项目	允许偏差/mm	实测值/mm	检验方法
1	窗框定位(咬窗框宽度等)	±2		钢尺四边测量，抽查不少于30%
2	窗框方向	全部正确		对内外、上下、左右目测
3	45°拼角(无裂缝)	抽查		目测，每批检查不少于30%
4	管线预埋(防雷)	全数检查无遗漏		目测
5	防盗预埋(智能化)	全数检查无遗漏		目测
6	锚固脚片	全数检查无遗漏		目测
7	保温槽口	全数检查		目测
8	90°转角窗	确保为直角，全数检查		直角尺检测
9	对角线误差	±2		钢尺测量抽查不少于30%
10	窗框防腐	全数检查		目测
11	窗的水平度	±2		全数检查

表5.7 PC预埋件与预留孔洞检测表

板编号：

序号	检测项目		允许偏差/mm	实测值/mm	检验方法
1	预埋钢板	中心线位置	3		用钢尺全数检查
		安装平整度	3		用靠尺和塞尺全数检查
2	插筋	中心线位置	5		钢尺抽查检查
		外露长度	+10，0		钢尺抽查检查
3	预埋吊环	中心线位置	+50		钢尺全数检查
		外露长度	+10，0		钢尺全数检查
4	预留洞(中心线位置、大小、倾斜度与方向)	中心线位置等	5		钢尺、目测全数检查

续表

序号	检测项目		允许偏差/mm	实测值/mm	检验方法
5	预埋接驳器	中心线位置	5		钢尺全数检查
6	其他预埋件	中心线位置	5		钢尺全数检查

表 5.8　PC 钢筋入模检测表

板编号：

序号	检测项目		允许偏差/mm	实测值/mm	检验方法
1	绑扎钢筋网	长、宽	±10		钢尺检查
		网眼尺寸	±20		钢尺量连续三档，取最大值
2	绑扎钢筋骨架	长	±10		钢尺检查
		宽、高	±5		钢尺检查
3	受力钢筋	间距	±10		钢尺量两端、中间各 1 点，取最大值
		排距	±5		取最大值
		板保护层厚度	±3		钢尺全数检查
4	绑扎箍筋、横向钢筋间距		±20		钢尺量连接三档，取最大值

注：钢筋保护层厚度不超过 25 mm，每批钢筋都要取样进行力学性能检测试验。

表 5.9　PC 构件出厂装车前产品检测表

板编号：

序号	检测项目	允许偏差/mm	实测值/mm	检验方法
1	出模混凝土强度	≥70%		抽查混凝土试验报告
2	预制板板长	±2		钢尺抽查
3	预制板板宽	±2		钢尺抽查
4	预制板板高	±2		钢尺抽查
5	预制板侧向弯曲及外面翘曲	±3		四角用两根细线交叉固定，钢尺测细线到对角线中心，抽查不少于 30%
6	预制板对角线差	±3		细线测两根对角线尺寸，取差值
7	预制板内表面平整度（对非拉毛的板）	3		用 2 m 靠尺和塞尺检查
8	修补质量	按修补方案执行，气泡直径 0.3 mm 以上要修补得不能有裂缝		按修补方案执行，修补位置要做好记录
9	产品保护	全数保护		目测
10	安装用的控制墨线	±2		全数钢尺检查
11	预埋钢板中心线位置	3		钢尺检查

续表

序号	检测项目	允许偏差/mm	实测值/mm	检验方法
12	预埋管、孔中心线位置	±3		钢尺检查
13	预埋吊环中心线位置	±50		钢尺检查
14	止水条(位置、端头、黏结力等)	—		目测、手扯拉
15	铝窗检查	检查是否有破坏、移位、变形		全数检查
16	出厂前预制板编号	—		全数检查
17	临时加固措施	—		按方案检查
18	出厂前检查新老混凝土结合处	拉毛洗石面		全数检查

注:对出厂的每块板随机抽查不少于5项。

表5.10　PC墙板面砖现场修补检测表

本表流水编号:

序号	检测项目	允许偏差/mm	实测值/mm	备注
1	面砖修补部位(PC板编号、第几块)	(记录在备注栏)		
2	面砖修补数量	(记录在备注栏)		
3	混凝土割入深度	全数检查		目测
4	黏结剂饱和度	全数检查		目测
5	黏结牢固度	全数检查		目测
6	面砖对缝	全数检查		目测
7	面砖平整度	全数检查		目测

3)PC构件吊装验收内容和标准

(1)吊装验收内容

PC构件堆放和吊装时,支撑位置和方法符合设计和施工图纸。吊装前,在构件和相应的连接、固定结构上标注尺寸标高等控制尺寸,检查预埋件及连接钢筋的位置等。

起吊时,绳索与构件通过铁扁担吊装。安装就位后,检查构件的临时固定措施,复核控制线,校正固定位置。

(2)吊装验收标准

吊装验收标准如表5.11、表5.12所示。

表5.11　PC墙板吊装浇混凝土前期每层检测表

________号楼第________层

序号	检测项目	允许偏差/mm	实测值/mm	检验方法
1	板的完好性(放置方式正确,有无缺损、裂缝等)	按标准		目测
2	楼层控制墨线位置	±2		钢尺检查
3	面砖对缝	±1		目测
4	每块外墙板尤其是四大角板的垂直度	±2		吊线、2 m靠尺检查,抽查20%(四大角全数检查)

续表

序号	检测项目	允许偏差/mm	实测值/mm	检验方法
5	紧固度(螺栓帽、三角靠铁、斜撑杆、焊接点等)	—		抽查 20%
6	阳台、凸窗(支撑牢固、拉结、立体位置准确)	±2		目测、钢尺全数检查
7	楼梯(支撑牢固、上下对齐、标高)	±2		目测、钢尺全数检查
8	止水条、金属止浆条(位置正确、牢固、无破坏)	±2		目测
9	产品保护(窗、瓷砖)	措施到位		目测
10	板与板的缝宽	±2		楼层内抽查至少 6 条竖缝(楼层结构面+1.5 m 处)

表 5.12 PC 墙板吊装浇混凝土后每层检测表

________号楼第________层

序号	检测项目	允许偏差/mm	实测值/mm	检验方法
1	阳台、凸窗位置准确性	±2		钢尺检查
2	产品保护(窗、瓷砖)	措施到位		目测
3	四大角板的垂直度	±5		J2 经纬仪(具体数据填于 A4 纸的平面图上)
4	楼梯(位置、产品保护)	—		目测
5	板与板的缝宽	±2		楼层内抽查至少 2 条竖缝(楼层结构面+1.5 m 处)
6	混凝土的收头、养护	措施到位		目测

注:本表作浇筑混凝土后 36 h 内检查用。

5.8 成品保护

5.8.1 预制构件成品保护

预制构件成品应符合以下规定:

①预制构件成品外露保温板应采取防开裂措施,外露钢筋应采取防弯折措施,外露预埋件和连接件等外露金属件应按不同环境类别进行防护或防腐、防锈。

②采取保证吊装前预埋螺栓孔清洁的措施。

③钢筋连接套筒、预埋孔洞应采取防止堵塞的临时封堵措施。

④露骨料粗糙面冲洗完成后应对灌浆套筒的灌浆孔和出浆孔进行透光检查,并清理灌浆套筒内的杂物。

⑤冬季生产和存放的预制构件的非贯穿孔洞应采取措施防止雨雪水进入发生冻胀损坏。

5.8.2　PC 构件运输过程中的产品保护

1) 安全和成品防护

预制构件在运输过程中应做好安全和成品防护,并应符合下列规定:

①应根据预制构件种类采取可靠的固定措施。

②对于超高、超宽、形状特殊的大型预制构件的运输和存放应制订专门的质量安全保证措施。

③运输时要采取如下保护措施:

a.设置柔性垫片避免预制构件边角部位或链索接触处的混凝土损伤。

b.用塑料薄膜包裹垫块避免预制构件外观污染。

c.墙板门窗框、装饰表面和棱角采用塑料贴膜或其他措施防护。

d.竖向薄壁构件设置临时防护支架。

e.装箱运输时,箱内四周采用木材和柔性垫片填实、支撑牢固。

④应根据构件特点采用不同的运输方式,托架、靠放架、插放架应进行专门设计,进行强度、稳定性和刚度的验算。

a.外墙板宜采用直立式运输,外饰面层应朝外,梁、板、楼梯、阳台宜采用水平运输。

b.采用靠放架立式运输,外饰面与地面倾角宜大于 80°,构件应对称靠放,每层不大于 2 层,构件层间上部采用木垫块隔开。

c.采用插放架直立运输时,应采取防止构件倾倒措施,构件之间应设置隔离垫块。

d.水平运输时,预制梁、柱构件叠放不宜超过 3 层,板类构件叠放不宜超过 6 层。

2) 外墙板保护措施

外墙板采用靠放,用槽钢制作满足刚度要求的支架,并对称堆放,外饰面朝外,倾斜角度保持在 5°~10°,墙板搁支点应设在墙板底部两端处,堆放场地需平整、结实。搁支点采用柔性材料。堆放好后采取固定措施。

墙板装车时采用竖直运送的方式,运输车上配备专用运输架,并固定牢固,同一运输架上的两块板采用背靠背的形式竖直立放,上部用法兰螺栓互相连接,两边用斜拉钢丝绳固定。

外墙板运输采用低跑平板车,车启动应缓慢,车速均匀,转弯变道时要减速,以防止墙板倾覆。

3) 叠合板保护措施

叠合板采用平放运输,每块叠合板用 4 块木块作为搁支点,木块尺寸要统一,长度超过 4 m 的叠合板应设置 6 块木块作为搁支点(板中应比一般板块多设置 2 个搁支点,防止预制叠合板中间部位产生较大的挠度),叠合板的叠放应尽量保持水平,叠放数量不应多于 6 块,并且用保险带扣牢。运输时车速不应过快,转弯或变道时需减速。

4) 阳台板、预制楼梯保护措施

阳台板、预制楼梯采用平放运输,用槽钢作搁支点并用保险带扣牢。阳台和楼梯必须单块运输,不得叠放。

5.8.3　现场产品堆放保护措施

外墙板运至施工现场后,按编号依次吊放至堆放架上,堆放架必须放在塔吊有效范围的施工空地上。外墙板放置时将面砖面朝外,以免面砖与堆放架相碰而脱落、损坏。

叠合板、阳台板、楼梯堆放时下面要垫 4 包黄沙,作高低差调平之用,防止构件倾斜而滑动。叠合板叠放时用 4 块尺寸大小统一的木块衬垫,木块高度必须大于叠合板外露桁架筋的高度,以免上下两块叠合板相碰。阳台板、楼梯必须单块堆放。

所有的预制构件堆场与其他设备、材料堆场需有一定的距离,堆放场地须平整、结实。

在预制构件卸运时吊具的螺丝一定要拧紧,钢丝绳与预制构件接触面要用木板垫牢,防止板面破损。

5.8.4　PC 产品吊装前后保护措施

预制外墙板成品出厂前,由构件厂在饰面面砖上铺贴一层透明保护薄膜,防止现场施工粉尘及楼层浇捣混凝土时外泄的浆液对外墙面砖的污染，并在装饰阶段用幕墙吊篮的方法由上向下进行剥除。预制阳台翻口上的预埋螺栓孔和预制楼梯侧面的接驳器要涂黄油并用海绵棒填塞，防止混凝土浇捣时将其堵塞以及暴露在空气中可能产生的锈蚀。

铝合金窗框在外墙板制作时预先贴好高级塑料保护胶带，并在外墙板吊装前由现场施工人员用木板保护以防其他工序施工时损坏。

叠合板、阳台板吊装前在支撑排架上放置两根槽钢，叠合板和阳台板搁置在槽钢上，不仅可以避免钢管对叠合板和阳台板底面的破坏，还可以方便地控制叠合板和阳台板的标高和平整度。

吊装就位后，阳台板翻口、楼梯踏步需用木板覆盖保护。

5.8.5 装饰阶段产品保护措施

①PC 项目装饰阶段，楼地面、内装修等施工时，无论是在施工搭接中还是操作过程中，均应注意做好产品保护工作，使工程达到优质低耗。交叉作业时，应做好工序交接，不得对已完成工序的成品、半成品造成破坏。

②在装配式混凝土建筑施工全过程中，应采取防止构件、部品及预制构件上的建筑附件、预埋铁件、预埋吊件等损伤或污染的保护措施。

③高级地砖及地板上应铺木屑、草包。对卫生设施施工完毕后，应用三夹板铺设进行保护。卫生设施等用房施工完毕后应进行封锁，并应实行登记、领牌、专人监护制度。

木门窗框用塑料薄膜将不靠墙处包实，以免沾污影响做油漆，在门框离地 1.5 m 处用夹板进行保护，并派专人负责开启门锁，施工人员不得随便进入。

④外墙面砖铺贴完，即在 2.5 m 以下，采用彩条布进行全封闭保护。预制构件上的饰面砖、石材、涂刷、门窗等处宜采用贴膜保护或其他专业材料保护。安装完成后，门窗框应采用槽型木框保护勾缝时，暂时拆除，勾缝完后再次密封，至工程竣工验收。

⑤连接止水条、高低口、墙体转角等薄弱部位，应采用定型保护垫块或专用套件做加强保护。

⑥预制楼梯饰面层应采用铺设木板或其他覆盖形式的成品保护措施，楼梯安装结束后，踏步口宜铺设木条或其他覆盖形式保护。

⑦遇有大风、大雨、大雪等恶劣天气时，应采取有效措施对存放预制构件成品进行保护。

⑧装配式混凝土建筑的预制构件和部品在安装施工过程、施工完成后不应受到施工机具的碰撞。

⑨施工梯架、工程用的物料等不得支撑、顶压或斜靠在部品上。

⑩当进行混凝土地面等施工时，应防止物料污染、损坏预制构件和部品表面。

除设有符合规定的装置外，不得在施工现场熔融沥青或者焚烧油毡、油漆以及其他会产生有毒有害烟尘和恶臭气体的物质。进入现场的设备、材料必须避免放在低洼处，要将设备垫高，设备露天存放应加盖毡布，以防雨淋日晒。

复习思考题

5.1 简述装配式混凝土构件安装准备。

5.2 简述装配式混凝土构件施工流程。

5.3 简述水平构件固定方法。

5.4 机电预制的施工流程是什么？

5.5 简述部品现场安装准备工作与技术要点。

5.6 装配式构件成品保护要点是什么？

第6章　装配式混凝土建筑现场施工

内容提要：本章主要介绍装配式混凝土建筑现场施工要点，包括基础施工、套筒灌浆施工、现浇节点钢筋绑扎和后浇混凝土施工等内容。

课程重点：

1.掌握基础施工的准备工作和技术要求。

2.熟悉套筒灌浆的施工流程。

3.熟悉现浇节点钢筋绑扎过程。

4.熟悉装配式混凝土建筑构件后浇混凝土的施工要求。

6.1　基础施工

6.1.1　准备工作

1）施工安排

根据要求，确定灌浆套筒剪力墙装配式结构施工法需要做的准备工作，确定施工过程需要的机械、方法以及质量检查方法和标准。

2）施工机械

所需施工机械设备如表6.1、表6.2所示。

表6.1　测量仪器及工具

名　称	型号（规格）	数　量	使用部位	仪器图片
水准仪	DS3	1台	①桩顶标高控制； ②垫层标高控制； ③承台标高控制； ④水平平整度控制	
经纬仪	DJ1	1台	①基础轴线测设； ②承台轴线测设； ③PC墙体轴线、控制线测设； ④垂直度检查、控制	
全站仪	C-100	1台	①桩点定位； ②预埋筋（插筋、剪力墙钢筋）定位、复核	
靠尺	2 m	3把	①测PC墙板安装垂直度； ②测模板安装垂直度； ③安装垂直度检查	

续表

名　称	型号(规格)	数　量	使用部位	仪器图片
钢尺	50 m	2 把	测量较长距离	
塞尺	15026	4 把	①间隙的测量； ②PC 墙板安装时测量墙板间距	
钢卷尺	3 m、5 m、7 m、10 m	各 5 把	距离测量	
木桩	50 mm×50 mm×700 mm	30 根	控制桩点	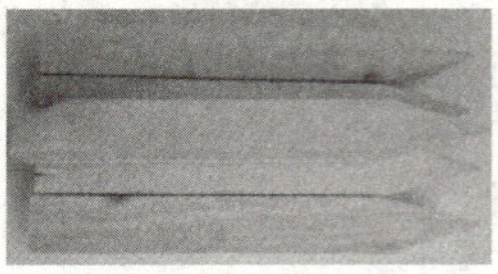
铁锤	2 kg	2 把	控制桩打入	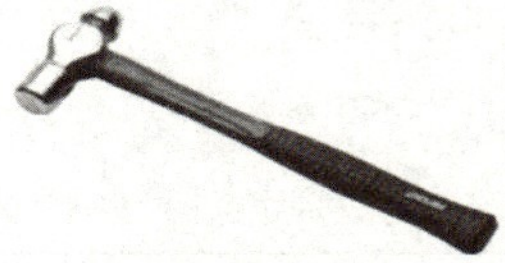
线锤	12#	5 个	①投设点； ②测垂直度	

表 6.2　主要机械设备

机械名称	型号(规格)	使用部位	机械图片
柴油锤打桩机	D20	预制管桩打桩	
汽车吊	25 t	吊管桩	
平板挂车	载重 35 t	运输预应力管桩	

续表

机械名称	型号(规格)	使用部位	机械图片
电焊机	NB-500KR	预应力管桩对接	
截桩机	HQZ-500	截桩头	

此外,项目还需钢丝绳、挂钩、铁锤、电线、焊丝等工具。

6.1.2　施工过程

1)预制管桩施工

(1)管桩施工平面图

管桩施工平面图如图6.1所示,预应力管桩PHC-AB500(125)26根,PHC-AB400(95)48根。

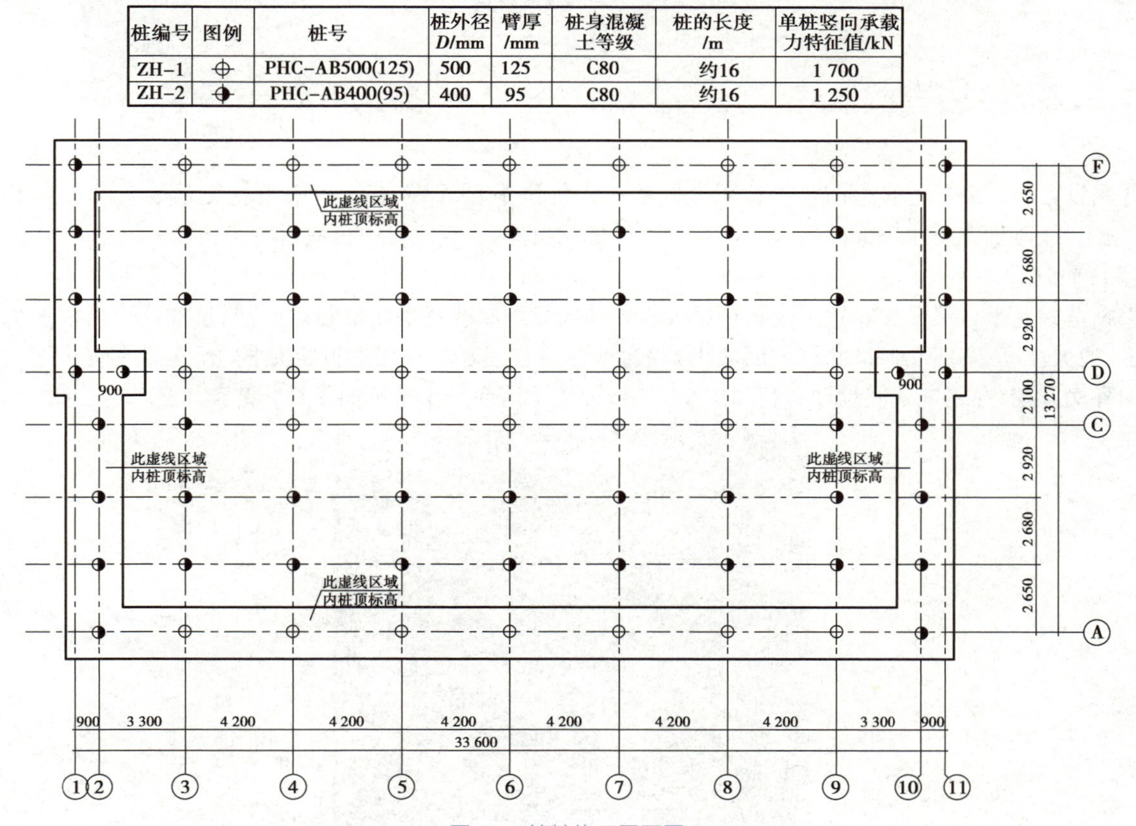

桩编号	图例	桩号	桩外径 *D*/mm	壁厚 /mm	桩身混凝土等级	桩的长度 /m	单桩竖向承载力特征值/kN
ZH–1	⌖	PHC–AB500(125)	500	125	C80	约16	1 700
ZH–2	◑	PHC–AB400(95)	400	95	C80	约16	1 250

图6.1　管桩施工平面图

(2)测量放线

①依据业主提供的场地内控制坐标和高程系统,在工作面上测放出主要轴线控制桩桩位中心点。

②测设示意图如图 6.2 所示,测设现场图如图 6.3 所示。

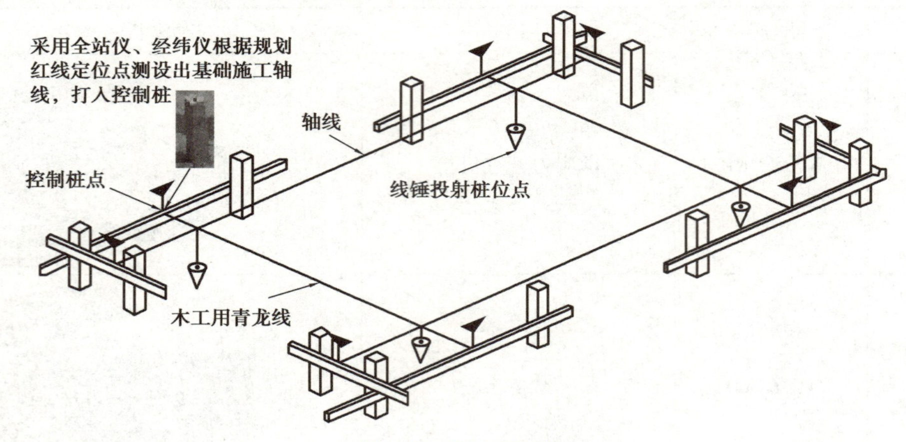

图 6.2　测设示意图

图 6.3　测设现场图

③测设方法。在锤击打桩前将桩位用控制桩打入桩位中心,保证有至少 3 条相交轴线对其位置进行检查,经施工方、监理方及相关部门检查无误后方可打桩,桩身的垂直度可由机械自身机构控制。

(3)挖基坑

根据基础及承台梁平面布置图及承台梁大样图确定开挖深度及平面位置,进行测量放线。再根据承台基坑深度、边坡坡度、基底几何尺寸在地面放出边线,撒好白灰。基坑采用挖掘机开挖,开挖顺序应从施工便道里侧向外侧开挖,在距基坑底设计高程预留 20~30 cm 人工清底。挖基坑如图 6.4 所示。

图 6.4　挖基坑

(4)锤击桩施工

①预制管桩施工工艺流程,如图 6.5 所示。

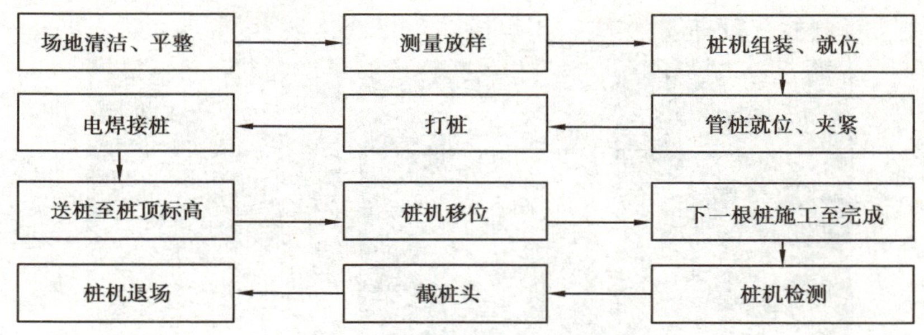

图 6.5　预制管桩施工工艺流程

②质量控制。

a.原材料:外购管桩进场验收,如图 6.6 所示。

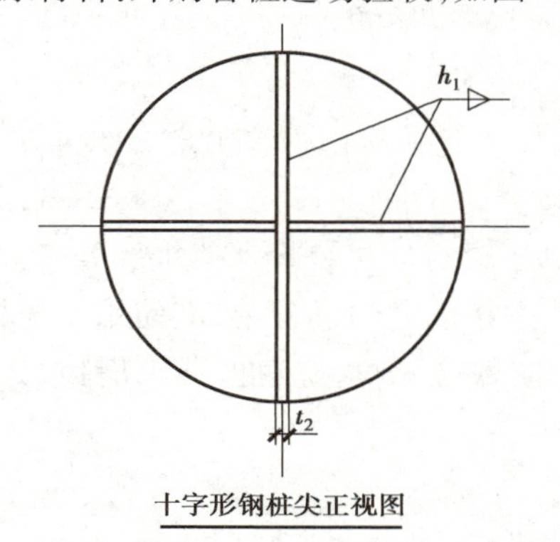

十字形钢桩尖正视图

h_2　D　t_2　b　t_1　H　a

十字形钢桩尖侧视图

注:

1.图中t_1、t_2、H及焊缝高度可根据工程地质情况作适当调整。

2.桩尖所有焊缝均为角焊缝。

3.桩尖材料采用Q235钢。

十字形钢桩尖参数表

单位:mm

项目＼外径	300	400	500	600	700	800	1 000	1 200
D	270	370	470	570	660	760	960	1 160
H	125~140	125~150	125~150	125~150	150~400	150~400	150~500	150~500
t_1	18		18		22		25	
t_2	12		12		18		20	
a	25	30	30		40		40	
b	25	30	30		40		40	
h_1、h_2	10		12		15		20	

十字形钢桩尖结构图						图集号	10G409
审核		校对		设计		页	37

(a)桩尖设计尺寸

(b)桩尖焊接

图 6.6　桩尖设计尺寸与焊接

b.桩位控制：正式打桩前应对工程控制轴线和水准点复查一次，施工过程中也应经常复查。桩位应按施工图进行测设，桩位测设偏差应小于 20 mm，测定时设置地桩，桩位测定后由业主、监理复核后签字确认。

c.打桩、接桩控制：预制桩分段打入，接桩采用焊接法，如图 6.7 所示。

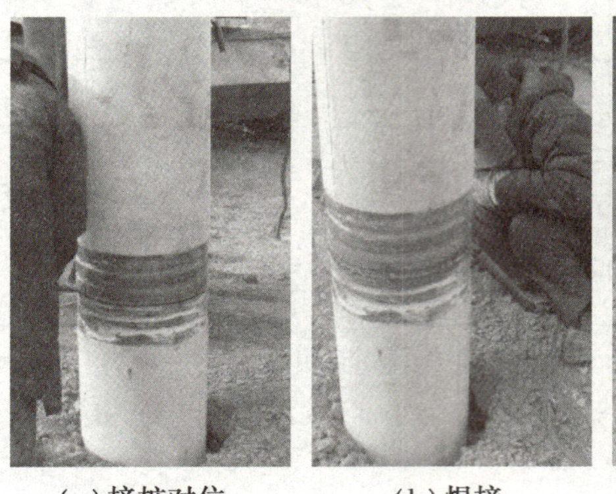

(a)接桩对位　　(b)焊接　　(c)刷防锈漆

图 6.7　接桩对位、焊接与刷漆

d.送桩深度、桩顶标高控制：送桩深度应根据设计桩顶标高和桩位自然地面标高计算确定。

e.截桩头：在清理好的基坑内，距设计桩顶标高(两种标高，分别为-1.2 m、-7.5 m)以上 10~20 mm 处作标记，沿此标记采用电动切割机进行切割。切割完毕后，采用手锤和扁钻子进行断桩处理。凿桩头处理：在桩头表面，采用手锤和钻子将桩头剔凿至高于设计桩顶标高 10~20 mm，注意在剔凿的过程中，应使钻子与桩头表面的夹角保持为 120°。其顶面应高于设计桩顶标高 10~20 mm，桩头应保持平整，桩边保证无崩角，如图 6.8 所示。

③桩基础检验：

a.桩基静载测试：单桩竖向抗压静载试验检测单桩竖向抗压极限承载力，如图 6.9 所示。

b.桩基动载测试：低应变反射波法检测桩身缺陷及其位置，判定桩身完整性类别。

图 6.8　截桩头

图 6.9　单桩桩基静载测试

c.桩基检验合格，满足设计要求，才能进行基础施工。

2)打垫层

垫层采用商品混凝土，强度为 C15，数量约 30 m^3，厚度为 100 mm，采用泵送由一方向推进连续浇筑，坍落度为(120±30)mm。采用平板振捣器来回振捣密实，严禁漏振及用铁锹拍打。尽量避免碰撞模板，防止模板移位。收面前必须校核混凝土表面标高，不符合要求处立即整改。养护设专人检查落实，防止由于养护不及时造成混凝土表面裂缝。打垫层如图 6.10 所示。

图 6.10　打垫层

3）基础弹线

根据控制轴线，采用经纬仪、卷尺，将控制轴线、边线弹出在垫层上，保证有至少 3 条相交轴线对其位置进行检查，经施工方、监理方及相关部门检查无误后方可进行钢筋绑扎及模板安装，如图 6.11 所示。

图 6.11　弹出控制轴线、边线

4）基础钢筋绑扎

承台钢筋集中加工，现场安装。

钢筋加工时，按图纸要求，直条钢筋在末端设置标准弯钩，根据《混凝土结构工程施工质量验收规范》（GB 50204—2015）的要求计算出每个弯钩增加长度为 4.25D。

底层承台钢筋网片与桩身钢筋连接牢固，如图 6.12 所示。

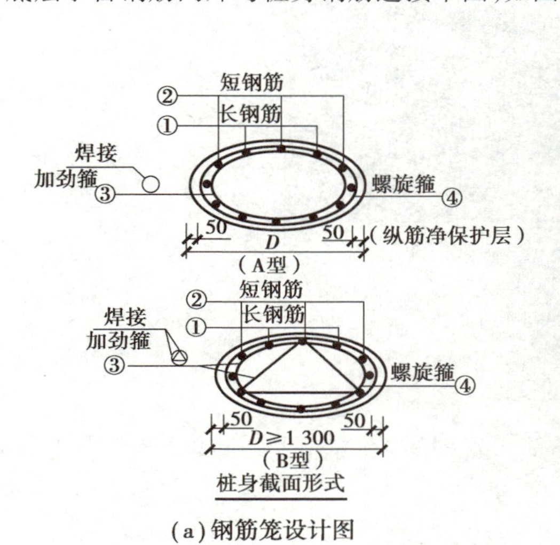

（a）钢筋笼设计图

（b）钢筋笼放置

图 6.12　钢筋笼设计与放置

5)模板安装

(1)安装要求

模板安装示意图如图 6.13 所示,要求如下:

①模板:模板采用胶合大模板,不凑模数或承台尺寸的,另做异型模板。

②模板、背带:模板用 U 形卡或螺栓连接,背带采用 $\phi48$ 以上钢管、80 mm×80 mm 木方,用蝶形卡、对拉螺栓或其他连接件将背带与模板连接成整体,纵、横布置间距 0.4~0.55 m。

③外部支顶:根据模板到基坑壁的距离,选择钢管($\geqslant\phi50$ 钢管)长度。

④模板底部支撑:在施工垫层时,在承台边线外 0.3 m 处预埋支顶钢筋,规格 $\phi20$ 以上,埋入地下不小于 50 cm,露出垫层顶面 10 cm。模板支立时,在模板底部用木楔夹紧。

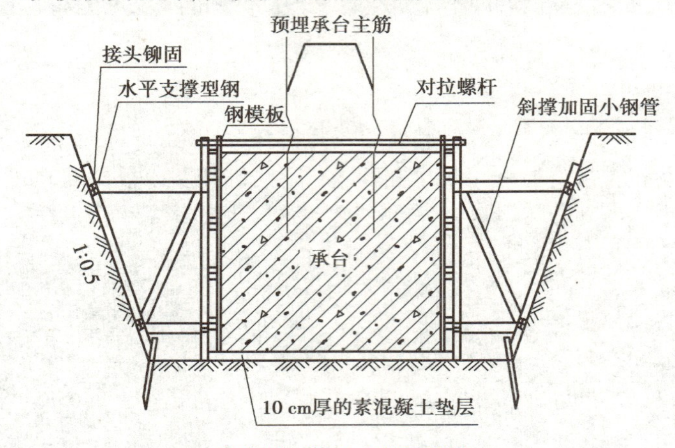

图 6.13　模板安装示意图

(2)质量要求

①支立模板时重新测量放线,放线时除核对标高外,还要仔细核对政府部门给的参考坐标。

②木模板根部打地钉固定,木模板顶部使用限位木方支撑,如图 6.14 所示。

图 6.14　木模板顶部支撑

③支模完成后在模板内侧做好基础标高记号用于控制顶部标高。

6)安装插筋

插筋与剪力墙钢筋的固定如图 6.15 所示。

①根据剪力墙平面布置图及剪力墙钢筋构造图、基础插筋布置图详图,采用 3 mm 厚钢板制作插筋定位工装。

②将插筋支撑板放置在基础承台模板上。

③采用经纬仪、钢尺在插筋支撑板上放线,画插筋定位工装边线,边线位置准确后固定插筋支撑板。

(a)插筋安装示意图

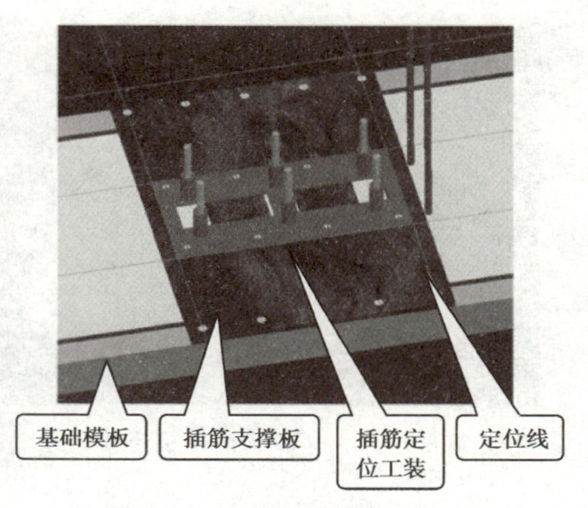

(b)插筋固定示意图

图6.15　插筋安装与固定示意图

④根据定位边线,插筋定位工装固定在支撑板上。

⑤采用全站仪再次复核定位尺寸。

⑥根据水平控制基准点,采用水准仪进行标高复核,将基础混凝土面标高标记在模板上。

7)安装纵筋

钢筋在有防护的钢筋制作场地制作,现场绑扎成型。钢筋的根数、直径、长度、编号、排列、位置等都要符合设计的要求,钢筋接头的位置和数量符合施工规范的要求。在钢筋上认真绑好高强水泥砂浆垫块,以确保钢筋的保护层厚度。

8)基础梁现浇

①混凝土连续浇筑,每节基础混凝土一次浇筑完成。浇筑时在整个基础平截面内水平分层进行,浇筑层厚控制在30 cm以内,用插入式振捣棒分层捣固,保证混凝土密实。

②混凝土浇筑期间设专人值班,观察模板的稳固情况,发现松动、变形、移位时,及时处理。混凝土收浆后立即覆盖养护,如图6.16所示。

图6.16　基础梁现浇

9)拆除模板和定位板

拆除模板时需注意清除水泥渣,将模板及配件分类摆放。

10)回填房心土及夯实

基础强度达到设计要求的强度后进行基础回填,基础采用开挖原土进行基坑回填,回填土对称、水平分层进行并采用多功能振动夯实机夯实,如图6.17所示。

11)地面现浇

地面现浇如图6.18所示。

(a)回填房心土　(b)夯实

图 6.17　回填房心土与夯实

(a)地面钢筋铺设　(b)混凝土现浇

图 6.18　地面现浇

6.2　套筒灌浆施工

灌浆施工工艺

(1)准备灌浆用设备器具

灌浆用设备器具:灌浆挤压枪、电子秤、电动搅拌器、水桶、三联试模、流动性测量器、灰桶、水勺、美工刀、秒表、卷尺。

(2)准备灌浆用材料

灌浆用材料:微膨胀灌浆料、可饮用自来水、堵头。

(3)调配灌浆料

灌浆料调配如图 6.19 所示。

(a)称水　(b)加入灌浆干粉　(c)灌浆料搅拌

图 6.19　灌浆料调配

①灌浆料配合比:每 25 kg 使用 4.0~4.5 L 水。

②20 min 灌浆量:20 min 灌浆量约 10 L,单次灌浆料约 15 kg,建议灌浆料按 15 kg/袋进行包装。

③水:拌和用水应采用饮用水,使用其他水源时应符合《混凝土用水标准》(JGJ 63—2006)的规定。

④搅拌:搅拌器、灌浆泵(或注浆枪)就位后,将灌浆料倒入搅拌桶内,搅拌加水,加 80%水量,搅拌 3~4 min后再加剩下的 20%水量。一般情况搅拌约 5 min,搅拌均匀后,静置约 2 min 排气,然后注入灌浆泵(或灌浆枪)中进行灌浆作业。

(4)检测流动性

流动性检测如图 6.20 所示。

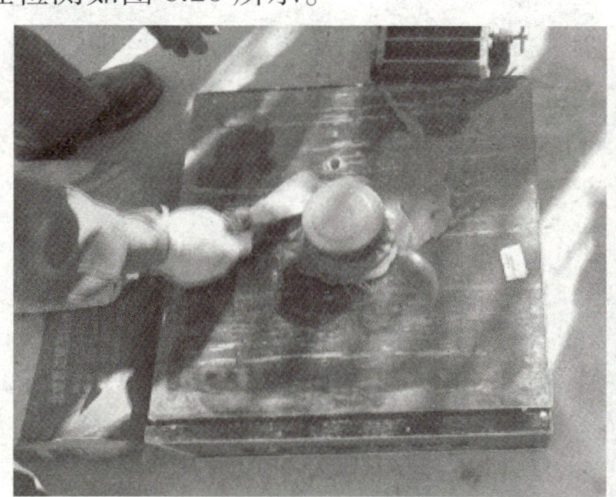

图 6.20　流动性检测

左手按住流动性测量模,用水勺舀 0.5 L 调配好的灌浆料倒入测量模中,倒满测量模为止,缓慢提起测量模。约0.5 min后测量,若灌浆料平摊后直径大于 300 mm,则流动性合格;每工作班组进行一次测试。

(5)制作试块、灌浆套筒拉拔试验

制作试块:将调配好的灌浆料倒入三联试模中,用作试块,与灌浆相同条件养护;按每层制作一次试块,如图 6.21 所示。

(a)三联试块

(b)拉拔试验

图 6.21　三联试块拉拔试验

①PC 构件生产前:进行接头力学性能检验,按不超过 1 000 个灌浆套筒为一批,每批随机抽取 3 个灌浆套筒制作对中连接接头试件标养 28 d,并进行抗拉强度检验。

②现场施工前:由专业施工人员依据现场的条件进行接头力学性能检验,按不超过 1 000 个灌浆套筒为一批,每批随机抽取 3 个灌浆套筒制作对中连接接头试件标养 28 d,并进行抗拉强度检验。

(6)灌浆

采用单孔灌浆:从灌浆孔注入、从排浆口流出,套筒的排浆孔溢出砂浆应立即封堵灌浆和排浆孔。依次灌浆至灌浆料使用完毕,如图 6.22 所示。

图 6.22　灌浆

(7)堵孔

当有灌浆料从上口流出来后,1~2 s 堵住上口。拔掉注浆枪,1 s 内堵住灌浆孔下口,如图 6.23 所示。

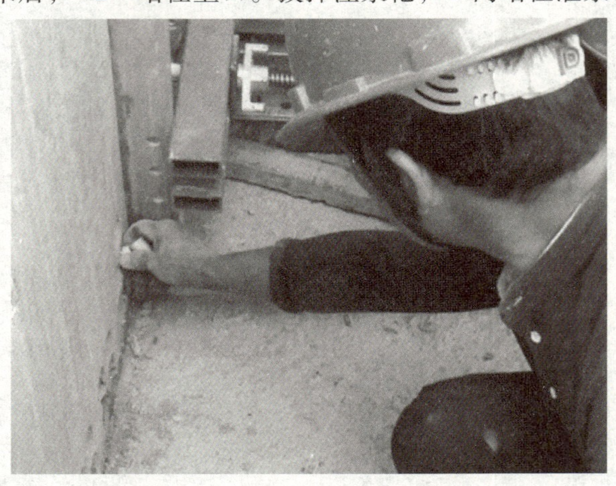

图 6.23　堵孔

(8)灌浆质量控制

①灌浆处进行编号:如某栋某层某户某间房墙板号进行编号。

②必须按灌浆料使用说明书进行灌浆料调配、按灌浆套筒作业指导书进行灌浆作业。

③灌浆处进行操作时监理旁站,操作过程进行拍照摄影,做好灌浆记录,三方签字确认,质量可追溯。

④及时填写套筒灌浆施工记录表、插筋及灌浆现场检查记录。

6.3　现浇节点钢筋绑扎

1)钢筋加工及配送

工作内容:钢筋加工;箍筋、纵筋加工。

方法:钢筋箍筋按图加工,纵筋按图下料,如表 6.3 所示。

表 6.3　钢筋加工和下料表

质量控制要点:		
项　目	允许偏差/mm	检验方法
受力钢筋顺长度方向全长的净尺寸	±5	每个工作班同类型钢筋、同一加工设备抽查不应少于 3 件,观察、钢尺检查
弯起钢筋的弯折位置	±10	
箍筋内净尺寸	±5	

人员:5 人。

工种:钢筋工。

工具:钢筋切断机、钢筋弯曲机。

工作量:1 d 一层的钢筋用量。

2)节点钢筋绑扎工艺流程

以T形节点(图6.24)为例介绍节点钢筋绑扎工艺流程。

图6.24 T形节点

工作内容:钢筋绑扎。

方法:根据现浇节点钢筋图,将竖向纵筋从墙顶上插入节点纵向钢筋,穿过相应的箍筋,并与箍筋初步固定。

根据图纸要求从下至上放置箍筋,并保证每个箍筋间隔绑扎;从上至下插入纵筋,并绑扎固定,如表6.4所示。

表6.4 质量控制表

<table>
<tr><td colspan="5">质量控制要点:</td></tr>
<tr><td colspan="3">项 目</td><td>允许偏差/mm</td><td>检验方法</td></tr>
<tr><td rowspan="2">绑扎钢筋网</td><td colspan="2">长、宽</td><td>±10</td><td>钢尺检查</td></tr>
<tr><td colspan="2">网眼尺寸</td><td>±10</td><td>钢尺连续三档,取最大值</td></tr>
<tr><td rowspan="2">绑扎钢筋骨架</td><td colspan="2">长</td><td>±10</td><td>钢尺检查</td></tr>
<tr><td colspan="2">宽、高</td><td>±5</td><td>钢尺检查</td></tr>
<tr><td rowspan="5">受力钢筋</td><td colspan="2">间距</td><td>±10</td><td rowspan="2">钢尺量两端、中间各一点,取最大值</td></tr>
<tr><td colspan="2">排距</td><td>±5</td></tr>
<tr><td rowspan="3">保护层厚度</td><td>基础</td><td>±10</td><td>钢尺检查</td></tr>
<tr><td>柱、梁</td><td>±5</td><td>钢尺检查</td></tr>
<tr><td>板、墙</td><td>±3</td><td>钢尺检查</td></tr>
</table>

续表

项　目		允许偏差/mm	检验方法
绑扎箍筋、横向钢筋间距		±10	钢尺量连续三档,取最大值
钢筋弯起点位置		10	钢尺检查
预埋件	中心线位置	5	钢尺检查
	水平高差	+3,0	钢尺和塞尺检查

人员:6 人。

工种:钢筋工。

工具:扎钩、锤子、梯子。

材料:扎丝。

工作量:58 个节点柱钢筋。

3)T 形节点钢筋绑扎关键控制点

传统的装配式剪力墙 T 形构造施工方法先将 T 形装配式剪力墙板吊装就位,在钢筋位置校正后套暗柱箍筋,然后对暗柱竖向钢筋进行接长绑扎,再绑扎梁柱节点钢筋。该工序较为复杂、难度较大。因此,项目在传统工艺基础上改进了剪力墙 T 形节点处钢筋绑扎的施工技术,具体改进后的创新施工流程为:出楼面纵向钢筋甩筋→底部纵筋搭接区域箍筋绑扎→三面预制墙板吊装就位→底部纵筋搭接区域以上箍筋固定→纵向主筋插腔→纵向主筋提升绑扎搭接。

操作要点如下:

①出楼面纵筋甩筋:以纵向主筋直径 d 为 12 mm、抗震等级为二级、混凝土强度等级为 C30 为例,出楼板顶面的纵向钢筋搭接长度为 $L_{le}=56d\approx680$ mm,纵向短筋甩出楼面长度可取 680 mm+100 mm=780 mm,纵向长筋甩出楼面长度可取 780 mm+$0.3L_{le}$+680 mm≈1 670 mm。

②底部纵筋搭接区域箍筋绑扎:先将底部纵筋搭接区域箍筋同时套入出楼面的纵筋,然后按照由下到上的顺序依次将箍筋与纵筋绑扎到位。

③三面预制墙板吊装就位:先进行节点两侧预制外墙板吊装(图 6.25),再进行预制内墙板吊装就位(图 6.26)。

图 6.25　预制外墙板吊装就位示意图

图 6.26　预制内墙板吊装就位示意图

④底部纵筋搭接区域以上箍筋定位绑扎:将底部纵筋搭接区域以上的箍筋定位到预制墙板的外伸胡子筋上,箍筋在胡子筋同一标高处按由低到高的顺序依次定位。

⑤纵筋入腔提升绑扎:先依次将 2、12 号纵筋从顶部穿入箍筋弯钩内,再依次将其余号纵筋放入相应腔内,按照 1、2、9、10、11、12、5、6、7、8、3、4 的顺序,间隔着按“提起 990 mm 进行搭接绑扎,提起 100 mm 进行搭接绑扎”的顺序进行绑扎(如 1 号纵筋提起 990 mm 进行搭接绑扎,2 号纵筋提起 100 mm 进行搭接绑扎,9 号纵筋提起 990 mm 进行搭接绑扎,10 号纵筋提起 100 mm 进行搭接绑扎……),具体如图 6.27、图 6.28 所示。

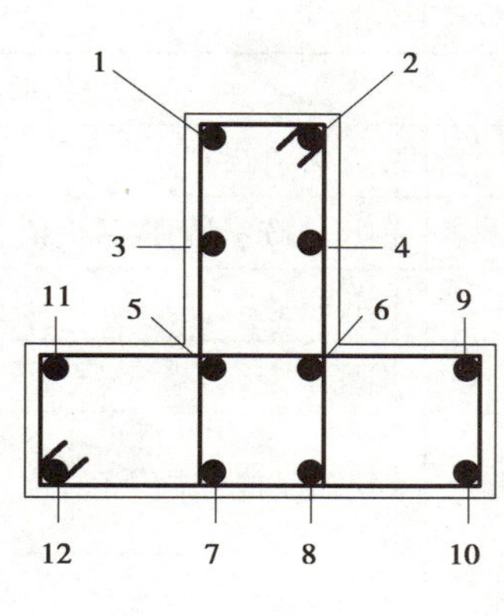

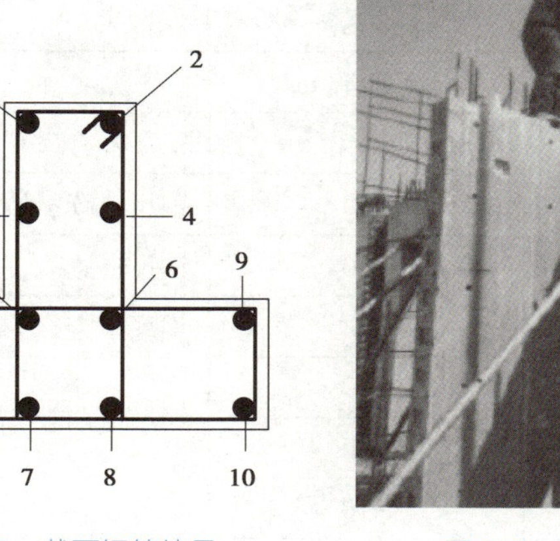

图6.27　截面钢筋编号

图6.28　纵筋入腔施工

⑥预制剪力墙外伸胡子筋应锚固到暗柱内，锚固长度符合要求，剪力墙水平筋在两端头、转角、十字节点等部位的锚固长度及洞口周围加固筋均应符合设计要求。

4）质量控制

（1）施工质量控制

①在进行大面积施工前，要先进行样板施工，经检验合格后方可进行大面积施工。

②纵筋加密区长度内箍筋间距应符合设计图纸及施工规范不大于100 mm的要求。

③按设计要求检查连接钢筋，其位置偏移量不得大于10 mm。同时将所有预埋件及连接钢筋等调整扶直，清除表面浮浆。

④混凝土浇筑前，基层表面必须清理干净，后浇区域内的空腔用大功率吸尘器进行清理，在混凝土浇筑前，基层及后浇带内必须用水充分湿润。

（2）材料质量控制

钢筋进入现场时，应检查产品合格证和出厂检验报告，建立钢筋进场验收台账，按照钢筋入库单对不同厂家、不同牌号、不同规格、不同交货状态的钢筋进行现场取样检测。

箍筋的末端应做弯钩，除要注意检查弯钩的弯弧直径外，还要注意弯钩的弯后平直部分长度应符合设计要求。当钢筋调直采用冷拉方法时，应严格控制冷拉率，HPB300级钢筋的冷拉率不宜大于4%，HRB335级和HRB400级钢筋的冷拉率不宜大于1%。

5）楼板钢筋施工

①工艺流程：安放板底钢筋保护层垫块—架空安装楼面钢筋—安装板负筋（若为双层钢筋则为上层钢筋）并设置马凳—设置板厚度模块—自检、互检、交接检—报监理验收。楼板钢筋绑扎如图6.29所示。

图6.29　楼板钢筋绑扎

②梁底钢筋保护层采用砂浆/混凝土垫块，侧面采用等宽钢筋。

③质量控制点如表 6.5 所示。

表 6.5 质量控制点表

项　目			允许偏差/mm	检验方
绑扎钢筋网	长、宽		±10	钢尺检查
	网眼尺寸		±10	钢尺连续三档,取最大值
绑扎钢筋骨架	长		±10	钢尺检查
	宽、高		±5	钢尺检查
受力钢筋	间距		±10	钢尺量两端、中间各一点,取最大值
	排距		±5	
	保护层厚度	基础	±10	钢尺检查
		柱、梁	±5	钢尺检查
		板、墙	±3	钢尺检查
绑扎箍筋、横向钢筋间距			±10	钢尺量连续三档,取最大值
钢筋弯起点位置			10	钢尺检查
预埋件	中心线位置		5	钢尺检查
	水平高差		+3,0	钢尺和塞尺检查

6.4 后浇混凝土施工

装配式混凝土结构竖向构件安装完成后应及时穿插进行边缘构件后浇混凝土带的钢筋安装和模板施工,并完成后浇混凝土施工。

1)装配式混凝土结构后浇混凝土的钢筋工程

(1)钢筋连接

装配式混凝土结构的钢筋如果采用焊接连接,接头应符合现行行业标准《钢筋焊接及验收规程》(JGJ 18—2012)的有关规定;如果采用机械连接,接头应符合现行行业标准《钢筋机械连接技术规程》(JGJ 107—2016)的有关规定;机械连接接头部位的混凝土保护层厚度宜符合现行国家标准《混凝土结构设计规范》(2015 年版)(GB 50010—2010)中受力钢筋的混凝土保护层最小厚度的规定,且不得小于 15 mm,接头之间的横向净距不宜小于 25 mm。

当钢筋采用弯钩或机械锚固措施时,钢筋锚固端的锚固长度应符合现行国家标准《混凝土结构设计规范》(2015 年版)(GB 50010—2010)的有关规定;采用钢筋锚固板时,应符合现行行业标准《钢筋锚固板应用技术规程》(JGJ 256—2011)的有关规定。

(2)钢筋定位

装配式混凝土结构后浇混凝土内的连接钢筋应埋设准确,连接与锚固方式应符合设计和现行有关技术标准的规定。

构件连接处钢筋位置应符合设计要求。当设计无具体要求时,应保证主要受力构件和构件中主要受力方向的钢筋位置符合下列规定:框架节点处,梁纵向受力钢筋宜置于柱纵向钢筋内侧;当主、次梁底部标高相同时,次梁下部钢筋应放在主梁下部钢筋之上;剪力墙中水平分布钢筋宜置于竖向钢筋外侧,并在墙端弯折锚固。

钢筋套筒灌浆连接接头的预留钢筋应采用专用模具进行定位,并应符合下列规定:定位钢筋中心位置存在细微偏差时,宜采用钢套管方式进行细微调整;定位钢筋中心位置存在严重偏差影响预制构件安装时,应按设计单位确认的技术方案处理;连接钢筋的外露长度应采用可靠的绑扎固定措施进行控制。

预制构件的外露钢筋应防止弯曲变形，并在预制构件吊装完成后，对其位置进行校核与调整。

(3)预制墙板连接部位

预制墙板连接部位宜先校正水平连接钢筋，后安装箍筋套，待墙体竖向钢筋连接完成后绑扎箍筋，连接部位加密区的箍筋宜采用封闭箍筋。

安装预制梁柱节点区的钢筋时，节点区柱箍筋应预先安装于预制柱钢筋上，随预制柱一同安装就位；预制叠合梁采用封闭箍筋时，预制梁上部纵筋应预先穿入箍筋内临时固定，并随预制梁一同安装就位。预制叠合梁采用开口箍筋时，预制梁上部纵筋可在现场安装。

(4)装配式混凝土结构后浇混凝土节点间的钢筋安装需要注意的问题

①装配式混凝土结构后浇混凝土节点间的钢筋安装做法受操作顺序和空间的限制，与常规做法有很大的不同，必须在符合相关规范的前提下顺应装配式混凝土结构的要求。

②装配式混凝土结构预制墙板间竖缝（墙板间后浇混凝土带）的钢筋安装做法按《装配式混凝土结构技术规程》(JGJ 1—2014)第8.3.1条的要求"……约束边缘构件……宜全部采用后浇混凝土，并且应在后浇段内设置封闭箍筋"，以及国标图集《装配式混凝土结构连接节点构造》(15G 310—1~2)中预制墙板间竖缝有附加连接钢筋的做法。

如果竖向分布钢筋按搭接做法预留，封闭箍筋或附加连接（也是封闭）钢筋均无法安装，只能用开口箍筋代替。对于竖缝钢筋的这种设计，必须在做施工方案时即明确采用Ⅰ级接头机械连接做法。

2)预制墙板间边缘构件竖缝后浇混凝土带内的模板安装

墙板间后浇混凝土带连接宜采用工具式定型模板支撑，并应符合下列规定：定型模板应通过螺栓（预置内螺母）或预留孔洞拉结的方式与预制构件可靠连接，定型模板安装应避免遮挡预制墙板下部灌浆预留孔洞，夹心墙板的外叶板应采用螺栓拉结或夹板等加强固定，墙板接缝部位及与定型模板连接处均应采取可靠的密封、防漏浆措施。采用预制保温作为免拆除外墙模板（PCF）进行支模时，预制外墙模板的尺寸参数及与相邻外墙板之间拼缝宽度应符合设计要求。

安装时，内侧模板或相邻构件应连接牢固并采取可靠的密封、防漏浆措施。

3)装配式混凝土结构后浇混凝土带的浇筑

①对于装配式混凝土结构的墙板间边缘构件竖缝后浇混凝土带的浇筑，应该与水平构件的混凝土叠合层以及按设计非预制而必须现浇的结构（如作为核心筒的电梯井、楼梯间）同步进行，一般选择一个单元作为一个施工段，按先竖向、后水平的顺序浇筑施工。这样的施工安排用后浇混凝土将竖向和水平预制构件连成一个整体。

②后浇混凝土浇筑前，应进行所有隐蔽项目的现场检查与验收。

③浇筑混凝土过程中应按规定见证取样留置混凝土试件。同一配合比的混凝土，每工作班且建筑面积不超过1 000 m^2应制作一组标准养护试件，同一楼层应制作不少于3组标准养护试件。

④混凝土应采用预拌混凝土，预拌混凝土应符合现行相关标准的规定；装配式混凝土结构施工中的结合部位或接缝处混凝土的工作性应符合设计施工规定；当采用自密实混凝土时，应符合现行相关标准的规定。

⑤预制构件连接节点和连接接缝部位后浇混凝土施工应符合下列规定：浇筑前，应清洁结合部位，并洒水润湿，连接接缝混凝土应连续浇筑，竖向连接接缝可逐层浇筑，混凝土分层浇筑高度应符合现行规范要求；浇筑时，应采取保证混凝土浇筑密实的措施；同一连接接缝的混凝土应连续浇筑，并应在底层混凝土初凝之前将上一层混凝土浇筑完毕；预制构件连接节点和连接接缝部位的混凝土应加密振捣点，并适当延长振捣时间。预制构件连接处混凝土浇筑和振捣时，应对模板和支架进行观察及维护，发现异常情况应及时进行处理；构件接缝处混凝土浇筑和振捣时，应采取措施防止模板、相连接构件、钢筋、预埋件及其定位件的移位。

⑥混凝土浇筑完毕后，应按施工技术方案要求及时采取有效的养护措施，并符合下列规定：应在浇筑完毕后的12 h内对混凝土加以覆盖并养护；浇水次数应能保持混凝土处于湿润状态；采用塑料薄膜覆盖养护的混凝土，其敞露的全部表面应覆盖严密，并应保持塑料薄膜内有凝结水；后浇混凝土的养护时间不应少于14 d。

喷涂混凝土养护剂是混凝土养护的一种新工艺。混凝土养护剂是高分子材料，喷涂在混凝土表面后固化，形成一层致密的薄膜，使混凝土表面与空气隔绝，大幅度降低水分从混凝土表面蒸发的损失。

同时，混凝土养护剂可与混凝土浅层游离氢氧化钙作用，在渗透层内形成致密、坚硬的表层，从而利用混凝土中自身的水分最大限度地完成水化作用，达到混凝土自养的目的。用养护剂的目的是保护混凝土，因为在混凝土硬化过程中表面失水，混凝土会产生收缩，导致裂缝，称作塑性收缩裂缝；在混凝土终凝前，无法洒水养护，使用养护剂就是较好的选择。对于整体装配式混凝土结构竖向构件接缝处的后浇混凝土带，洒水保湿比较困难，采用养护剂保护应该是可行的选择。

⑦预制墙板斜支撑和限位装置，应在连接节点和连接接缝部位后浇混凝土或灌浆料强度达到设计要求后拆除；当设计无具体要求时，后浇混凝土或灌浆料达到设计强度的75%以上才可拆除。

⑧混凝土冬期施工应按现行标准《混凝土结构工程施工规范》《建筑工程冬期施工规程》的相关规定执行。

复习思考题

6.1　常见的测量仪器有哪些？主要使用的机械设备有哪些？

6.2　预制管桩施工过程中如何确定管桩施工平面图？测量放线有哪些具体方法？

6.3　打垫层采用什么进行浇筑？如何做好基础弹线和钢筋绑扎？在安装模板时，插筋和安装纵筋有哪些具体操作？

6.4　在套筒灌浆时基本要求有哪些？

6.5　在钢筋加工及配送、节点钢筋绑扎工艺流程中，关键控制点的内容有哪些？

6.6　在钢筋准备工作和楼板钢筋施工中应该注意些什么？

6.7　后浇混凝土施工应注意哪些规范？

第7章　装配式混凝土建筑施工安全管理

内容提要：本章主要介绍装配式混凝土建筑建造过程中构件运输、施工、机械设施等的安全管理，以及施工人员的人身安全管理。希望通过本章的学习，读者能全面熟悉装配式混凝土结构建筑施工中每个环节的安全管理制度。

课程重点：

1.了解施工安全管理。

2.掌握人身安全管理制度。

3.掌握施工器械的安全管理内容。

4.掌握构件运输安全内容。

5.掌握施工人员施工过程的责任。

7.1　施工安全管理概述

随着我国城市化进程的不断加快，房地产行业不断发展的同时对建筑施工提出了更高的要求。在此基础上，装配式混凝土结构凭借着易控制、节能、施工周期短等特点，具备高度的竞争优势。我国对装配式结构研究的不断深入，也促进了装配式建筑体系的发展。但是和其他发达国家相比，我国的装配式建筑在施工过程中存在多种问题，包括管理不完善、施工现场控制力度不够、工序之间存在重复工作等，这严重影响了施工过程的进度和安全性，不利于我国装配式建筑的发展。住房和城乡建设部等部门要加快构建促进建筑工业化的设计、施工、部品生产等环节的标准体系，推动结构件、部品、部件的标准化，丰富标准件的种类，提高通用性和可置换性，推广适合工业化生产的预制装配式混凝土、钢结构等建筑体系，加快发展建设工程的预制和装配技术，提高建筑工业化技术集成水平。支持集设计、生产、施工于一体的工业化基地建设。因此，需要进行体系化的管理，确保建筑的安全和质量。

7.1.1　装配式混凝土建筑施工安全管理依据和意义

装配式混凝土建筑施工安全管理，遵守国家、部门和地方的相关法律、法规和规章制度以及相关规范、规程中有关安全生产的具体要求，对施工安全生产进行科学的管理，预防生产安全事故的发生，既保障施工人员的安全和健康，又提高施工管理水平，实现安全生产管理工作的标准化。

预制装配式混凝土结构施工过程中应按照《建筑施工安全检查标准》（JGJ 59—2011）、《建筑施工现场环境与卫生标准》（JGJ 146—2013）等安全、职业健康和环境保护的有关规定执行。施工现场临时用电安全应符合《施工现场临时用电安全技术规范》（JGJ 46—2005）和用电专项方案的规定。

国家、部颁及地方装配式施工规范如下：

《钢结构设计标准》（GB 50017—2017）

《建筑抗震设计规范》[GB 50011—2010（2016年版）]

《建设工程施工现场消防安全技术规范》（GB 50720—2011）

《混凝土结构工程施工规范》（GB 50666—2011）

《建筑结构荷载规范》（GB 50009—2012）

《装配式钢结构建筑技术标准》（GB/T 51232—2016）

《混凝土结构设计规范》[GB 50010—2010（2015年版）]

《建筑施工高处作业安全技术规范》(JGJ 80—2016)
《建筑施工作业劳动防护用品配备及使用标准》(JGJ 184—2009)
《建筑施工临时支撑结构技术规范》(JGJ 300—2013)
《塔式起重机混凝土基础工程技术标准》(JGJ/T 187—2019)
《建筑桩基技术规范》(JGJ 94—2008)
《塔式起重机安装、使用、拆卸安全技术规程》(JGJ 196—2010)
《装配整体式混凝土住宅体系设计规程》(DG/TJ 08-2071—2010)
《高层建筑混凝土结构技术规程》(JGJ 3—2010)
《建筑机械使用安全技术规程》(JGJ 33—2012)
《建筑施工起重吊装工程安全技术规范》(JGJ 276—2012)
《建筑施工升降设备设施检验标准》(JGJ 305—2013)
《危险性较大的分部分项工程安全管理办法》(建质〔2009〕87 号)
《装配整体式混凝土结构施工及质量验收规范》(DGJ 08-2117—2012)
《文明施工标准》(DG/TJ 08-2102—2019)

7.1.2 施工安全责任制

建筑施工安全是建筑建造过程的基础,由于装配式混凝土结构建筑的施工方法不同于传统建筑施工方法,所以装配式建筑施工的安全管理侧重点也略有不同。从以往的工程实践来看,较多的安全问题主要存在于施工前期准备、施工装运、吊装就位、拼缝修补等阶段,同时周边环境对施工安全的影响亦大于常规建筑施工方法。

(1)制订施工现场安全管理规定

施工现场安全管理规定是施工现场安全管理制度的基础,目的是实现施工现场安全防护设施的标准化、定型化。

施工现场安全管理的内容包括:施工现场一般安全规定、构件堆放场地安全管理、脚手架工程安全管理、支撑架及防护架安全使用管理、电梯井操作平台安全管理、马道搭设安全管理、安全网支搭、拆除安全管理、孔洞临边防护安全管理、拆除工程安全管理、防护棚支搭安全管理等。

(2)制订各工种安全操作规程

工种安全操作规程可消除和控制劳动过程中的不安全行为,预防伤亡事故,确保作业人员的安全和健康,是企业安全管理的重要制度之一。

安全操作规程的内容应根据国家和行业安全生产法律、法规、标准、规范,结合施工现场的实际情况来制订,同时根据现场使用的新工艺、新设备、新技术,制订出相应的安全操作规程,并监督其实施。

(3)制订机械设备安全管理制度

机械设备是指目前建筑施工普遍使用的垂直运输和加工机具,由于机械设备本身存在一定的危险性,如果管理不当就可能造成机毁人亡,塔式起重机和汽车式起重机是混凝土装配式结构施工中机械设备安全使用管理的重点。

机械设备安全管理制度应规定:大型设备应到上级有关部门备案,遵守国家和行业有关规定,还应设专人负责定期进行安全检查、保养,保证机械设备处于良好的状态。

(4)安全生产检查及隐患排除管理制度

以"安全第一、预防为主、综合治理"的方针进行安全生产检查,这是安全生产工作中的重要组成部分,不仅能贯彻执行国家的安全生产方针和政策,而且能够揭露生产过程中存在的不安全因素,进而明确重点、落实整改,确保生产安全。

安全生产检查及管理制度包括:安全检查实行定期检查、经常性检查、专业性检查、季节性和节假日检查、综合性检查等多种形式,这些形式的结合能很好地检查安全问题,但是检查是手段,排除才是目的。排除过程应该做到边查边改,件件要落实,桩桩有交代,整改责任到人,要做到"三定""四不准"。"三定"即定人员、定措施、定期限。“四不准”指凡是施工队解决的问题不推给班组,凡是部门解决的问题不推给施工队,凡是分部解决的问题不推给部门,凡是项目部解决的问题不推给分部。

7.2 施工安全管理制度

施工安全管理是建筑工程项目顺利进行的基础,是项目具备经济效益和社会效益的重要保证,其中保障施工人员的人身安全是施工安全管理中的重要组成部分。首先,要确保在施工过程中不会出现重大安全事故,包括管线事故、伤亡事故,等等。通过建立相应的安全管理制度和严格执行的安全检查组,可以有效保证施工现场的安全。在进行安全管理时,要考虑到各个方面,例如设备的规范操作与维护、吊装安全、用电安全、临边防护等。

7.2.1 培养工人全面的安全意识

(1)安全生产教育培训制度

安全生产教育的内容主要包括:法律法规教育、企业有关规章制度教育、安全生产管理知识、安全技术知识教育、劳动纪律教育、典型事故案例分析等。

(2)工人安全教育

工人安全教育实行三级安全教育制度。

①凡新进企业的员工、合同工、临时工、培训和实习人员等在分配工作前,应由公司、劳资、安全等部门进行第一级安全教育。教育内容包括:国家有关安全生产法令、法规、本企业安全生产有关制度、本行业安全基本知识、劳动纪律等。

②上述人员到施工项目部门后,应由施工项目部进行第二级安全教育。教育内容包括:本项目工程生产概况、安全生产情况、施工作业区状况、机电设施安全、安全规章制度、劳动纪律。

③上述人员上岗前应由工长、班组长进行岗位教育,即第三级安全教育。教育内容包括:本工种班组安全生产概况,安全检查操作规程,操作环境安全与安全防护措施要求,个人防护用品、防护用具正确使用,事故前的判断与预防,事故发生后的紧急处理等。

④对经过三级安全教育的工人应登记建卡,由项目部安全检查负责管理教育资料。

⑤没有经过三级安全教育的人员禁止上岗。

⑥对变换工种的员工,要先进行新任工种的安全教育,安全教育的时间、内容要有书面记录。

(3)特种作业人员的安全教育

由于特种作业人员接触不安全因素多、危险性较大、安全技术知识要求严,因此要进行特种作业人员的培训教育,执行公司《特种作业人员管理制度》。

①项目部每周一应对本项目员工进行安全检查教育,教育内容包括:有关安全生产文件精神宣传教育,上周本项目工程安全检查生产小结,本周安全生产要求,表扬遵章守纪员工,批评违章作业行为,通报事故的处理。

②对重大施工项目及危险性大的作业,在员工作业前,必须按制定的安全措施和要求,对施工员工进行安全教育,否则不准作业。

③重大节假日前,员工探亲放假前后,应对员工进行针对性的安全教育。

④利用工地黑板报等,定期或不定期进行安全生产宣传教育,表扬好人好事,报道安全生产动态,宣传安全生产知识、规程等。

人员的安全教育是提高项目人员安全意识,保障安全的操作规范,减少事故发生的关键因素。

7.2.2 安全值班制度

(1)项目经理部安全值班制度

项目经理部成员必须轮流坚持安全值班,每人一周时间。在值班期间,尽职尽责做好安全管理工作,详细检查各作业面的安全生产情况,发现事故隐患立即采取果断措施整改。对进入现场不戴安全帽、高处悬空作业不系安全带、穿拖鞋等情况,应按处罚规定给予处理。值班期间,上下清查人数,凡工地有人作业,值班人不得离开现场。参加值班期内发生的工伤事故调查、分析、做好值班记录,按时交接班。

(2)工地看场人员安全责任

工地看场人员,除搞好安全保卫工作外,应对进现场的外来人员进行登记,清查发现有新增人员要及时向工地负责人汇报;并在工地门口设安全监督岗,对进入现场不戴安全帽、穿拖鞋、带小孩者,有权制止,不得让其进入施工现场。

(3)值班人员安全责任

各级值班人员,必须尽职尽责,做好安全值班工作,在值班期间,擅离岗位、不负责任导致发生事故的,将追究值班人员的直接安全责任。

(4)施工人员和管理人员纪律

预制装配式混凝土结构施工和管理人员,进入现场必须遵守安全生产六大纪律。

①部分现场施工的PC结构在绑扎柱、墙钢筋时,应采用专用高凳作业,当高于围挡时,必须佩戴穿芯自锁保险带。吊运PC构件时,下方禁止站人,必须待吊物降落离地1 m以内,方准靠近,就位固定后,方可摘钩。

②高空作业吊装时,严禁攀爬柱、墙、钢筋等,也不得在构件墙顶上行走。PC外墙板吊装就位后,脱钩人员应使用专用梯子在楼内操作。

③PC外墙板吊装时,操作人员应站在楼层内,佩戴穿芯自锁保险带并与楼面内预埋件(点)扣牢。当构件吊至操作层时,操作人员应在楼内用专用钩子将构件上系扣的揽风绳勾至楼层内,然后将外墙板拉到就位位置。

④PC构件吊装应单件(块)逐块安装,起吊钢丝绳长短一致,严禁两端一高一低。

⑤遇到雨、雪、雾天气,或者风力大于五级时,不得吊装PC构件。

(5)安全十大禁令

①严禁穿木屐、拖鞋、高跟鞋及不戴安全帽进入施工现场作业。

②严禁一切人员在提升架、吊篮及提升架井口和吊物下操作、站立、行走。

③严禁非专业人员私自开动任何施工机械及驳接,拆除电线、电器。

④严禁在操作现场玩耍、吵闹和从高处抛掷材料、工具、砖石、沙泥等一切物体。

⑤严禁土方工程的偷岩取土及不按规定放坡或不加支撑的深基坑开挖施工。

⑥严禁在没有栏杆或其他安全措施的高处作业或在单行墙面上行走。

⑦严禁在未设安全措施的同一部位同时进行上下交叉作业。

⑧严禁带小孩进入施工现场作业。

⑨严禁在高压电源危险区域进行冒险作业;严禁用手直接拿灯头、电线移动操作照明。

⑩严禁在危险品、易燃品、木工棚现场及仓库吸烟、生火。

7.3　机械设备安全管理

装配式混凝土结构建筑施工过程中机械使用种类相比传统施工有很大差异,主要用于构件及材料的装卸和安装,主要设备包括自行式起重机和塔式起重机,垂直运输设施主要包括塔式起重机、物料提升机和施工升降机,其中施工升降机既可承担物料的垂直运输又能承担施工人员的垂直运输。自行式起重机和塔式起重机选用应根据拟施工的建筑物平面形状、高度、构件数量、最大构件质量和长度等确定,确保安全使用机械。科学安排与合理使用起重机械及垂直运输设施可大大减轻施工人员体力劳动,确保施工质量与安全生产,加快施工进度,提高劳动生产率,对保障建筑施工安全生产具有重要意义。

7.3.1　机械设备安全管理制度和操作规范

(1)起重机械使用单位主要负责人职责

起重机械使用单位是起重机械安全的责任主体。起重机械使用单位的法人代表(主要负责人)是起重机械安全的第一责任人，对本单位起重机械的安全全面负责。应制订明确的、公开的、文件化的安全目标，为实现安全目标提供必需的资源保障，并对目标实现情况进行考核。其内容应包括但不限于：

①严格执行国家和地方有关起重机械安全管理的有关法规、规范及有关标准的要求。

②设立负责起重机械安全的管理机构和人员，配备专职或兼职安全管理人员，全面负责起重机械的安全管理工作。

③负责起重机械安全生产资金的投入，纳入企业年度经费计划，并有效实施。

④接受并配合特种设备安全监督部门的安全监督检查，对发现的安全隐患及时采取措施予以改正或者消除。

(2)起重机械安全管理人员岗位职责

①熟悉并执行与起重机械有关的国家政策、法规，结合本单位的实际情况，制订相应的管理制度。不断完善起重机械的管理工作，检查和纠正起重机械使用中的违章行为。

②必须经专业培训，熟悉起重机的基本原理、性能、使用方法，由特种设备安全监察部门考核合格。

③监督起重机作业人员认真执行起重机械安全管理制度和安全操作规程。

④参与编制起重机械定期检查和维护保养计划，并监督执行。

⑤协助有关部门按国家规定向特种设备检验机构申请定期监督检查。

⑥根据单位职工培训制度，组织起重机械作业人员参加有关部门举办的培训班和组织内部学习。

⑦组织、督促、联系有关部门人员进行起重机械事故隐患整改。

⑧参与组织起重机械一般事故的调查分析，及时向有关部门报告起重机械事故的情况。

⑨参与建立、管理起重机械技术档案和原始记录档案。

⑩组织紧急救援演习。

(3)起重机械作业人员岗位职责

①熟悉并执行与起重机械有关的国家政策、法规。

②作业人员必须经过知识培训，由特种设备安全监察部门考核合格后方可上岗。做到持证操作，定期复审。

③有高度责任心和职业道德。

④做到懂性能、懂原理、懂构造、懂用途，会操作，不断提高专业知识水平和工作质量。

⑤协助起重机械日常检查，配合维护保养人员对起重机械进行检查和维护。

⑥严守岗位，不得擅自离岗。

⑦密切注意起重机的运行情况，如发现设备、机件有异常情况或故障，及时向有关部门人员报告，及时排除隐患后方可继续使用，严禁带“病”运行。

⑧做好当班起重机械运行情况记录和交接班记录。

⑨保持起重机械清洁卫生。

(4)事故报告和应急救援管理制度

一旦起重机械设备发生事故，事故发生单位应当迅速采取有效措施组织抢救，防止事故扩大，减少人员伤亡和财产损失，并按照国家有关规定，及时、如实地向有关部门报告，不得隐瞒、谎报或不报。

(5)起重机械安全技术档案管理制度

为了做好起重机械设备应用的安全管理，可以制订起重机械技术档案的接收、登记、管理、借阅等制度，具体可以包括如下内容：

①起重机械随机出厂文件(包括设计文件、产品质量合格证明、监督检验证明、安装技术文件和资料、使用和维护保养说明书、装箱单、电气原理接线图、起重机械功能表、主要部件安装示意图、易损坏目录)。

②安全保护装置的形式试验合格证明。

③特种设备检验机构起重机械验收报告、定期检验报告和定期自行检查记录。

④日常使用状况记录。

⑤日常维护保养记录。

⑥运行故障及事故记录。

⑦使用登记证明。

(6)使用登记和定期报检制度

①起重机械安全检验合格标志有效期满前一个月向特种设备安全检验机构申请定期检验。

②起重机械停用一年重新启用,或发生重大的设备事故和人员伤亡事故,或经受了可能影响其安全技术性能的自然灾害(火灾、水淹、地震、雷击、大风等)均应向特种设备安全监督检验机构申请检验。

③起重机械经较长时间停用,超过一年时间的,或起重机械安全管理人员认为有必要的可向特种设备安全监督检验机构申请安全检验。

④应以书面的形式申请起重机械安全技术检验,一份报送执行检验的部门,另一份由起重机械安全管理人员负责保管,作为起重机械管理档案保存。

凡有下列情况之一的起重机械,必须经检验检测机构按照相应的安全技术规范的要求实施监督检验,合格后方可使用。

a.首次启用或停用一年后重新启用的。

b.经大修、改造后的。

c.发生事故后可能影响设备安全技术性能的。

d.自然灾害后可能影响设备安全技术性能的。

e.转场安装和移位安装的。

f.国家其他法律法规要求的。

(7)起重机日常检查管理制度

起重机安全的运行状态直接影响施工人员的生命安全问题,因此起重机使用单位应对在用起重机设备定期进行检查。安全管理人员应经常性地组织人员对起重机械使用状况进行日检、月检和年检,并督促起重机械的日常维护保养工作。

常规检查应由起重机械操作人员或管理人员进行,月检和年检可以委托专业单位进行。检查中发现异常情况时,必须及时进行处理,严禁设备带故障运行。所有检查和处理情况应及时进行记录。

起重机月检的主要内容:

①“安全检验合格”标志的完好性。

②起重机正常工作的技术性能。

③所有安全、防护装置。

④电气线路、液压回路的泄漏情况及工作性能。

⑤吊钩、吊钩螺母及防松装置。

⑥制动器性能及零件的磨损情况。

⑦钢丝绳磨损、变形、伸长情况。

⑧各传动机构零部件的运行、润滑和紧固。

⑨捆绑、吊挂链和钢丝绳。

每台起重机都有一定的负荷,在实际使用过程中,会有各种不规范操作威胁着施工人员的安全,现归纳总结为十条规则,起重机械作业人员应严格执行“十不吊”:

①超过额定负荷不吊。

②指挥信号不明,质量不明,光线暗淡不吊。

③吊索和附件捆绑不牢、不符合安全要求不吊。

④吊挂重物直接加工时不吊。

⑤歪拉斜挂不吊。

⑥工件上站人或放活动物不吊。

⑦易燃易爆物品不吊。

⑧带有棱角缺口物件不吊。

⑨埋地物品不吊。

⑩违章指挥不吊。

7.3.2　自行式起重机安全管理

自行式起重机是指自带动力并依靠自身的运行机构沿有轨或无轨通道运移的臂架型起重机,分为汽车起重机、轮胎起重机、履带起重机、铁路起重机和随车起重机等几种。本节以装配式混凝土结构施工过程常用的履带式、汽车式和轮胎式起重机为例简述相应的安全管理规定。

(1)履带式起重机安全管理规定

履带式起重机使用必须满足国家、当地政府规定允许使用的条件,且须具备产品质量合格证明、使用维护说明书和有效期内的监督检验证明等文件。

履带式起重机使用前应检查以下内容:

①各安全防护装置及各指示仪表齐全完好。

②钢丝绳及连接部位符合规定。

③燃油、润滑油、液压油、冷却水等添加充足。

④各连接件无松动。

⑤起重臂起落及回转半径内无障碍。

⑥起重机音响、电铃等信号喇叭清晰。起重臂、吊钩、平衡重等转动体上标识标志鲜明。

⑦起重机的变幅指示器、力矩限制器、起重量限制器以及各种行程限位开关等安全保护装置,完好齐全、灵敏可靠。

⑧钢丝绳与卷筒连接牢固,放出钢丝绳时,卷筒上应至少保留 3 圈。

起重机应在平坦坚实的地面上作业、行走和停放。在正常作业时,坡度不得大于 3°,并应与沟渠、基坑保持安全距离。起重机不得靠近架空输电线路作业。起重机的任何部位与架空输电导线的安全距离应符合规定。

起重机的吊钩和吊环严禁补焊。当出现下列情况之一时应更换:表面有裂纹、破口、危险断面及钩颈有永久变形、挂绳处断面磨损超过截面高度 10%、吊钩衬套磨损超过原厚度 50%、心轴(销子)磨损超过其直径的 3%~5%。

起重机启动前应将主离合器分离,各操纵杆放在空挡位置,并应按规定启动内燃机。内燃机启动后,应检查各仪表指示值,待运转正常再接合主离合器,进行空载运转,顺序检查各工作机构及其制动器,确认正常后,进行空载运转,试验各工作机构正常后方可作业。

起重吊装指挥人员作业时应与操作人员密切配合,执行规定的指挥信号。操作人员应按照指挥人员的信号进行作业,当信号不清或错误时,操作人员可拒绝执行。

起重机作业时,起重臂和重物下方严禁有人停留、工作或通过。重物吊运时,严禁从人上方通过,严禁用起重机载运人员,严禁使用起重机进行斜拉、斜吊和起吊地下埋设或凝固在地面上的重物以及其他不明质量的物体。起吊重物应绑扎平稳、牢固,不得在重物上再堆放或悬挂零星物件。易散落物件应使用吊笼栅栏固定后方可起吊。标有绑扎位置的物件,应按标记绑扎后起吊。吊索与物件的夹角不宜小于 60°,且不应小于 45°,吊索与物件棱角之间应加垫块。

起吊载荷达到起重机额定起重量的 90%及以上时,应先将重物吊离地面 200~500 mm 后,检查起重机的稳定性、制动器的可靠性、重物的平稳性、绑扎的牢固性,确认无误后方可继续起吊,升降动作应慢速进行,并严禁同时进行两种及以上动作。对易晃动的重物应拴好拉绳。重物起升和下降速度应平稳、均匀,不得突然制动。左右回转应平稳,当回转未停稳不得做反向动作。非重力下降式起重机,不得带载自由下降。严禁起吊重物长时间悬挂在空中,作业中遇突发故障,应采取措施将重物降落到安全地方,并关闭发动机后进行检修。

当起重机制动器的制动鼓表面磨损达 1.5~2.0 mm(小直径取小值,大直径取大值)时,应更换制动鼓,同样,当起重机制动器的制动带磨损超过原厚度 50%时,应更换制动带。

作业时，起重臂的最大仰角不得超过出厂规定，当无资料可查时，不得超过 78°。起重机变幅应缓慢平稳，严禁在起重臂未停稳前变换挡位，起重机载荷达到额定起重量的 90%及以上时，严禁下降起重臂。

在重物升起过程中，操作人员应把脚放在制动踏板上，密切注意起升重物，防止吊钩冒顶。当起重机停止运转而重物仍悬在空中时，即使制动踏板被固定，仍应将脚踩在制动踏板上。用双机抬吊作业时，应选用起重性能相似的起重机进行。抬吊时应统一指挥，动作应配合协调，载荷应分配合理，单机的起吊载荷不得超过允许载荷的 80%。在吊装过程中，两台起重机的吊钩滑轮组应保持垂直状态。

当起重机需带载行走时，载荷不得超过允许起重量的 70%，行走道路应坚实平整，重物应在起重机正前方向，重物离地面不得大于 500 mm，并应拴好拉绳，缓慢行驶。严禁长距离带载行驶。起重机行走时，转弯不应过急，当转弯半径过小时，应分次转弯；当路面凹凸不平时，不得转弯。起重机上下坡道时应无载行走，上坡时应将起重臂仰角适当放小，下坡时应将起重臂仰角适当放大。严禁下坡空挡滑行。

起重机在无线电台、电视台或其他强电波发射天线附近施工时，与吊钩接触的作业人员，应戴绝缘手套、穿绝缘鞋，并应在吊钩上挂接临时放电装置。

当同一施工地点有两台以上起重机时，应保持两机间任何接近部位（包括吊重物）距离不得小于 2 m。

提升重物水平移动时，应高出其跨越的障碍物 0.5 m 以上。

作业后起重臂应转至顺风方向，并降至 40°~60°，吊钩应提升到接近顶端的位置，应关停内燃机，将各操纵杆放在空挡位置，各制动器加保险固定，操纵室和机棚应关门加锁。

（2）汽车式和轮胎式起重机安全管理规定

起重机行驶和工作的场地应保持平坦坚实，并应与沟渠、基坑保持安全距离。

起重机启动前重点检查项目应符合下列要求：

①各安全保护装置和指示仪表齐全完好。

②钢丝绳及连接部位符合规定。

③燃油、润滑油、液压油及冷却水充足。

④各连接件无松动。

⑤轮胎气压符合规定。

起重机启动前，应将各操作杆放在空挡位置，手制动器应锁死，并按照相关规定启动内燃机。启动后，应怠速运转，检查各仪表指示值，运转正常后接合液压泵，待压力达到规定值、油温超过 30 ℃时，方可开始作业。

作业前，应全部伸出支腿，并在撑脚板下垫方木，调整机体使回转支承面的倾斜度在无载荷时不大于 1/1 000（水准泡居中）。支腿有定位销的必须插上。底盘为弹性悬挂的起重机，放支腿前应先收紧稳定器。

作业中严禁扳动支腿操纵阀，调整支腿必须在无载荷时进行，并将起重臂转至正前或正后方可再行调整。

应根据所吊重物的质量和提升高度，调整起重臂长度和仰角，并应估计吊索和重物本身的高度，留出适当的空间。

起重臂伸缩时，应按规定程序进行，在伸臂的同时应相应下降吊钩。当限制器发出警报时，应立即停止伸臂。起重臂缩回时，仰角不宜太小。

起重臂伸出后，出现前节臂杆的长度大于后节伸出长度时，必须进行调整，消除不正常情况后，方可作业。

起重臂伸出后，或主副臂全部伸出后，变幅时不得小于各长度所规定的仰角。

汽车式起重机起吊作业时，汽车驾驶室内不得有人，重物不得超越驾驶室上方，且不得在车的前方吊起。

采用自由（重力）下降时，载荷不得超过该工况下额定起重量的 20%，并应使重物有控制地下降，下降停止前逐渐减速，不得使用紧急制动。

起吊重物达到额定起重量的 50%及以上时，应使用低速挡。

作业中发现起重机倾斜、支腿不稳等异常现象时，应立即使重物下降并落在安全的地方，下降中严禁制动。

重物在空中需要较长时间停留时，应将起升卷筒制动锁住，操作人员不得离开操纵室。

起吊重物达到额定重量的 90%以上时，严禁同时进行两种及以上的操作。

起重机带载回转时，操作应平稳，避免急剧回转或停止，换向应在停稳后进行。

当轮胎式起重机带载行走时，道路必须平坦坚实，载荷必须符合出厂规定，重物离地面不得超过 500 mm，并应拴好拉绳，缓慢行驶。

严禁使用起重机进行斜拉、斜吊和起吊地下埋设或凝固在地面上的重物以及其他不明质量的物体。现场浇注的混凝土构件或模板，必须全部松动后才可起吊。

严禁起吊重物长时间悬挂在空中，作业中遇突发故障，应采取措施将重物降落到安全地方，并关闭发动机或切断电源后进行检修。在突然停电时，应立即把所有控制器拨到零位，断开电源总开关，并采取措施使重物降到地面。

作业后，应将起重臂全部缩回放在支架上，再收回支腿。吊钩应用专用钢丝绳挂牢；应将车架尾部两撑杆分别撑在尾部下方的支座内，并用螺母固定；应将阻止机身旋转的销式制动器插入销孔，并将取力器操纵手柄放在脱开位置，最后应锁住起重操纵室门。

行驶前，应检查并确认各支腿的收存无松动，轮胎气压应符合规定。行驶时水温应在 80~90 ℃，水温未达到 80℃时，不得高速行驶。

行驶时应保持中速，不得紧急制动，过铁道口或起伏路面时应减速，下坡时严禁空挡滑行，倒车时应有人监护。

行驶时，严禁人员在底盘走台上站立或蹲坐，并不得堆放物件。

在露天有五级及以上大风或大雨、大雪、大雾等恶劣天气时，应停止起重吊装作业。雨雪过后作业前，应先试吊，确认制动器灵敏可靠后方可进行作业。

7.3.3 塔式起重机安全管理

塔式起重机（图 7.1）简称塔机，亦称塔吊，起源于西欧，由金属结构、工作机构和电气系统 3 部分组成。金属结构包括塔身、动臂和底座等。工作机构有起升、变幅、回转和行走 4 部分。电气系统包括电动机、控制器、配电柜、连接线路、信号及照明装置等。塔机分为上回转塔机和下回转塔机两大类。其中前者的承载力要高于后者，在许多施工现场我们所见到的就是上回转式上顶升加节接高的塔机。在装配式混凝土结构建筑施工中一般采用固定式的。塔式起重机按其变幅方式可分为水平臂架小车变幅和动臂变幅两种；按其安装形式可分为自升式、整体快速拆装式和拼装式 3 种。应用最广的是能够一机四用（轨道式、固定式、附着式和内爬式）的自升塔式起重机。

图 7.1 塔式起重机

（1）塔式起重机使用基本规定

塔式起重机的安装、拆卸和使用管理，必须严格执行《建筑起重机械安全监督管理规定》。塔式起重机应当具有特种设备制造许可证、产品合格证、制造监督检验证明。

塔式起重机产权单位，应在产权注册当地建设行政主管部门办理起重机械初始登记备案。

安装单位必须具有建设行政主管部门颁发的起重机械安装工程专业承包资质和安全生产许可证，并在其资质许可范围内承揽建筑起重机械安装和拆卸工作。安装单位应当按照安全技术标准即建筑机械性能要求，编制装拆方案,经本单位负责人审定,报施工总承包单位、设备产权单位、监理单位审查后组织实施。

安装或拆卸作业应划分警戒区域,安装单位专业技术人员、专职安全员、使用单位专职安全员、监理单位安全监理应当进行现场监督。塔式起重机械安装完毕,应当经有相应资质的检验检测机构检测。塔式起重机械检验检测合格,由施工承包单位组织租赁、安装、监理等有关单位进行验收,不得以检测结论代替验收,验收合格后方可使用。对于使用中的塔式起重机应进行定期检查和日常维护保养。使用单位应对安全限位保险装置和钢丝绳、吊索等易损部件每天进行检查,确保灵敏可靠。多台塔吊作业时必须满足安全距离要求,并采取有效的防碰撞措施。施工总承包单位应当自起重机械验收合格之日起 30 日内到施工当地建设行政部门办理起重机械使用登记,将使用登记牌置于该设备的显著位置。禁止擅自在塔式起重机上安装非原制造厂制造的标准节和附着装置。安装拆卸工、起重信号工、起重司机、司索工等特种作业人员应持证上岗。塔式起重机安全资料管理应按照施工现场安全资料管理标准组卷。

(2)资料管理

施工企业或塔机机主应将塔机的生产许可证、产品合格证、拆装许可证、使用说明书、电气原理图、液压系统图、司机操作证、塔机基础图、地质勘察资料、塔机拆装方案、安全技术交底、主要零部件质保书(钢丝绳、高强连接螺栓、地脚螺栓及主要电气元件等)报给塔机检测中心,经塔机检测中心检测合格后,获得安全使用证。安装好以后同项目经理部的交接要有交接记录,同时在日常使用中要加强对塔机的动态跟踪管理,做好台班记录、检查记录和维修保养记录(包括小修、中修、大修)并有相关责任人签字,在维修的过程中所更换的材料及易损件要有合格证或质量保证书,并将上述材料及时整理归档,建立一机一档台账。

(3)拆装管理

塔机的拆装是事故多发的阶段。因拆装不当和安全质量不合格而引起的安全事故占有很大的比重。塔机拆装必须由具有资质的拆装单位进行作业,而且要在资质范围内从事安装拆卸。拆装人员要经过专门的业务培训,有一定的拆装经验并持证上岗,同时要各种人员齐全,岗位明确,各司其职,听从统一指挥,在调试的过程中,专业电工的技术水平和责任心很重要,电工要持电工证和起重证上岗。拆装要编制专项拆装方案,方案要由安装单位技术负责人审核签字,并向拆装单位参与拆装的人员进行安全技术交底,并设立警戒区和警戒线,安排专人指挥,无关人员禁止入场,严格按照拆装程序和说明书的要求进行作业,当遇风力超过四级时,要停止拆装;风力超过五级时,塔机要停止起重作业。特殊情况确实需要在夜间作业的要有足够的照明,并要与汽车吊司机就有关拆装的程序和注意事项进行充分的协商并达成共识。

(4)塔机基础

塔机基础是塔机的根本,实践证明,不少重大安全事故都是塔机基础存在问题而引起的,它是影响塔吊整体稳定性的一个重要因素。因此,在建设塔机基础时要注意以下标准。

①塔式起重机基础应能承受工作状态和非工作状态下的最大荷载,并能满足塔基抗倾覆稳定性要求。

②使用单位应根据塔基制造商提供的荷载参数设计施工混凝土基础。

③若采用塔机制造商推荐的混凝土基础,固定支腿、预埋节和地脚螺栓应按照原制造商规定的方法使用。

④基础属于隐蔽工程应按隐蔽工程管理规定验收签字。

⑤采用地下节形式的基础,严禁采用标准节代替地下节,地下节严禁擅自制造。

⑥采用十字梁形式的基础,水平面的斜度不得大于 1/1 000。螺母拧紧后,螺杆螺纹要露出螺母 3 牙以上。预埋螺栓外露长度不够,采用搭接其焊缝长度需经过计算,严禁对接。不得任意改变预埋螺栓的位置尺寸,应严格按说明书要求实施。十字梁安装时必须注意,与承重钢板间不应有间隙。

⑦桩基础:当地基达不到使用说明书规定的承载力时,应采用桩基础达到其要求,应有设计计算书、设计图。

(5)安全距离

塔吊在平面布置的时候要绘制平面图,尤其是房地产开发小区的住宅楼多塔吊时,更要考虑相邻塔吊的安全距离,在水平和垂直两个方向上都要保证不少于 2 m 的安全距离,相邻塔机的塔身和起重臂不能发生干涉,尽量保证塔机在风力过大时能自由旋转。塔机后臂与相邻建筑物之间的安全距离不少于 50 cm。塔机与输电线之间的安全距离符合要求。

塔机与输电线的安全距离不达要求的要搭设防护架,防护架搭设原则上要停电搭设,不得使用金属材料,可使用竹竿等材料。竹竿与输电线的距离不得小于1 m,还要有一定的稳定性,防止被大风吹倒。

(6)安全装置

为了保证塔机的正常与安全使用,我们强制要求塔机在安装时必须具备规定的安全保险装置,主要有起重力矩限制器、起重量限制器、高度限位器、幅度限位器、回转限位器、吊钩保险装置、卷筒保险装置、风向风速仪、钢丝绳脱槽保险、小车防断绳装置和缓冲器等。要确保这些安全装置的完好与灵敏可靠,在使用中如发现损坏应及时维修更换,不得私自接触或任意调节。按照《建筑施工安全检查标准》(JGJ 59—2011)要求,塔吊的专用开关箱也要满足"一机一闸一箱"的要求,漏电保护器的脱扣额定动作电流应不大于30 mA,额定功率动作的时间不超过0.1 s。司机室里的配电盘不得裸露在外。电器柜应完好,关闭严密、门锁齐全,柜内电器元件应完好,线路清晰,操作控制机构灵敏可靠,各限位开关性能良好,定期安排专业电工进行检查维修。

(7)稳定性

塔式起重机高度与底部支承尺寸比值较大,且塔身的重心高、扭矩大、启制动频繁、冲击力大,其倾翻的主要原因有以下几条:

①超载:不同型号的起重机通常以起重力矩为主控制,当工作幅度加大或重物超过相应的额定荷载时,重物的倾覆力矩超过它的稳定力矩,就有可能造成塔机倒塌。

②斜吊:斜吊重物时会加大它的倾覆力矩,在起吊点处会产生水平分力和垂直分力,在塔吊底部支承点会产生一个附加的倾覆力矩,从而减少稳定系数,造成塔吊倒塌。

③塔吊基础不平,地耐力不够:垂直度误差过大也会造成塔吊的倾覆力矩增大,使塔吊稳定性降低,因此,我们要从这些关键性的因素出发严格检查检测把关,预防重大的设备人身安全事故。

④附墙装置架设不符合要求:当塔机超过它的独立高度时要架设附墙装置,以增加塔机的稳定性。

附墙装置要按照塔机说明书的要求架设,附墙间距和附墙点以上的自由高度不能任意超长。超长的附墙支撑应另外设计并附计算书,进行强度和稳定性的验算。附着框架保持水平、固定牢靠与附着杆在同一水平面上,与建筑物之间连接牢固,附着点以下塔身的垂直度不大于2/1 000,与建筑物的连接点应选在混凝土柱上或混凝土圈梁上。用预埋件或过墙螺栓与建筑物结构有效连接。有些施工企业用膨胀螺栓代替预埋件,还有的用缆风绳代替附着支撑,这些都是十分危险的。

(8)安全操作

塔式起重机管理的关键还是对司机的管理。司机必须身体健康,了解机械构造和工作原理,熟悉机械原理、保养规划,持证上岗。司机必须按规定对起重机做好保养,有高度的责任心,认真做好清洁、润滑、紧固、调整、防腐等工作,不得酒后作业,不得带病或疲劳作业,严格按照塔吊机械操作规程和塔吊"十不准、十不吊"进行操作,不得违章作业、野蛮操作,有权拒绝违章指挥,夜间作业要有足够的照明。塔机平时的安全使用关键在司机的技术水平和责任心。

(9)安全检查

塔式起重机在安装前后和日常使用中都要对它进行检查。金属结构焊缝不得开裂,金属结构不得塑性变形,连接螺栓、销轴质量符合要求,对止退、防松的措施,连接螺栓要定期安排人员预紧,钢丝绳润滑保养良好,断丝数不得超标,绝对不允许断股,不得塑性变形,绳卡接头符合标准,减速箱和油缸不得漏油,液压系统压力正常,刹车制动和限位保险灵敏可靠,传动机构润滑良好,安全装置齐全可靠,电器控制线路绝缘良好。尤其要督促塔机司机、维修工和机械维修工要经常检查,要着重检查钢丝绳、吊钩、各传动件、限位保险装置等易损件,发现问题立即处理,做到定人、定时间、定措施,严格杜绝机械带"病"作业。

(10)事故应急措施

①塔吊基础下沉、倾斜:应立即停止作业,并将回转机构锁住,限制其转动;根据情况设置地锚,控制塔吊的倾斜。

②塔吊平衡臂、起重臂折臂:塔吊不能做任何动作;按照抢险方案,根据情况采用焊接等手段,将塔吊结构加固,或用连接方法将塔吊结构与其他物体连接,防止塔吊倾翻和在拆除过程中发生意外;用2~3台适量吨位起重机,一台锁起重臂,一台锁平衡臂。其中一台在拆臂时起平衡力矩作用,防止因力的突然变化而造成倾

翻;按抢险方案规定的顺序,将起重臂或平衡臂连接件中变形的连接件取下,用气焊割开,用起重机将臂杆取下;按正常的拆塔程序将塔吊拆除,遇变形结构用气焊割开。

③塔吊倾翻:采取焊接、连接方法,在不破坏失稳受力情况下增加平衡力矩,控制险情发展;选用适量吨位起重机按照抢险方案将塔吊拆除,变形部件用气焊割开或调整。

④锚固系统险情:将塔式平衡臂对应到建筑物,转臂过程要平稳并锁住;将塔吊锚固系统加固;如需更换锚固系统部件,先将塔机降至规定高度后,再行更换部件。

⑤塔身结构变形、断裂、开焊:将塔式平衡臂对应到变形部位,转臂过程要平稳并锁住;根据情况采用焊接等手段,将塔吊结构变形或断裂、开焊部位加固;落塔更换损坏结构。

7.4 施工过程安全管理

装配式混凝土结构建筑建造过程中最难控制的安全管理阶段也就是现场施工阶段,施工现场有很多隐藏的安全风险,需要施工单位提前做好应对措施。项目安全管理应严格按照有关法律、法规和标准的安全生产条件,组织 PC 结构施工。

7.4.1 存在安全风险的阶段

(1)施工现场前期准备阶段存在的安全风险

①施工方案不到位。如预制件至堆放点的运输道路布置不合理导致道路的堵塞、破坏及车辆碰撞等;再如道路及堆场设在地库顶板上时,若前期未进行计算及采取相应的加固措施,则有可能导致地库顶板的开裂甚至坍塌等。

②安全技术交底不到位。因装配式建筑比常规施工有更多的吊装工作,如未进行相应的技术考核及安全技术交底,则容易造成施工人员未持证就上岗、吊装技术不熟练及施工人员站位不准确、缺少扶位而导致伤残等问题。

(2)施工装运阶段存在的安全风险

①吊装机械选型及吊装方案不到位,导致吊装设备的碰撞及超负荷吊装、斜吊预制构件等安全问题。

②预制构件进场检测不到位,可能出现吊装时埋件拉出、吊点周边混凝土开裂、吊具损坏、预制件重心不稳等吊装隐患。

③吊装施工作业不规范,导致吊装预制构件时晃动严重及摆动幅度过大,增加了预制构件吊装时发生钢筋碰撞、伤人等事故的风险。

④预制构件堆放不规范,导致预制构件的倾覆、破坏,严重的导致人员受伤。

⑤防护设施安装不规范,在装配式建筑中一般不使用外脚手架而采用工具式防护架、围挡,倘若架体安装刚度不足及架体间缺少连接措施则易导致架体不稳甚至物体、人员坠落。

(3)吊装就位阶段存在的安全风险

①临时支撑体系不到位。预制构件需采用临时支撑拉结与原有体系进行连接,操作人员在支撑未安装到位前随意松解或加固易使斜撑滑动,导致构件的失稳或坠落。

②吊装、安装不到位。吊装幅度过大,易导致挤压伤人。而当预制构件预埋接驳器内有垃圾或者预埋件保护不到位时,吊具受力螺栓无法充分拧入孔洞内从而导致螺栓部分受力,存在安全隐患。

③高空作业、临边防护不规范。

(4)拼缝、修补外饰阶段存在的安全风险

①在拼缝、修补外饰面过程中,如果灌浆机的操作不当就可能导致诸如浆料喷入操作者或其他人员眼睛里的安全事故。

②由于预制外墙板之间有拼缝,因此在装配式建筑中常用吊篮对外墙面进行处理。吊篮作业的不规范会产生严重的安全后果。

7.4.2　环境影响的安全因素

①自然环境。在施工过程中,常会遇到一些不利于施工的天气,如大风、下雨、雷电等,需要有应对预案。

②施工现场环境。如现场布局不合理或者各类材料、机械等的乱堆放、对危险源的防护不到位等都是造成各类事故的安全隐患。

③安全氛围环境。不良的施工安全氛围会导致工地安全事故频发、工人安全意识淡薄。

在整个施工过程中形成一个良好的安全氛围是十分有必要的。通过各种宣传工作,把重视安全类似于企业文化来推广。

在装配式建筑的施工中,除编制完善的施工方案、按照规章制度施工外,新技术的应用也能起到很好的效果,推广装配式建筑的同时也在大力推广 BIM 的应用,通过施工模拟、碰撞等各项 BIM 技术点的应用可以很好地提前发现并消除装运、吊装就位等工作中的安全隐患,且对施工方案进行优化,规范施工方法,实现施工技术与信息化技术的结合。

7.4.3　吊装的安全管理

"工欲善其事必先利其器",具有精良的工具干起活来才能得心应手。对于装配式建筑,吊装是最重要的过程之一,我们必须高度重视吊装的安全管理。要指派专业人员对设备进行定期检查及维护,防止设备老化松动。一旦发现用于起重的钢索有磨损或损坏,一定要更换新的,并且要在起吊构件时设置拉绳,便于控制构件的方向。每次在吊装工作前,都要根据规范进行交底工作,对于刚进入施工现场的新员工进行专业培训,保证工作人员具备相应的专业能力并对施工现场有足够的了解,确保施工安全。在施工过程中要轮流进行操作,并要有专业人士在一旁观察监督指导,从方方面面入手做到万无一失。同样对于支架的安全管理也是如此,支架是保障装配式建筑结构的基础。在施工前要对支架做精准的距离及数量测量,进行试压操作以测出其称重能力,保证在安装时准确无误,无缝连接。对于机械设备的安全管理,一定要面面俱到,不仅是在使用过程中,在使用前更要对设备进行质量检测。建筑工程负责人一定要高度重视,层层把关,对承重物做好压力测试,在工作中做好定期检查以保障吊装和支架的安全性及稳定性。

1)具体细则

①吊装作业:在检修过程中利用各种吊装机具将设备、工件、器具、材料等吊起,使其发生位置变化的作业过程。

②重大吊装作业:吊装物体(或土建工程主体结构)质量大于等于 40 t 或吊装物体虽不足 40 t,但形状复杂、刚度小、长径比大、精密贵重,施工条件特殊的吊装作业。

③吊装机具:桥式起重机、门式起重机、装卸机、缆索起重机、汽车起重机、轮胎起重机、履带起重机、铁路起重机、塔式起重机、门座起重机、桅杆起重机、升降机、电葫芦及简易起重设备和辅助用具。

④如实填写"吊装安全作业票"。

2)人员职责

①公司工程部负责审核重大吊装作业方案,对吊装作业进行专业监督管理。

②公司健康安全环保部负责制定本细则,监督检查所属各单位执行该细则的情况。

③所属各单位按照本细则的要求严格执行。

④作业相关人员职责。

A.作业人员职责:

a.吊装作业人员(指挥人员、起重工)应持有效的"特种作业操作证"方可从事吊装作业指挥和操作。

b.在作业前应充分了解作业的内容、地点、时间、要求,熟知作业中的危害因素。

c.作业票所列的安全防护措施经确认无误,获监护人同意后方可进行吊装作业。

d.对违反本细则的强令作业、安全措施不落实等情况有权拒绝作业。

e.吊装作业结束后应清理现场,不得留安全隐患。

B.监护人员职责:

a.对作业票中安全措施的落实情况进行认真检查,发现制订的措施不当或落实不到位等情况时,应当立即制止作业。

b.对吊装作业现场负责监护,作业期间不得擅离现场或做与监护无关的事;当发现违章行为或意外情况时,应及时制止作业,立即采取应急措施并报警。

c.作业完成后,检查作业现场,确认无安全隐患。

d.吊装作业监护人由施工单位指派,申请单位可根据作业需要增派监护人。

C.申请单位作业负责人职责:负责吊装作业方案、安全措施及特殊工种资质审查,向作业人员交代作业任务和安全注意事项,并确认安全措施的落实情况,随时纠正违章行为;作业完成后,负责完工验收。

D.施工单位作业负责人或领导职责:负责施工作业风险削减措施的制订、审查和落实,向作业人员交代作业任务和安全注意事项,并监督执行;负责在作业票上签署意见(重大吊装安全作业票必须由施工单位领导签署)。

E.申请单位部门负责人或领导职责:必须到现场了解吊装作业地点及周围环境情况,审查作业票上的措施是否全面并得到落实,审查通过方可签字批准吊装作业(重大吊装安全作业票必须由申请单位领导审批)。

3)吊装要求

楼梯段吊装防碰撞

(1)管理原则

①吊装物体质量大于10 t时需办理"吊装安全作业票",作业涉及占道、临时用电等其他危险作业时,还需办理相关作业许可证。

②作业票有效期不超过当天,超过规定时间需要继续作业的,应重新办理作业票。

③吊装物体(或土建工程主体结构)质量大于等于40 t时,应编制吊装作业方案。吊装物体虽不足40 t,但形状复杂、刚度小、长径比大、精密贵重、施工条件特殊时,也应编制吊装作业方案。吊装作业方案应经过施工单位和申请单位领导签字批准后报公司工程部审核备案。

(2)管理内容

①起重吊装机具必须是按国家标准生产的产品。

②应按照国家标准规定对吊装机具进行日检、月检、年检。对检查中发现问题的吊装机具,应进行检修处理,并保存检修档案。

③吊装作业前,作业人员必须对起重吊装设备的制动器、钢丝绳、揽风绳、链条、吊钩等各种机具进行检查。

④无过载限定装置的吊车不得在公司管辖范围内从事吊装作业。

⑤施工单位在办理作业票时,须向审批人提供承包商及人员资质、机具的最近一次安全检验报告、吊装设备的检查记录、装有过载限定装置的证明。

⑥施工单位作业负责人和作业人员必须在作业前熟悉吊装现场环境,设置安全警戒标志和警戒线,并设专人看护,防止无关人员和车辆进入作业现场。

⑦吊装作业时,必须分工明确、坚守岗位,并按标准规定的联络信号统一指挥。

⑧夜间吊装作业,必须有足够的照明;遇到大雪、暴雨、大雾及五级以上大风时,应停止室外吊装作业。

⑨严禁利用管道、管架、电杆、机电设备等作吊装锚点。未经施工单位专业工程师审查核算,不得将建筑物、构筑物作为锚点。

⑩吊装作业现场的吊绳索、揽风绳、拖拉绳等应避免同带电线路接触,并保持安全距离。

⑪用定型起重吊装机械(履带吊车、轮胎吊车、轿式吊车等)进行吊装作业时,除遵守本标准外,还应遵守该定型机械的操作规程。实施吊装作业单位使用汽车吊装机械,在进入防火防爆区域前要确认安装有汽车防火罩。

⑫在吊装作业时必须明确指挥人员,指挥人员应佩戴鲜明的标志或特殊颜色的安全帽。

⑬吊装作业时必须按规定负荷进行吊装,吊具、索具经计算选择使用,严禁超负荷运行。所吊重物接近或达到额定起重吊装能力时,应检查制动器,用低高度、短行程试吊后,再平稳吊起。

⑭在高压架空线附近进行吊装作业时,机臂与架空电线间距应符合电气安全规范的有关规定。

⑮利用两台或多台起重机械吊运同一重物时,升降、运行应保持同步;各台起重机械所承受的载荷不得超过各自额定起重荷载的80%。

⑯悬吊重物下方严禁站人、通行和工作。

⑰ 进行吊装作业前施工单位作业负责人应检查确认起重机具、人员资质、作业环境是否符合。内容包括：

a.检查吊钩、钢丝绳、环形链、滑轮组、卷筒、减速器等易损零部件的安全技术状况。

b.检查电气装置、液压装置、离合器、制动器、限位器、防碰撞装置、警报器等操纵装置和安全装置是否符合使用安全技术条件，并进行无负荷运载试验。

c.检查地面附着物情况、起重机械与地面的固定或垫木的设置情况，划定不准无关人员进入的危险区域并设警戒。

d.检查确认起重机械作业时或在作业区静置时各部位活动空间范围内没有在用的电线、电缆和其他障碍物。

e.检查吊具与吊索是否选择适当，其质量是否符合安全技术要求。

f.检查施工技术方案及技术措施。

g.检查施工机、索具的实际配备是否与方案相符，如不相符，说明原因并写审批意见。

7.4.4 模板与支撑

装配式结构的模板与支撑应根据施工过程中的各种工况进行设计，应具有足够的承载力、刚度，并应保证其整体稳定性。

模板与支撑安装应保证工程结构和构件各部分形状、尺寸和位置的准确，模板安装应牢固、严密、不漏浆，且应便于钢筋安装和混凝土浇筑、养护。

(1)预制叠合板类构件应符合的规定

①预制叠合板类构件水平模板安装时，可直接将叠合板作为水平模板使用，其下部可直接采取龙骨支撑，支撑间距应根据施工验算确定。叠合板与现浇部位的交接处，应增设一道竖向支撑，并按设计或规范要求起拱。

②叠合类构件竖向支撑宜选用定型独立钢支柱，支撑点位置应靠近起吊点。

③叠合板类构件作为水平模板使用时，应避免集中堆载、机械振动。

④安装叠合板的现浇混凝土剪力墙，宜在墙模板上安装叠合板板底标高控制方钢，浇筑混凝土前按设计标高调整并固定位置。

(2)预制叠合梁应符合规定

①预制叠合梁下部的竖向支撑可采取点式支撑，支撑间距应根据施工验算确定。叠合梁与现浇部位的交接处，应增设一道竖向支撑。

②叠合梁竖向支撑应选用定型独立钢支柱。

③安装预制墙板、预制柱等竖向构件，应采用斜支撑的方式临时固定，斜支撑应为可调式。斜支撑位置应避免与模板支架、相邻支撑冲突。

装配式结构模板安装的偏差应符合表7.1的规定。

表7.1 装配式结构模板安装允许偏差及检验方法

项目		允许偏差/mm	检验方法
轴线位置		5	钢尺检查
底模上表面标高		±5	水准仪或拉线、钢尺检查
截面内部尺寸	基础	±10	钢尺检查
	柱、墙、梁	+4，-5	钢尺检查
层高垂直度	不大于5 m	6	经纬仪或吊线、钢尺检验
	大于5 m	8	经纬仪或吊线、钢尺检验
相邻两板表面平整度		2	钢尺检查
表面平整度		5	2 m靠尺和塞尺检查

7.4.5　外防护架

装配式混凝土结构外防护架为新兴配套产品，充分体现了节能、降耗、环保、灵活等特点，在装配式混凝土结构建筑建造过程中，外防护架主要悬挂在外剪力墙上，主要解决结构平立面防护以及里面垂直方向的简单操作问题，为工人的施工提供安全保障。

(1)悬挂式外防护架组装

悬挂式外防护架主要由三角架作架体制作而成，因此三角架应根据现场荷载和安全系数进行杆件和焊缝受力的设计计算，并应制作试件且通过现场荷载试验。悬挂式外防护架的主要构成如图 7.2 所示，包括平台架、穿墙钩头螺栓、插销、提升挂钩和护栏 5 部分。悬挂式外防护架使用前必须进行建筑物受力墙体的荷载验算，验算合格后方可投入使用。建议墙体混凝土强度不低于 10 MPa。

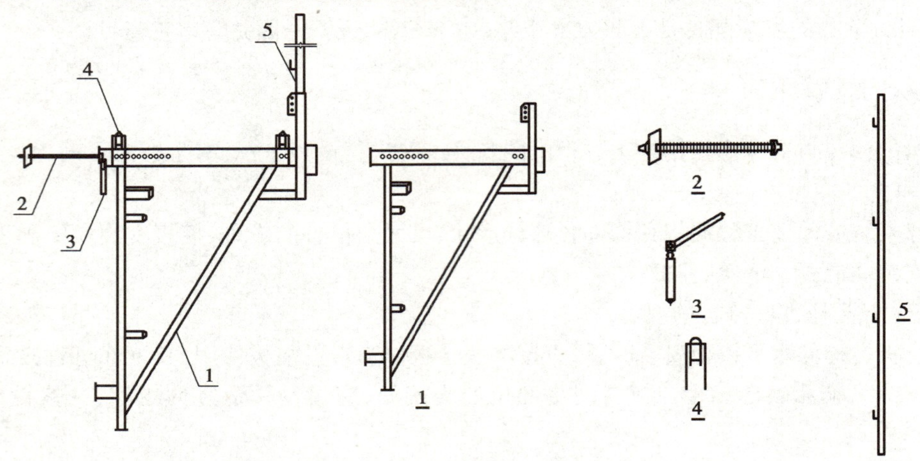

图 7.2　悬挂式外防护架的主要构成

1—平台架；2—穿墙钩头螺栓；3—插销；4—提升挂钩；5—护栏

①根据外挂架工作原理，墙柱混凝土必须达到一定强度才可进行提升(建议不低于 10 MPa)。

②悬挂式外防护架与墙体的间距紧凑，不宜过大。

③外挂架挂设时，穿墙钩头螺栓内侧加设垫片，拧紧螺母后，再仔细检查一遍，确保安全。

④每榀外挂架之间的间距，根据现场荷载情况计算确定，建议间距为 1.5~1.8 m，要考虑模板自重、操作人员荷载、架体自重，以及脚手板、护栏、零星材料等的质量。

(2)组合操作平台组装

①外挂架就位以后，紧固穿墙钩头螺栓螺母。两榀和两榀以上的外挂架按设计要求用脚手管件连成整体，其上铺设跳板，外侧加防护，组成组合操作平台。组合平台不宜过长，一般不大于 6 m。

②使用中要严格控制组合平台上的荷载，同时在吊物、支模等过程中不应受到碰撞。

③外挂架在转角墙面处必须贯通，将转角处一侧挂架伸至结构外皮处，另一侧单体挂架大横杆外伸成悬挑结构与其接通。所有悬挑部位外伸长度不宜大于 1.2 m，并于悬挑部位加设斜拉杆，增强外伸部位刚度。贯通后的转角墙面两侧组合平台需用临时连接杆件拉接为整体，且全部外露部位均以密目安全网包裹严密，保证外架整体的封闭性。

④对于外墙洞口水平尺寸大于 1.8 m 的，两榀外挂架体间距须适当缩小，且两榀外挂架之间增加横杆连接，以保证外挂架的安全稳定。

(3)组合操作平台提升

①提升前解开组合操作平台间的接缝板、立网等连接物，架子工挂好挂钩并离开平台后，方可发信号进行调运。

②塔吊起吊时，先微量起吊，平衡架体自重，卸除穿墙螺栓上的架体荷载，然后再松动穿墙螺栓的螺母，向外稍微推出，并认真检查穿墙螺栓的螺母是否全部松动，确认后方可起吊。

③起吊过程中吊钩垂直、平稳、缓慢起吊，另在架体两侧上、下共系4道保持组合架体平衡的揽风绳，起吊过程中，操作人员站在楼板上拽揽风绳协调组合架体平衡，并辅助塔吊将组合架体挂到拟就位的穿墙螺栓上。过程中不得碰撞结构和其他相邻组合操作平台。

④组合架体就位前穿墙螺栓必须装齐，每根穿墙螺栓配一块垫片、两个螺母。架体就位后，立即紧固螺母，螺母全部紧固后再摘塔吊吊钩。组合架体使用前再认真检查架体内连接杆件是否松动，并用短钢管将相邻的两段架体连接成整体。从下层组合架体穿墙螺栓的螺母松动开始至上层穿墙螺栓的螺母紧固完毕，整个架体提升过程中，架体上操作人员必须系安全带，安全带必须与工程结构（如剪力墙钢筋）系牢。

(4)悬挂式外防护架体系拆除

①待结构全部施工完毕后，拆除所有外挂架。

②先将外挂架组合操作平台吊至地面，再在地面上拆除各个构件，清理后分类码放整齐。

(5)水平安全网的搭设

在二层设置第一道水平安全网，安全网设置两层，两层中间间隔40 cm，网宽6 m，以上每隔4层分别设一道水平安全网，采用单层网，网宽3 m。与结构拉结的部位用钢丝绳通过穿墙孔固定，外侧用架子管斜挑。水平安全网要外高内低，倾斜角度为10°~30°。

(6)外挂架使用检修

正常使用过程中，外挂架使用检修是施工过程中重要的一环，外挂架容易被吊装过程中的墙板碰撞；无物料堆放区的顶板，员工习惯性地将物料堆放在外挂架上，造成超载，损坏外挂架结构，或者造成严重物料坠落事故。施工过程中，部分外挂架成为唯一通道，容易造成人员超载，成为安全隐患。外挂架的连接处在架子工施工过程中，容易忽视，不能达到规范连接，导致外挂架不能形成一个整体，成为重大安全隐患。

(7)外挂架提升与拆卸

建筑施工现场，交叉施工在外挂架的提升与拆卸过程中很常见，外挂架的脚手板上存在部分建筑垃圾，外挂架与墙体的连接螺栓拆除极易导致高空坠物，造成安全隐患。另外外挂架的提升过程中，架子工有时无法使用安全带，冒险蛮干，造成安全隐患；提升与拆卸过程中，破坏整体性的外挂架，容易导致物体散落伤人。

7.4.6 装配式建筑施工风险管控的对策措施

楼层维护栏拆除流程

装配式建筑，在施工前应选用先进的工艺设备及工艺流程，日常安全管理过程中必须采用风险分析管控的方式来对三大危险源进行安全管理。

风险分析管控过程应制订安全隐患等级排查表（表7.2、表7.3），逐项检查，逐项管控，并将每项风险落实到人，并采用无人机监控系统，进行全方位监控，才能极大地降低风险。在风险管控中构件的吊装过程包含了对起重机械的监控。

表7.2 预制构件吊装安全隐患分级管控表

序号	可能存在的隐患	可能导致的事故	类别	控制措施
1	塔机型号选择	塔机超数、机械损坏	三级	计算墙板吊装力矩质量最大值（额外知吊具钢丝绳质量），参考塔机性能表确定塔机型号
2	吊装施工方案	碰撞、倾倒伤人、吊物坠落	一级	吊装力系应经过专家论证
3	预制墙板工厂生产预固预埋（主要针对吊点位置）	墙板裂缝坠落	三级	严格按照图纸施工，指派专人检查验收，保留影像资料
4	预制墙板蒸养时间控制	强度不够、损坏伤人	三级	严格遵守预制墙板蒸养时间控制，72 h后起拱

续表

序号	可能存在的隐患	可能导致的事故	类别	控制措施
5	预制墙板出厂检验	预制墙板损坏伤人	三级	指派专人对预制墙板出厂检验(主要针对吊点位置)填写检验书
6	门式桁吊日常检查(轨道、限位器、零部件、用电、钢丝绳吊具)	机械伤人、倾倒伤人	三级	指派专人对门式桁吊进行日常检查,填写检查记录表,做好交底
7	吊装卡环销子与弯环紧密连接	碰撞、倾倒伤人、吊物坠落	四级	吊装工施工完后,检查吊装卡环销子与弯环紧密连接
8	预制墙板装车牢固性检验	倾倒伤人	四级	预制墙板装车位置在车辆存放架上,对称倾斜放置,与存放架紧贴,下端放在橡胶皮上,预防震动损伤,且对称墙板两侧用导链钢丝绳禁锢在存放架上
9	预制墙板运输过程控制	碰撞	三级	设定预制构件运输路线,要求道路和场地坚实,严格遵守墙板到场验收程序
10	墙板存放顺序与安装过程控制	碰撞、倾倒伤人	三级	严格按照墙板吊装顺序存放,墙板按照施工方案顺序安装
11	预制墙板存放是否稳定	倾倒伤人	四级	存放区域周围设置围挡、布置安全警示标识、指派专人检查预制构件存放情况;采用专用存放架存放
12	PK 板存放	构件损坏	四级	存放叠合数量严禁超过 7 块,垫木应放在 PK 板距两侧边缘 30 cm 以内的预留孔洞之间,木方长度一致且应竖向呈一条直线
13	预制墙板水洗面清理	零星石子坠落	四级	指派专人针对预制墙板水洗面进行清理
14	预制墙板吊装时吊索与板面夹角检查	墙板开裂、吊物坠落	四级	夹角不宜大于 60°,不应小于 45°
15	预制墙板吊钉牢固性检查	吊物坠落	四级	挂钩人员严格检查墙板吊钉牢固性
16	预制构件吊装是否符合方案	碰撞、倾倒伤人、吊物坠落	三级	划分吊装区域(避免人流量密集及机械所在地),指派专人指挥、警戒,吊装人员应具有吊装工证书(且年龄在 55 岁以下)
17	桁架叠合板吊装	构件损坏	三级	根据桁架板长度选定吊点数量及位置
18	预制构件安装过程控制	碰撞、倾倒伤人、吊物坠落	三级	遵守方案工艺流程、挂钩人员系安全带、斜支撑安装检查(是否紧固)
19	吊装过程塔机的速度控制	碰撞、倾倒伤人、吊物坠落	四级	信号工应熟练掌握塔机性能及高速换低速距离进行指挥;墙板安装与预埋钢筋结合时,塔吊司机采取慢速,稳定降落
20	斜支撑安装与拆除	倾倒伤人	三级	混凝土强度达到 C15 时对斜支撑安装、安装完毕禁止移动;顶部浇筑后强度达到 C15 时拆除斜支撑,严禁拆除过早

续表

序号	可能存在的隐患	可能导致的事故	类别	控制措施
21	吊具、吊爪、钢丝绳、吊装带配置	倾倒伤人、吊物坠落	三级	按规范、方案要求配置吊具、吊爪、钢丝绳、吊装带，并进行日常检查，发现问题及时更换
22	PK板、桁架板吊装过程控制	碰撞、倾倒伤人、吊物坠落	三级	使用专用吊具，带肋底板的吊点位置应合理设置
23	吊装人员是否有资质证书及证书是否在有效期内	碰撞、倾倒伤人、吊物坠落	二级	检查吊装人员（吊装工、信号工）的资质证书
24	夜间施工（卸车）	碰撞、倾倒伤人	三级	设置足够的照明设施；指派专人指挥
25	大风、雷雨天气吊装控制	碰撞、倾倒伤人、吊物坠落、触电、机械损坏	三级	风力≥9 m/s时禁止吊装；雷雨天气禁止吊装

表7.3　传统式外挂架安全隐患分级管控表

序号	可能存在的隐患	可能导致的事故	类别	控制措施
1	外挂架施工方案	坠落伤人	一级	外挂架方案应经过专家论证
2	外挂架材料选择	吊物坠落、坠落伤人	三级	∟50×5的角钢、5号槽钢、ϕ48.3×3.6钢管、4.8级M28螺母、60 mm×60 mm×3 mm厚的钢板垫片
3	定位外挂架预留孔	吊物坠落、坠落伤人	四级	参照墙板图纸确定外挂架预留孔位置，防止因位置不对而无法安装螺栓
4	挂架组装、焊接过程控制	触电、灼伤	三级	带好劳保用品、严控动火审批制度
5	外挂架构造	吊物坠落、坠落伤人	三级	搭设高度为1.2 m的钢管防护，立杆设置间距不大于1.8 m，水平杆设置3道，并悬挂安全密目网
6	外挂架安装过程控制	吊物坠落、坠落伤人	三级	按方案要求施工（尤其螺栓、螺帽及操作平台对接安装）；设定安装区域、派专人指挥、警戒
7	外挂架起升过程控制	吊物坠落、坠落伤人	三级	按方案要求施工；设定安装区域、派专人指挥、警戒；系安全带；检查吊点位置是否松动，焊接点位置是否牢固；外墙预留孔洞是否清理干净；起升完毕后检查验收
8	外挂架损坏	吊物坠落、坠落伤人	四级	外挂架日常监控、检查（焊接口、对接口、挡脚板、安全网、预留螺栓）
9	外挂架载人、载荷控制	坠落伤人	四级	同一块外挂架脚手板上限载2人，严禁堆放物料
10	外挂架卫生清扫	零星材料坠落	四级	清扫外挂架卫生时拉警戒线、派专人警戒
11	外挂架拆除	吊物坠落、坠落伤人	三级	按方案要求施工；设定安装区域、派专人指挥警戒；拆除人员系安全带

加强装配式建筑施工过程中的安全管理,加强现场对三大危险源的安全管理。塔式起重机的选择与日常维护是吊装的关键,合适的起重机既能降低成本也能确保安全。在进行吊装时,要严格按照操作规范,保证工作人员的专业性,通过现场的安全管理,降低安全事故发生率,杜绝重大安全事故的发生。外挂架的选用,建议使用电动式爬架,既能达到美观要求,也能减少塔机的工作量,缩短工期。实践证明系统化的风险管控是适合装配式建筑施工现场的安全管理方式。

复习思考题

7.1　装配式混凝土结构建筑施工安全管理与传统项目的施工安全管理有哪些不同?

7.2　装配式混凝土结构建筑施工安全管理的内容有哪些?重点和难点有哪些?

7.3　如何提升装配式混凝土结构建筑的安全管理水平?

第2部分　实操实训

第8章　“1+X”装配式建筑构件制作与安装科目二实训

内容提要：本章主要介绍“1+X”装配式建筑构件制作与安装科目二实操考试相关信息，并结合考试内容和考试标准，展现实操考试的真实环境和角色分工情况，用实例导入教学内容，分别介绍构件制作、构件吊装、构件灌浆、接缝防水4个模块的考评要点和操作流程。

课程重点：

1.了解“1+X”装配式建筑构件制作与安装科目二考试内容。

2.掌握科目二考试的评分标准。

3.掌握4个考试模块的流程。

4.掌握4个考试模块的评分要点。

依据《国务院关于国家职业教育改革实施方案的通知》（国发〔2019〕4号），按照国家职业技能管理有关规定，普遍实行“学历证书+若干职业技能等级证书”制度（简称“1+X”制度），结合装配式建筑构件制作与安装技术发展实际情况，有条件的学院应建设对应装配式建筑构件制作与安装职业技能等级标准的科目二考核场地，科目二考核场地一般不低于250 m^2，满足1 d内完成不少于40人的考核。考核场地建有过程监控系统，确保能够实施考核全过程音频、视频信息采集。实训场地和设备可由学校建设或由构件生产、施工企业合作提供，其详细要求见廊坊市中科建筑产业化创新研究中心《装配式建筑构件制作与安装职业技能等级考核站点遴选与管理办法》中关于实训场地的建设标准。

8.1　考试内容

实操环境概述

“1+X”装配式建筑构件制作与安装科目二考试内容见表8.1。

表 8.1　“1+X”装配式建筑构件制作与安装科目二考试内容

序号	考试项目		考试内容	考试方式	备　注
1	构件制作		模具组装、钢筋绑扎与预埋件预埋（梁/柱/板/内墙）	分组考试 单人评分	必考项
2	施工装配	构件吊装	剪力墙外墙板吊装及连接/外挂墙板吊装		三选一，抽签决定
3		构件灌浆	套筒灌浆（剪力墙）		
4		接缝防水	外墙十字缝接缝防水施工	单人操作 单人评分	

①构件制作：必考项，4 人/组。考试工位需满足考试人数要求。考生数量不是 4 的整数倍时，安排辅考人员参加分组考试，保证考试工位数量与考生数量（含辅考人员）匹配。

②施工装配：可选项，构件吊装（4 人/组）、构件灌浆（3 人/组）、接缝防水（1 人/组），3 选 1，考前抽签确定。考试工位数量在满足分组要求的情况下，与考生数量相等。每场考试时，装配施工的 3 个考项均需设置考试工位。原则上装配施工考试项目按照人数进行考试批次安排，不安排辅考人员。若抽签后报名考生未能参加考试，经考试组同意后，辅考人员作为替补参与考试，缺考考生作不合格处理。

8.2　考试时间

各项目的考试参考时间见表 8.2。

表 8.2　各项目的考试参考时间

序号	考试项目		参考时间/min	说　明
1	构件制作		60~90	叠合板制作约 60 min，内墙板制作约 90 min，预制梁和预制柱制作时间 60~90 min，根据抽签结果确定制作构件类型
2	施工装配	构件吊装	90	一字连接和 L 形连接考试时间相近
3		构件灌浆	90	建议墙板分仓灌浆考试
4		接缝防水	30	—

8.3　科目二实操评价标准

科目二实操评价标准见表 8.3—表 8.14。

(1)构件制作实操评分记录表

表 8.3 “构件制作——1 号考核人员”实操评分记录表

考核人员:________ 考核编号:________ 考场:________ 考核时间:________

一、主导考核项(70 分)							
序号	考核项	考核内容(工艺流程+质量控制+组织能力+生产安全)		评分标准	评分/分	核分/分	说明
1	生产前准备(35分)	劳保用品准备	佩戴安全帽	①内衬圆周大小调节到头部稍有约束感为宜。②系好下颚带,下颚带应紧贴下颚,松紧以下颚有约束感,但不难受为宜。满足以上要求可得满分,否则不得分	3	35	
			穿戴劳保工装、防护手套	①劳保工装做到“统一、整齐、整洁”,并做到“三紧”,即领口紧、袖口紧、下摆紧,严禁卷袖口、卷裤腿等现象。②必须正确佩戴手套,方可进行实操考核。满足以上要求可得满分,否则不得分	3		
		领取工具	根据生产工艺选择工具	发布“领取工具”指令,指挥主操人员领取全部工具。满足以上要求可得满分,否则不得分	4		
			依据图纸进行模具选型	发布“领取模具”指令,指挥主操人员正确使用工具(钢卷尺)领取模具。满足以上要求可得满分,否则不得分	4		
			模具清理	发布“模具清理”指令,指挥主操人员正确使用工具(抹布)领取模具。满足以上要求可得满分,否则不得分	2		

续表

序号	考核项	考核内容(工艺流程+质量控制+组织能力+生产安全)		评分标准	评分/分	核分/分	说　明
1	生产前准备(35分)	领取钢筋	依据图纸进行钢筋选型(规格、加工尺寸、数量)	发布“领取钢筋”指令,指挥主操人员正确使用工具(钢卷尺、游标卡尺)选型,领取钢筋。满足以上要求可得满分,否则不得分	4	35	
			钢筋清理	发布“钢筋清理”指令,指挥主操人员正确使用工具(抹布)选型,领取钢筋。满足以上要求可得满分,否则不得分	2		
		领取埋件	依据图纸进行埋件选型(吊件、套筒及配管、线盒、PVC 管等)及数量确定	发布“领取预埋件”指令,指挥主操人员领取预埋件。满足以上要求可得满分,否则不得分	4		
		领取辅材	辅材选型(扎丝、垫块、玻胶、套筒固定锁等)及数量确定	发布“领取辅材”指令,指挥主操人员根据图纸领取辅材。满足以上要求可得满分,否则不得分	4		
		卫生检查及清理	生产场地卫生检查及清扫	发布场地检查指令,指挥主操人员使用工具(扫把),规范清理场地。满足以上要求可得满分,否则不得分	3		
			模台清理	发布模台清理指令,并能指挥主操人员使用工具(扫把)规范清理模台。满足以上要求可得满分,否则不得分	2		

续表

<table>
<tr><th>序号</th><th>考核项</th><th colspan="2">考核内容(工艺流程+质量控制+组织能力+生产安全)</th><th>评分标准</th><th>评分/分</th><th>核分/分</th><th>说明</th></tr>
<tr><td rowspan="7">2</td><td rowspan="7">质量控制(20分)</td><td>工具选择</td><td>工具选择合理、数量准确</td><td rowspan="7">生产前准备质量控制贯穿整个考核过程,若后面操作过程中发现工具、模具、钢筋、埋件、辅材等型号和数量有误,则返回到此项扣分,满足要求得满分,否则不得分</td><td>3</td><td rowspan="7">20</td><td rowspan="7"></td></tr>
<tr><td>模具选型</td><td>模具选型合理、数量准确</td><td>3</td></tr>
<tr><td>钢筋选型</td><td>钢筋选型合理、数量准确</td><td>4</td></tr>
<tr><td>预埋件选型</td><td>预埋件选型合理、数量准确</td><td>3</td></tr>
<tr><td>辅材选择</td><td>辅材选型合理、数量准确</td><td>3</td></tr>
<tr><td rowspan="2">卫生检查及清理</td><td>场地干净清洁</td><td>2</td></tr>
<tr><td>模台干净清洁</td><td>2</td></tr>
<tr><td rowspan="3">3</td><td rowspan="3">组织协调(15分)</td><td colspan="2">指令明确</td><td>指令明确,口齿清晰,无明显错误得满分,否则不得分</td><td>5</td><td rowspan="3">15</td><td rowspan="3"></td></tr>
<tr><td colspan="2">分工合理</td><td>分工合理,无窝工或分工不均情况得满分,否则不得分</td><td>5</td></tr>
<tr><td colspan="2">纠正错误操作</td><td>及时纠正主操人员错误操作,并给出正确指导得满分,否则不得分</td><td>5</td></tr>
<tr><td rowspan="2">4</td><td rowspan="2">安全生产</td><td colspan="2" rowspan="2">生产过程中严格按照安全文明生产规定操作,无恶意损坏工具、原材料且无因操作失误造成考试人员伤害等行为</td><td>出现危险操作,主导人员及时制止,判定主导人员合格,判定对应主操人员不合格</td><td rowspan="2">合格/不合格</td><td rowspan="2">1号不合格/2号不合格/3号不合格/4号不合格/</td><td rowspan="2">注:此处可多选</td></tr>
<tr><td>出现危险操作,主导人员未制止,判定主导人员和对应主操人员不合格</td></tr>
</table>

续表

<table>
<tr><th colspan="8">二、主操考核项(30分)</th></tr>
<tr><th>序号</th><th>考核项</th><th colspan="2">考核内容(团队协作+工艺实操)</th><th>评分标准</th><th>记录/分</th><th>核分/分</th><th>说　明</th></tr>
<tr><td>1</td><td>模具组装(10分)</td><td colspan="2" rowspan="3">按照主导人指令完成工艺操作</td><td rowspan="3">①服从指挥,配合其他人员得5分。②能正确使用工具和材料,按照主导人指令完成工艺操作得5分。满分10分,全部符合得10分,一项符合得5分,都不符合得0分</td><td>10/5/0</td><td rowspan="3"></td><td rowspan="3">注:当主导人员指挥有误,如选取工具或材料错误,主操人员不能提醒,按照指令执行即可。此时扣主导人员分数,不扣主操人员分数</td></tr>
<tr><td>2</td><td>钢筋绑扎与预埋件安装(10分)</td><td>10/5/0</td></tr>
<tr><td>3</td><td>质量检验与工完料清(10分)</td><td>10/5/0</td></tr>
<tr><td colspan="2">总分</td><td>100</td><td>考核结果</td><td>合格/不合格</td><td>合计</td><td></td><td></td></tr>
<tr><td colspan="8">考官签字:</td></tr>
</table>

表8.4 “构件制作——2号考核人员”实操评分记录表

考核人员:________　　考核编号:________　　考场:________　　考核时间:________

<table>
<tr><th colspan="7">一、主导考核项(70分)</th></tr>
<tr><th>序号</th><th>考核项</th><th>考核内容(工艺流程+质量控制+组织能力+生产安全)</th><th>评分标准</th><th>评分/分</th><th>核分/分</th><th>说　明</th></tr>
<tr><td rowspan="2">1</td><td rowspan="2">模具组装工艺流程(35分)</td><td>依据图纸在模台进行划线</td><td>发布“划线”指令,指挥主操人员正确使用划线工具(墨盒、钢卷尺、角尺、铅笔),规范划线。满足以上要求可得满分,否则不得分</td><td>6</td><td rowspan="2">35</td><td rowspan="2"></td></tr>
<tr><td>依据模台划线位置进行模具摆放</td><td>发布“模具摆放”指令,指挥主操人员根据划线正确摆放模具。满足以上要求可得满分,否则不得分</td><td>6</td></tr>
</table>

续表

<table>
<tr><th>序号</th><th>考核项</th><th colspan="2">考核内容(工艺流程+质量控制+组织能力+生产安全)</th><th>评分标准</th><th>评分/分</th><th>核分/分</th><th>说　明</th></tr>
<tr><td rowspan="4">1</td><td rowspan="4">模具组装工艺流程(35分)</td><td colspan="2">模具初固定操作</td><td>发布“模具初固定”指令,指挥主操人员正确使用工具(扳手、螺栓),相邻模具初固定,墙板固定端直接终固定。满足以上要求可得满分,否则不得分</td><td>5</td><td rowspan="4">35</td><td rowspan="4"></td></tr>
<tr><td colspan="2">模具测量校正</td><td>发布“模具测量校正”指令,指挥主操人员正确使用工具(钢卷尺、塞尺、钢直尺、橡胶锤等),检测模具组装长度、宽度、高(厚)度、对角线、组装缝隙、模具间高低差等是否符合要求,若超出误差范围则用橡胶锤进行调整。满足以上要求可得满分,否则不得分</td><td>8</td></tr>
<tr><td colspan="2">模具终固定操作</td><td>发布“模具终固定”指令,指挥主操人员正确使用工具(橡胶锤、磁盒、扳手),依次终固定螺栓和磁盒。满足以上要求可得满分,否则不得分</td><td>5</td></tr>
<tr><td colspan="2">模台、模具涂刷脱模剂/缓凝剂</td><td>发布“模台、模具粉刷脱模剂/缓凝剂”指令,指挥主操人员正确使用工具(滚筒),根据不同构件类型选择不同材料(脱模剂/缓凝剂),模台粉刷脱模剂、内剪力墙、叠合板模具涂刷缓凝剂,梁、柱模具涂刷脱模剂和缓凝剂。满足以上要求可得满分,否则不得分</td><td>5</td></tr>
<tr><td rowspan="3">2</td><td rowspan="3">质量控制(20分)</td><td>模具选型</td><td>模具选型合理、数量准确</td><td rowspan="3">模具终固定后由4号考核人员主导“模具组装质量检验”,根据测量数据判断是否符合模具组装标准,在误差范围之内得满分,否则不得分(综合考虑设备和模具匹配精度问题,建议适当放大允许误差范围2~3倍,但构件实际生产过程中允许误差范围严格按照国家标准执行)</td><td>2</td><td rowspan="3">20</td><td rowspan="3">注:参照《装配式混凝土建筑技术标准》(GB/T 51231—2016)</td></tr>
<tr><td rowspan="2">模具固定标准</td><td>磁盒固定牢固、无松动</td><td>2</td></tr>
<tr><td>相邻模具固定牢固、无松动</td><td>2</td></tr>
</table>

续表

<table>
<tr><th>序号</th><th>考核项</th><th colspan="2">考核内容(工艺流程+质量控制+组织能力+生产安全)</th><th>评分标准</th><th>评分/分</th><th>核分/分</th><th>说　明</th></tr>
<tr><td rowspan="6">2</td><td rowspan="6">质量控制(20分)</td><td rowspan="6">模具组装标准</td><td>长度误差范围(5 mm,-3 mm)</td><td rowspan="6">模具终固定后由4号考核人员主导“模具组装质量检验”,根据测量数据判断是否符合模具组装标准,在误差范围之内得满分,否则不得分(综合考虑设备和模具匹配精度问题,建议适当放大允许误差范围2~3倍,但构件实际生产过程中允许误差范围严格按照国家标准执行)</td><td>2</td><td rowspan="6">20</td><td rowspan="6">注:参照《装配式混凝土建筑技术标准》(GB/T 51231—2016)</td></tr>
<tr><td>宽度误差范围(5 mm,-3 mm)</td><td>2</td></tr>
<tr><td>高(厚)度误差范围(5 mm,-3 mm)</td><td>2</td></tr>
<tr><td>对角线差误差范围(3 mm,0)</td><td>3</td></tr>
<tr><td>组装缝隙误差范围(3 mm,0)</td><td>3</td></tr>
<tr><td>模具间高低差误差范围(3 mm,0)</td><td>2</td></tr>
<tr><td rowspan="3">3</td><td rowspan="3">组织协调(15分)</td><td colspan="2">指令明确</td><td>指令明确,口齿清晰,无明显错误得满分,否则不得分</td><td>5</td><td rowspan="3">15</td><td rowspan="3"></td></tr>
<tr><td colspan="2">分工合理</td><td>分工合理,无窝工或分工不均情况得满分,否则不得分</td><td>5</td></tr>
<tr><td colspan="2">纠正错误操作</td><td>及时纠正主操人员错误操作,并给出正确指导得满分,否则不得分</td><td>5</td></tr>
<tr><td rowspan="2">4</td><td rowspan="2">安全生产</td><td colspan="2" rowspan="2">生产过程中严格按照安全文明生产规定操作,无恶意损坏工具、原材料且无因操作失误造成考试人员伤害等行为</td><td>出现危险操作,主导人及时制止,判定主导人合格,判定对应主操人不合格</td><td rowspan="2">合格/不合格</td><td rowspan="2">1号不合格/2号不合格/3号不合格/4号不合格/</td><td rowspan="2">注:此处可多选</td></tr>
<tr><td>出现危险操作,主导人未制止,判定主导人和对应主操人不合格</td></tr>
</table>

续表

<table>
<tr><td colspan="7">二、主操考核项(30分)</td></tr>
<tr><td>序号</td><td>考核项</td><td>考核内容(团队协作+工艺实操)</td><td>评分标准</td><td>评分/分</td><td>核分/分</td><td>说　明</td></tr>
<tr><td>1</td><td>生产前准备(10分)</td><td rowspan="3">按照主导人指令完成工艺操作</td><td rowspan="3">①服从指挥,配合其他人员得5分。②能正确使用工具和材料,按照主导人指令完成工艺操作得5分。满分10分,全部符合得10分,一项符合得5分,都不符合得0分</td><td>10/5/0</td><td rowspan="3"></td><td rowspan="3">注:当主导人员指挥有误,如选取工具或材料错误,主操人员不能提醒,按照指令执行即可。此时扣主导人员分数,不扣主操人员分数</td></tr>
<tr><td>2</td><td>钢筋绑扎与预埋件安装(10分)</td><td>10/5/0</td></tr>
<tr><td>3</td><td>质量检验与工完料清(10分)</td><td>10/5/0</td></tr>
<tr><td colspan="2">总分</td><td>100　考核结果</td><td>合格/不合格</td><td>合计</td><td></td><td></td></tr>
<tr><td colspan="7">考官签字:</td></tr>
</table>

表8.5 “构件制作——3号考核人员”实操评分记录表

考核人员:________　　考核编号:________　　考场:________　　考核时间:________

<table>
<tr><td colspan="8">一、主导考核项(70分)</td></tr>
<tr><td>序号</td><td>考核项</td><td colspan="2">考核内容(工艺流程+质量控制+组织能力+生产安全)</td><td>评分标准</td><td>评分/分</td><td>核分/分</td><td>说　明</td></tr>
<tr><td rowspan="2">1</td><td rowspan="2">钢筋绑扎与预埋件安装工艺流程(35分)</td><td rowspan="2">钢筋摆放绑扎</td><td>依据图纸进行水平钢筋摆放</td><td>发布“水平钢筋摆放”指令,指挥主操人员按照图纸中钢筋位置和钢筋类型摆放。满足以上要求可得满分,否则不得分</td><td>5</td><td rowspan="2">35</td><td rowspan="2"></td></tr>
<tr><td>依据图纸进行竖向钢筋摆放</td><td>发布“竖向钢筋摆放”指令,指挥主操人员按照图纸中钢筋位置和钢筋类型摆放。满足以上要求可得满分,否则不得分</td><td>5</td></tr>
</table>

续表

序号	考核项	考核内容(工艺流程+质量控制+组织能力+生产安全)		评分标准	记录	核分	说　明
1	钢筋绑扎与预埋件安装工艺流程(35分)	钢筋摆放绑扎	依据图纸进行附加钢筋摆放(如桁架钢筋、拉筋、箍筋等)	发布“附加钢筋摆放“指令,指挥主操人员按照图纸中钢筋位置和钢筋类型摆放。满足以上要求可得满分,否则不得分	4	35	
			钢筋绑扎	发布”钢筋绑扎“指令,指挥主操人员正确使用工具(扎钩、钢卷尺)和材料(扎丝),规范要求四边满绑,中间 600 mm 梅花边绑扎,边调整钢筋位置。满足以上要求可得满分,否则不得分(考虑时间问题,可四边边角处满绑)	6		
			放置垫块	发布”放置垫块“指令,指挥主操人员正确使用材料(垫块),每间隔约 500 mm 放置一个垫块。满足以上要求可得满分,否则不得分	4		
		埋件预埋	依据图纸进行埋件摆放	发布“埋件摆放”指令,指挥主操人员正确选择埋件并摆放,埋件位置符合图纸要求。满足以上要求得满分,否则不得分	4		
			埋件固定	发布“埋件固定”指令,指挥主操人员正确选择工具[扳手、扎钩(如有)、工装(如有)]和材料[扎丝(如有)]固定埋件。满足以上要求得满分,否则不得分	3		
		模具开孔封堵		发布“模具开孔封堵”指令,指挥主操人员正确使用材料(封堵材料),封堵全部模具侧孔。满足以上要求可得满分,否则不得分	4		

续表

<table>
<tr><th>序号</th><th>考核项</th><th colspan="2">考核内容（工艺流程+质量控制+组织能力+生产安全）</th><th>评分标准</th><th>评分/分</th><th>核分/分</th><th>说　明</th></tr>
<tr><td rowspan="7">2</td><td rowspan="7">质量控制（20分）</td><td rowspan="4">钢筋摆放绑扎质量</td><td>钢筋型号及数量是否正确</td><td rowspan="7">“钢筋绑扎与预埋件安装”完成后由4号考核人员主导“钢筋绑扎与预埋件安装质量检验”，根据测量数据判断是否符合模具组装标准，在误差范围之内得满分，否则不得分（综合考虑设备和模具匹配精度问题，建议适当放大允许误差范围2~3倍，但构件实际生产过程中允许误差范围严格按照国家标准执行）</td><td>4</td><td rowspan="7">20</td><td></td></tr>
<tr><td>绑扎处是否牢固</td><td>3</td><td></td></tr>
<tr><td>钢筋间距误差范围（10 mm，−10 mm）</td><td>3</td><td>任意抽取，连续测三档</td></tr>
<tr><td>外露钢筋长度误差范围（10 mm，0 mm）</td><td>3</td><td></td></tr>
<tr><td rowspan="3">埋件安装质量</td><td>埋件选型合理、数量准确</td><td>2</td><td></td></tr>
<tr><td>安装牢固、无松动</td><td>2</td><td></td></tr>
<tr><td>−10 mm≤安装位置≤10 mm</td><td>3</td><td></td></tr>
<tr><td rowspan="3">3</td><td rowspan="3">组织协调（15分）</td><td colspan="2">指令明确</td><td>指令明确，口齿清晰，无明显错误得满分，否则不得分</td><td>5</td><td rowspan="3">15</td><td rowspan="3"></td></tr>
<tr><td colspan="2">分工合理</td><td>分工合理，无窝工或分工不均情况得满分，否则不得分</td><td>5</td></tr>
<tr><td colspan="2">纠正错误操作</td><td>及时纠正主操人员错误操作，并给出正确指导得满分，否则不得分</td><td>5</td></tr>
<tr><td rowspan="2">4</td><td rowspan="2">安全生产</td><td colspan="2" rowspan="2">生产过程中严格按照安全文明生产规定操作，无恶意损坏工具、原材料且无因操作失误造成考试人员伤害等行为</td><td>出现危险操作，主导人及时制止，判定主导人合格，判定对应主操人不合格</td><td rowspan="2">合格/不合格</td><td rowspan="2">1号不合格/2号不合格/3号不合格/4号不合格/</td><td rowspan="2">注：此处可多选</td></tr>
<tr><td>出现危险操作，主导人未制止，判定主导人和对应主操人不合格</td></tr>
</table>

续表

二、主操考核项(30分)						
序号	考核项	考核内容(团队协作+工艺实操)	评分标准	评分/分	核分/分	说　明
1	生产前准备(10分)	按照主导人指令完成工艺操作	①服从指挥,配合其他人员得5分。②能正确使用工具和材料,按照主导人指令完成工艺操作得5分。满分10分,全部符合得10分,一项符合得5分,都不符合得0分	10/5/0		注:当主导人员指挥有误,如选取工具或材料错误,主操人员不能提醒,按照指令执行即可。此时扣主导人员分数,不扣主操人员分数
2	模具组装(10分)			10/5/0		
3	质量检验与工完料清(10分)			10/5/0		
总分	100	考核结果	合格/不合格	合计		
				考官签字:		

表8.6　“构件制作——4号考核人员”实操评分记录表

考核人员:________　考核编号:________　考场:________　考核时间:________

一、主导考核项(70分)							
序号	考核项	考核内容(工艺流程+质量控制+组织能力+生产安全)		评分标准	评分/分	核分/分	说　明
1	质量检验工艺流程(27分)	模具组装质量检验	模具选型检验	发布“模具选型检验”指令,指挥主操人员正确使用检验工具(钢卷尺)按照图纸检验模具型号是否正确。满足以上要求可得满分,否则不得分	2	27	若检验模具选型不正确,则对1号考生质量控制“模具选型”考核项扣分
			模具固定检验	发布“模具固定检验”指令,指挥主操人员正确使用检验工具(橡胶锤)检验模具固定是否牢固。满足以上要求可得满分,否则不得分	2		若检验模具组装不牢固,则对2号考生质量控制“模具固定”考核项扣分

续表

序号	考核项	考核内容（工艺流程+质量控制+组织能力+生产安全）		评分标准	评分/分	核分/分	说 明
1	质量检验工艺流程（27分）	模具组装质量检验	模具组装尺寸检验	发布“模具组装尺寸检验”指令，指挥主操人员正确使用工具（钢卷尺、塞尺、钢直尺等），参照“2 号考生模具质量控制标准”检测模具组装长度、宽度、高（厚）度、对角线、组装缝隙、模具间高低差等是否符合要求。满足以上要求可得满分，否则不得分	2	27	若超出误差范围，则对 2 号考生“模具组装标准”考核项扣分
			模具组装质量检查表填写	根据实际测量数据，规范填写“模具组装质量检验表”。满足以上要求可得满分，否则不得分	3		“模具组装尺寸检查表”内容和 2 号考生一致，提前打印并发给考生
		钢筋绑扎质量检验	钢筋选型及摆放检验	发布“钢筋选型及摆放检验”指令，指挥主操人员正确使用工具（钢卷尺、游标卡尺），根据图纸钢筋表检验钢筋型号是否正确。满足以上要求可得满分，否则不得分	2		若检验钢筋型号不在此构件出现，则对 1 号考生质量控制“领取钢筋”考核项扣分。若检验钢筋摆错位置，则对 3 号考生质量控制中“钢筋摆放位置准确”考核项扣分
			钢筋绑扎检验	发布“钢筋绑扎检验”指令，指挥主操人员检验 2～3 处绑扎点是否牢固。满足以上要求可得满分，否则不得分	2		若检验有钢筋绑扎不牢固情况，则对 3 号考生质量控制中“绑扎处是否牢固”考核项扣分

续表

<table>
<tr><th>序号</th><th>考核项</th><th colspan="2">考核内容(工艺流程+质量控制+组织能力+生产安全)</th><th>评分标准</th><th>评分/分</th><th>核分/分</th><th>说 明</th></tr>
<tr><td rowspan="6">1</td><td rowspan="6">质量检验工艺流程(27分)</td><td rowspan="2">钢筋摆放绑扎质量检验</td><td>钢筋成品尺寸检验</td><td>发布“钢筋成品尺寸检验”指令,指挥主操人员正确使用工具(钢卷尺),根据图纸检验钢筋间距和外伸钢筋是否符合要求。满足以上要求可得满分,否则不得分(抽检1处)</td><td>2</td><td rowspan="6">27</td><td>若检验有钢筋成品尺寸不合格情况,则对3号考生质量控制中“钢筋间距”和“外伸钢筋长度”考核项扣分</td></tr>
<tr><td>钢筋隐蔽工程检查表填写</td><td>根据实际测量数据,规范填写“钢筋摆放绑扎质量检查表”。满足以上要求可得满分,否则不得分</td><td>3</td><td>“钢筋摆放绑扎质量检验表内容和3号考生质量控制内容一致,提前打印并发给考生</td></tr>
<tr><td rowspan="4">埋件固定质量检验</td><td>埋件选型检验</td><td>发布“埋件选型检验”指令,指挥主操人员肉眼观察型号是否符合图纸要求。满足以上要求可得满分,否则不得分</td><td>2</td><td>若检验不正确,则对3号考生“质量控制—埋件安装质量—埋件选型”考核项扣分</td></tr>
<tr><td>埋件位置检验</td><td>发布“埋件位置检验”指令,指挥主操人员正确使用工具(钢卷尺)检验埋件位置是否符合图纸要求。满足以上要求可得满分,否则不得分(抽检1处)</td><td>2</td><td>若检验不正确,则对3号考生“质量控制—埋件安装质量—埋件安装位置”考核项扣分</td></tr>
<tr><td>埋件固定检验</td><td>发布“埋件固定检验”指令,指挥主操人员检验埋件固定是否牢固。满足以上要求可得满分,否则不得分</td><td>2</td><td>若检验不正确,则对3号考生“质量控制—埋件安装质量—埋件固定”考核项扣分</td></tr>
<tr><td>预埋件检查表填写</td><td>根据实际测量数据,规范填写“预埋件检查表”。满足以上要求可得满分,否则不得分</td><td>3</td><td>“预埋件检查表”内容和3号考生质量控制内容一致,提前打印并发给考生</td></tr>
</table>

续表

序号	考核项	考核内容(工艺流程+质量控制+组织能力+生产安全)		评分标准	评分/分	核分/分	说明
2	工完料清工艺流程(8分)	拆解复位考核设备	拆解并复位埋件	发布“拆解并复位埋件”指令,指挥主操人员正确使用工具(扳手)依据先装后拆的原则拆解埋件,并将埋件放置原位。满足以上要求可得满分,否则不得分	1	8	
			拆解并复位钢筋	发布“拆解并复位钢筋”指令,指挥主操人员正确使用工具(钢丝钳)依据先装后拆的原则拆除钢筋,并放置原位。满足以上要求可得满分,否则不得分	2		
			拆解并复位模具	发布“拆解并复位模具”指令,指挥主操人员正确使用工具(扳手、撬棍)依据先装后拆的原则拆除磁盒、螺栓,并将模具放置原位。满足以上要求可得满分,否则不得分	2		
		工具入库		发布“工具入库”指令,指挥主操人员清点工具,对需要保养工具(如工具污染、损坏)进行保养或交与工作人员处理。满足以上要求可得满分,否则不得分	1		
		材料回收		回收可再利用材料,放至原位,分类明确,摆放整齐。满足以上要求得满分,否则不得分	1		
		场地清理		发布“场地清理”指令,指挥主操人员正确使用工具(扫把)清理模台和地面,不得有垃圾(扎丝),清理完毕后归还清理工具。满足以上要求可得满分,否则不得分	1		

续表

<table>
<tr><th>序号</th><th>考核项</th><th colspan="2">考核内容(工艺流程+质量控制+组织能力+生产安全)</th><th>评分标准</th><th>评分/分</th><th>核分/分</th><th>说　明</th></tr>
<tr><td rowspan="9">3</td><td rowspan="9">质量控制(20分)</td><td colspan="2">模具尺寸检查表填写质量</td><td rowspan="3">填写数据规范完整,不得漏填、错填。满足以上要求得满分,否则不得分</td><td>3</td><td rowspan="9">20</td><td rowspan="9"></td></tr>
<tr><td colspan="2">钢筋隐蔽工程检查表填写质量</td><td>3</td></tr>
<tr><td colspan="2">预埋件检查表填写质量</td><td>3</td></tr>
<tr><td rowspan="3">设备复位质量</td><td>埋件复位</td><td rowspan="3">拆除设备需放至原位,分类明确,摆放整齐。满足以上要求得满分,否则不得分</td><td>2</td></tr>
<tr><td>钢筋复位</td><td>2</td></tr>
<tr><td>模具复位</td><td>2</td></tr>
<tr><td colspan="2">工具入库</td><td>归还工具,放至原位,分类明确,摆放整齐。满足以上要求得满分,否则不得分</td><td>2</td></tr>
<tr><td colspan="2">材料回收</td><td>回收可再利用材料,放至原位,分类明确,摆放整齐。满足以上要求得满分,否则不得分</td><td>2</td></tr>
<tr><td colspan="2">场地清理</td><td>场地和模台清洁干净,无垃圾(扎丝)。满足以上要求得满分,否则不得分</td><td>1</td></tr>
<tr><td rowspan="3">4</td><td rowspan="3">组织协调(15分)</td><td colspan="2">指令明确</td><td>指令明确,口齿清晰,无明显错误得满分,否则不得分</td><td>5</td><td rowspan="3">15</td><td rowspan="3"></td></tr>
<tr><td colspan="2">分工合理</td><td>分工合理,无窝工或分工不均情况得满分,否则不得分</td><td>5</td></tr>
<tr><td colspan="2">纠正错误操作</td><td>及时纠正主操人员错误操作,并给出正确指导得满分,否则不得分</td><td>5</td></tr>
<tr><td rowspan="2">5</td><td rowspan="2">安全生产</td><td colspan="2" rowspan="2">生产过程中严格按照安全文明生产规定操作,无恶意损坏工具、原材料且无因操作失误造成考试人员伤害等行为</td><td>出现危险操作,主导人员及时制止,判定主导人员合格,判定对应主操人员不合格</td><td rowspan="2">合格/不合格</td><td rowspan="2">1号不合格/2号不合格/3号不合格/4号不合格</td><td rowspan="2">注:此处可多选</td></tr>
<tr><td>出现危险操作,主导人员未制止,判定主导人员和对应主操人员不合格</td></tr>
</table>

续表

二、主操考核项(30分)						
序号	考核项	考核内容(团队协作+工艺实操)	评分标准	记录/分	核分/分	说　明
1	生产前准备(10分)	按照主导人指令完成工艺操作	①服从指挥,配合其他人员得5分。②能正确使用工具和材料,按照主导人指令完成工艺操作得5分。满分10分,全部符合得10分,一项符合得5分,都不符合得0分	10/5/0		注:当主导人员指挥有误,如选取工具或材料错误,主操人员不能提醒,按照指令执行即可。此时扣主导人员分数,不扣主操人员分数
2	模具组装(10分)			10/5/0		
3	钢筋绑扎与预埋件安装(10分)			10/5/0		
总分	100	考核结果	合格/不合格	合计		
考官签字:						

(2)构件安装实操评分记录表

表8.7　"构件安装——1号考核人员"实操评分记录表

考核人员:________　考核编号:________　考场:________　考核时间:________

一、主导考核项(70分)							
序号	考核项	考核内容(工艺流程+质量控制+组织能力+施工安全)		评分标准	评分/分	核分/分	说　明
1	施工前准备工艺流程(6分)	劳保用品准备	佩戴安全帽	①内衬圆周大小调节到头部稍有约束感为宜。②系好下颚带,下颚带应紧贴下颚,松紧以下颚有约束感,但不难受为宜。满足以上要求可得满分,否则得0分	1	6	
			穿戴劳保工装、防护手套	①劳保工装做到"统一、整齐、整洁",并做到"三紧",即领口紧、袖口紧、下摆紧,严禁卷袖口、卷裤腿等现象。②必须正确佩戴手套,方可进行实操考核。满足以上要求可得满分,否则得0分	1		

续表

序号	考核项	考核内容(工艺流程+质量控制+组织能力+施工安全)		评分标准	评分/分	核分/分	说 明
1	施工前准备工艺流程(6分)	设备检查	检查施工设备(如吊装机具、吊具等)	发布“设备检查”指令,指挥主操人员操作开关(如有)或手动检查吊装机具是否正常运转,吊具是否正常使用。满足以上要求可得满分,否则不得分	1	6	
		领取工具	领取构件安装所有工具	发布“领取工具”指令,指挥主操人员领取工具,放至指定位置,摆放整齐。满足以上要求可得满分,否则不得分	1		如后期操作发现缺少工具,可回到此项扣分
		领取材料	领取构件安装所有材料	发布“领取材料”指令,指挥主操人员领取材料,放至指定位置,摆放整齐。满足以上要求可得满分,否则不得分	1		
		卫生检查及清理	施工场地卫生检查及清扫	发布“卫生检查及清理”指令,指挥主操人员使用工具(扫把),规范清理场地。满足以上要求可得满分,否则不得分	1		
2	外墙挂板吊装工艺流程(29分)	外墙挂板质量检查	依据图纸进行外墙挂板质量检查	发布“外墙挂板质量检查”指令,指挥主操人员正确使用工具(钢卷尺、靠尺、塞尺),检查外墙挂板尺寸、外观、平整度、埋件位置及数量等是否符合图纸要求。满足以上要求可得满分,否则不得分	3	29	
		定位划线	弹控制线	发布“定位划线”指令,指挥主操人员正确使用工具(钢卷尺、墨盒、铅笔),弹出200~500 mm控制线。满足以上要求可得满分,否则不得分	2		
		外墙挂板吊装	吊具连接	发布“吊具连接”指令,指挥主操人员选择吊孔,吊链与水平夹角不宜小于60°。满足以上要求可得满分,否则不得分	2		
			外墙挂板试吊	发布“外墙挂板试吊”指令,指挥主操人员正确操作吊装设备起吊构件至距离地面约300 mm,停止,观察吊具是否安全。满足以上要求可得满分,否则不得分	2		

续表

序号	考核项	考核内容(工艺流程+质量控制+组织能力+施工安全)		评分标准	评分/分	核分/分	说　明
2	外墙挂板吊装工艺流程(29分)	外墙挂板吊装	外墙挂板吊运	发布"外墙挂板吊运"指令,指挥主操人员正确操作吊装设备吊运构件,缓起、匀升、慢落。满足以上要求可得满分,否则不得分	2	29	
			外墙挂板安装对位	发布"外墙挂板安装对位"指令,指挥主操人员正确操作设备吊装下落,底部螺杆对准备下连接件。满足以上要求可得满分,否则不得分	3		
		外墙挂板临时固定		发布"外墙挂板临时固定"指令,指挥主操人员正确使用工具(扳手)和材料(上连接件、螺栓)临时固定外墙挂板。满足以上要求可得满分,否则不得分	3		
		外墙挂板调整	外墙挂板位置测量及调整	发布"外墙挂板位置测量及调整"指令,指挥主操人员正确使用工具(钢卷尺、撬棍)调整位置。满足以上要求可得满分,否则不得分	3		
			外墙挂板垂直度测量及调整	发布"外墙挂板垂直度测量及调整"指令,指挥主操人员正确使用工具[线坠、钢卷尺(或带刻度靠尺)]检测垂直度并进行调整。满足以上要求可得满分,否则不得分	3		
		外墙挂板终固定		发布"外墙挂板终固定"指令,指挥主操人员正确使用工具(扳手)终拧螺栓。满足以上要求可得满分,否则不得分	2		
		摘除吊钩		发布"摘除吊钩"指令,指挥主操人员依次摘除吊钩。满足以上要求可得满分,否则不得分	2		

续表

<table>
<tr><th>序号</th><th>考核项</th><th colspan="2">考核内容（工艺流程+质量控制+组织能力+施工安全）</th><th>评分标准</th><th>评分/分</th><th>核分/分</th><th>说　明</th></tr>
<tr><td rowspan="5">3</td><td rowspan="5">质量控制（20分）</td><td>工具选择</td><td>工具选择合理、数量准确</td><td rowspan="2">此部分由考评员评定</td><td>3</td><td rowspan="5">20</td><td rowspan="5"></td></tr>
<tr><td>卫生质量</td><td>场地干净清洁</td><td>3</td></tr>
<tr><td rowspan="3">外墙挂板吊装质量</td><td>外墙挂板安装连接（螺栓牢固）</td><td rowspan="3">1号考核人员操作完毕后由4号考核人员主导“外墙挂板吊装质量检查”（也可最后统一检查），根据测量数据判断是否符合标准，在误差范围之内得满分，否则不得分</td><td>4</td></tr>
<tr><td>外墙挂板安装位置误差范围（8 mm，0）</td><td>5</td></tr>
<tr><td>外墙挂板垂直度误差范围（5 mm，0）</td><td>5</td></tr>
<tr><td rowspan="3">4</td><td rowspan="3">组织协调（15分）</td><td colspan="2">指令明确</td><td>指令明确，口齿清晰，无明显错误得满分，否则不得分</td><td>5</td><td rowspan="3">15</td><td rowspan="3"></td></tr>
<tr><td colspan="2">分工合理</td><td>分工合理，无窝工或分工不均情况得满分，否则不得分</td><td>5</td></tr>
<tr><td colspan="2">纠正错误操作</td><td>及时纠正主操人员错误操作，并给出正确指导得满分，否则不得分</td><td>5</td></tr>
<tr><td rowspan="2">5</td><td rowspan="2">安全施工</td><td colspan="2" rowspan="2">施工过程中严格按照安全文明生产规定操作，无恶意损坏工具、原材料且无因操作失误造成考试人员伤害等行为</td><td>出现危险操作，主导人员及时制止，判定主导人员合格，判定对应主操人员不合格</td><td rowspan="2">合格/不合格</td><td rowspan="2">1号不合格/2号不合格/3号不合格/4号不合格/</td><td rowspan="2">注：此处可多选</td></tr>
<tr><td>出现危险操作，主导人员未制止，判定主导人员和对应主操人员不合格</td></tr>
</table>

续表

<table>
<tr><td colspan="7">二、主操考核项(30 分)</td></tr>
<tr><td>序号</td><td>考核项</td><td>考核内容(团队协作+工艺实操)</td><td>评分标准</td><td>记录/分</td><td>核分/分</td><td>说　明</td></tr>
<tr><td>1</td><td>1 号剪力墙板吊装(10 分)</td><td rowspan="3">按照主导人指令完成工艺操作</td><td rowspan="3">①服从指挥,配合其他人员得 5 分。②能正确使用工具和材料,按照主导人指令完成工艺操作得 5 分。满分 10 分,全部符合得 10 分,一项符合得 5 分,都不符合得 0 分</td><td>10/5/0</td><td rowspan="3"></td><td rowspan="3">注:当主导人员指挥有误,如选取工具或材料错误,主操人员不能提醒,按照指令执行即可。此时扣主导人员分数,不扣主操人员分数</td></tr>
<tr><td>2</td><td>2 号剪力墙板吊装(10 分)</td><td>10/5/0</td></tr>
<tr><td>3</td><td>后浇段连接与工完料清(10 分)</td><td>10/5/0</td></tr>
<tr><td colspan="2">总分</td><td>100　|　考核结果</td><td>合格/不合格</td><td>合计</td><td></td><td></td></tr>
<tr><td colspan="7">考官签字:</td></tr>
</table>

表 8.8　“构件安装——2 号考核人员”实操评分记录表

考核人员:________　　考核编号:________　　考场:________　　考核时间:________

<table>
<tr><td colspan="8">一、主导考核项(70 分)</td></tr>
<tr><td>序号</td><td>考核项</td><td colspan="2">考核内容(工艺流程+质量控制+组织能力+施工安全)</td><td>评分标准</td><td>评分/分</td><td>核分/分</td><td>说　明</td></tr>
<tr><td>1</td><td>剪力墙板吊装工艺流程(35 分)</td><td>剪力墙质量检查</td><td>依据图纸进行剪力墙质量检查(尺寸、外观、平整度、埋件位置及数量等)</td><td>发布“剪力墙质量检查”指令,指挥主操人员正确使用工具(钢卷尺、靠尺、塞尺),检查构件尺寸、外观、平整度、埋件位置及数量等是否符合图纸要求。满足以上要求可得满分,否则不得分</td><td>2</td><td>35</td><td></td></tr>
</table>

续表

序号	考核项	考核内容(工艺流程+质量控制+组织能力+施工安全)		评分标准	评分/分	核分/分	说 明
1	剪力墙板吊装工艺流程(35分)	连接钢筋处理	连接钢筋除锈	发布“连接钢筋除锈”指令,指挥主操人员正确使用工具(钢丝刷),对生锈钢筋进行处理,若没有生锈钢筋,则说明钢筋无须除锈。满足以上要求可得满分,否则不得分	1	25	
			连接钢筋长度检查	发布“连接钢筋长度检查”指令,指挥主操人员正确使用工具(钢卷尺),对每根钢筋进行测量,指出不符合要求的钢筋。满足以上要求可得满分,否则不得分	1		
			连接钢筋标高检查	发布“连接钢筋标高检查”指令,指挥主操人员正确使用工具(水准仪、水准尺),对每个钢筋标高进行测量,指出不符合要求钢筋。满足以上要求可得满分,否则不得分	1		
			连接钢筋垂直度检查	发布“连接钢筋垂直度检查”指令,指挥主操人员正确使用工具(靠尺),对每个钢筋进行两个方向(90°夹角)测量,指出不符合要求钢筋。满足以上要求可得满分,否则不得分	1		
			连接钢筋校正	发布“连接钢筋校正”指令,指挥主操人员正确使用工具(校正工具),对不符合要求的钢筋长度、标高、垂直度等进行校正。满足以上要求可得满分,否则不得分	1		

续表

序号	考核项	考核内容(工艺流程+质量控制+组织能力+施工安全)		评分标准	评分/分	核分/分	说　明
1	剪力墙板吊装工艺流程(35分)	工作面处理	凿毛处理	发布"凿毛处理"指令,指挥主操人员正确使用工具(铁锤、錾子),对定位线内工作面进行粗糙面处理。满足以上要求可得满分,否则不得分	1	35	
			工作面清理	发布"工作面清理"指令,指挥主操人员正确使用工具(扫把),对工作面进行清理。满足以上要求可得满分,否则不得分	1		
			洒水湿润	发布"洒水湿润"指令,指挥主操人员正确使用工具(喷壶),对工作面进行洒水湿润处理。满足以上要求可得满分,否则不得分	1		
		弹控制线		发布"弹控制线"指令,指挥主操人员正确使用工具(钢卷尺、墨盒、铅笔),根据已有轴线或定位线引出200~500 mm控制线。满足以上要求可得满分,否则不得分	2		
		放置橡塑棉条		发布"放置橡塑棉条"指令,指挥主操人员正确使用材料(橡塑棉条),根据定位线或图纸将橡塑棉条放至保温板位置。满足以上要求可得满分,否则不得分	2		
		放置垫块		发布"放置垫块"指令,指挥主操人员正确使用材料(垫块),在墙两端距离边缘4 cm以上,远离钢筋位置处放置2 cm高垫块。满足以上要求可得满分,否则不得分	2		

续表

<table>
<tr><th>序号</th><th>考核项</th><th colspan="2">考核内容(工艺流程+质量控制+组织能力+施工安全)</th><th>评分标准</th><th>评分/分</th><th>核分/分</th><th>说　明</th></tr>
<tr><td rowspan="5">1</td><td rowspan="5">剪力墙板吊装工艺流程(35分)</td><td colspan="2">标高找平</td><td>发布“标高找平”指令,指挥主操人员正确使用工具(水准仪、水准尺),先后视假设标高控制点,再将水准尺分别放至垫块顶,若垫块标高符合要求则不需调整;若垫块不在误差范围内,则需换不同规格垫块。满足以上要求可得满分,否则不得分(建议考生有测量过程即可得分)</td><td>2</td><td rowspan="5">35</td><td></td></tr>
<tr><td rowspan="4">剪力墙吊装</td><td>吊具连接</td><td>发布“吊具连接”指令,指挥主操人员选择吊孔,吊链与水平夹角不宜小于60°。满足以上要求可得满分,否则不得分</td><td>1</td><td></td></tr>
<tr><td>剪力墙试吊</td><td>发布“剪力墙试吊”指令,指挥主操人员正确操作吊装设备起吊构件至距离地面约300 mm,停止,观察吊具是否安全。满足以上要求可得满分,否则不得分</td><td>2</td><td></td></tr>
<tr><td>剪力墙吊运</td><td>发布“剪力墙吊运”指令,指挥主操人员正确操作吊装设备吊运剪力墙,缓起、匀升、慢落。满足以上要求可得满分,否则不得分</td><td>2</td><td></td></tr>
<tr><td>剪力墙安装对位</td><td>发布“剪力墙安装对位”指令,指挥主操人员正确操作吊装设备,正确使用工具(2面镜子),将镜子放至墙体两端钢筋相邻处,观察套筒与钢筋位置关系,边调整剪力墙位置边下落。满足以上要求可得满分,否则不得分</td><td>2</td><td></td></tr>
</table>

续表

序号	考核项	考核内容(工艺流程+质量控制+组织能力+施工安全)		评分标准	评分/分	核分/分	说　明
1	剪力墙板吊装工艺流程(35分)	剪力墙临时固定		发布“剪力墙临时固定”指令,指挥主操人员正确使用工具(斜支撑、扳手、螺栓),临时固定墙板。满足以上要求可得满分,否则不得分	2	35	
		剪力墙调整	剪力墙位置测量及调整	发布“剪力墙位置测量及调整”指令,指挥主操人员正确使用工具(钢卷尺、撬棍),先进行剪力墙位置测量是否符合要求,如误差>1 cm,则用撬棍进行调整。满足以上要求可得满分,否则不得分	2		
			剪力墙垂直度测量及调整	发布“剪力墙垂直度测量及调整”指令,指挥主操人员正确使用工具[钢卷尺、线坠(或有刻度靠尺)],检查是否符合要求,如误差>1 cm则调整斜支撑进行校正。满足以上要求可得满分,否则不得分	2		
		剪力墙终固定		发布“剪力墙终固定”指令,指挥主操人员正确使用工具(扳手)进行终固定。满足以上要求可得满分,否则不得分	1		
		摘除吊钩		发布“摘除吊钩”指令,指挥主操人员摘除吊钩。满足以上要求可得满分,否则不得分	1		
2	质量控制(20分)	剪力墙安装连接牢固程度		2号考核人员操作完毕后由4号考核人员主导“剪力墙吊装质量检查”(也可最后统一检查),根据测量数据判断是否符合标准,在误差范围之内得满分,否则不得分	6	20	
		剪力墙安装位置误差范围(8 mm,0)			7		
		剪力墙垂直度(5 mm,0)			7		

续表

序号	考核项	考核内容（工艺流程+质量控制+组织能力+施工安全）	评分标准	评分/分	核分/分	说明
3	组织协调（15分）	指令明确	指令明确，口齿清晰，无明显错误得满分，否则不得分	5	15	
		分工合理	分工合理，无窝工或分工不均情况得满分，否则不得分	5		
		纠正错误操作	及时纠正主操人员错误操作，并给出正确指导得满分，否则不得分	5		
4	安全施工	施工过程中严格按照安全文明生产规定操作，无恶意损坏工具、原材料且无因操作失误造成考试人员伤害等行为	出现危险操作，主导人员及时制止，判定主导人员合格，判定对应主操人员不合格	合格/不合格	1号不合格/2号不合格/3号不合格/4号不合格/	注：此处可多选
			出现危险操作，主导人员未制止，判定主导人员和对应主操人员不合格			
二、主操考核项（30分）						
序号	考核项	考核内容（团队协作+工艺实操）	评分标准	记录/分	核分/分	说明
1	施工前准备与外墙挂板吊装（10分）	按照主导人指令完成工艺操作	①服从指挥，配合其他人员得5分。②能正确使用工具和材料，按照主导人指令完成工艺操作得5分。满分10分，全部符合得10分，一项符合得5分，都不符合得0分	10/5/0		注：当主导人员指挥有误，如选取工具或材料错误，主操人员不能提醒，按照指令执行即可。此时对主导人员扣分，不对主操人员扣分
2	2号剪力墙板吊装（10分）			10/5/0		
3	后浇段连接与工完料清（10分）			10/5/0		
总分	100	考核结果	合格/不合格	合计		
					考官签字：	

表 8.9 “构件安装——3 号考核人员”实操评分记录表

考核人员:________　考核编号:________　考场:________　考核时间:________

一、主导考核项(70 分)							
序号	考核项	考核内容(工艺流程+质量控制+组织能力+施工安全)		评分标准	评分/分	核分/分	说　明
1	后浇段连接(35 分)	连接钢筋处理	连接钢筋除锈	发布“连接钢筋除锈”指令,指挥主操人员正确使用工具(钢丝刷),对生锈钢筋进行处理,若没有生锈钢筋,则说明钢筋无须除锈。满足以上要求可得满分,否则不得分	1	35	
			连接钢筋长度检查	发布“连接钢筋长度检查”指令,指挥主操人员正确使用工具(钢卷尺),对每根钢筋进行测量,指出不符合要求钢筋。满足以上要求可得满分,否则不得分	1		
			连接钢筋垂直度检查	发布“连接钢筋垂直度检查”指令,指挥主操人员正确使用工具(靠尺),对每个钢筋进行两个方向(90°夹角)测量,指出不符合要求钢筋。满足以上要求可得满分,否则不得分	1		
			连接钢筋校正	发布“连接钢筋校正”指令,指挥主操人员正确使用工具(校正工具),对不符合要求的钢筋长度、垂直度等进行校正。满足以上要求可得满分,否则不得分	1		
		分仓判断		发布“分仓判断”指令,根据图纸给出信息计算,当最远套筒距离≤1.5 m 时不需要分仓,否则需要分仓。满足以上要求可得满分,否则不得分	2		

续表

序号	考核项	考核内容（工艺流程+质量控制+组织能力+施工安全）		评分标准	评分/分	核分/分	说　明
1	后浇段连接（35分）	工作面处理	凿毛处理	发布“凿毛处理”指令，指挥主操人员正确使用工具（铁锤、錾子），对定位线内工作面进行粗糙面处理。满足以上要求可得满分，否则不得分	1	35	
			工作面清理	发布“工作面清理”指令，指挥主操人员正确使用工具（扫把），对工作面进行清理。满足以上要求可得满分，否则不得分	1		
			洒水湿润	发布“洒水湿润”指令，指挥主操人员正确使用工具（喷壶），对水平工作面和竖向工作面进行洒水湿润处理。满足以上要求可得满分，否则不得分	1		
			接缝保温防水处理	发布“接缝保温防水处理”指令，指挥主操人员正确使用材料（橡塑棉条），根据图纸沿板缝填充橡塑棉条。满足以上要求可得满分，否则不得分	1		
		弹控制线		发布“弹控制线”指令，指挥主操人员正确使用工具（钢卷尺、墨盒、铅笔），根据已有轴线或定位线引出200~500 mm控制线。满足以上要求可得满分，否则不得分	3		
		钢筋连接	摆放水平钢筋	发布“摆放水平钢筋”指令，指挥主操人员根据图纸将水平钢筋摆放至指定位置，并用工具（扎钩、镀锌铁丝）临时固定。满足以上要求可得满分，否则不得分	2		

续表

序号	考核项	考核内容(工艺流程+质量控制+组织能力+施工安全)		评分标准	评分/分	核分/分	说明
1	后浇段连接(35分)	钢筋连接	竖向钢筋与底部连接钢筋连接	发布“竖向钢筋与底部连接钢筋连接”指令,首先确定连接方式是搭接还是直螺纹连接,假设为直螺纹连接,指挥主操人员依次安装竖向钢筋。满足以上要求可得满分,否则不得分	2	35	
			钢筋绑扎	发布“钢筋绑扎”指令,指挥主操人员正确使用工具(扎钩)和材料(扎丝)依次绑扎钢筋连接处。满足以上要求可得满分,否则不得分	2		
			固定保护层垫块	发布“固定保护层垫块”指令,指挥主操人员正确使用工具(扎钩)和材料(扎丝、垫块)固定保护层垫块,一般垫块间距500 mm左右。满足以上要求可得满分,否则不得分	2		
		模板安装	粘贴防侧漏、底漏胶条	发布“粘贴防侧漏、底漏胶条”指令,指挥主操人员正确使用材料(胶条)沿墙边竖直粘贴胶条,沿板顶模板粘贴胶条。满足以上要求可得满分,否则不得分	2		
			模板选型	发布“模板选型”指令,指挥主操人员正确使用工具(钢卷尺)和肉眼观察选择合适模板。满足以上要求可得满分,否则不得分	2		
			粉刷脱模剂	发布“粉刷脱模剂”指令,指挥主操人员正确使用工具(滚筒)和材料(脱模剂),均匀涂刷与混凝土接触面。满足以上要求可得满分,否则不得分	2		

续表

序号	考核项	考核内容(工艺流程+质量控制+组织能力+施工安全)		评分标准	评分/分	核分/分	说　明
1	后浇段连接(35分)	模板安装	模板初固定	发布“模板初固定”指令,指挥主操人员正确使用工具(扳手、螺栓、背楞),按照背楞依次用扳手初固定。满足以上要求可得满分,否则不得分	2		
			模板位置检查与校正	发布“模板位置检查与校正”指令,指挥主操人员正确使用工具(钢卷尺、橡胶锤),检查模板安装位置是否符合要求,若超出误差 1 cm,则用橡胶锤进行位置调整。满足以上要求可得满分,否则不得分	2		
			模板终固定	发布“模板终固定”指令,指挥主操人员正确使用工具(扳手),对螺栓进行终固定。满足以上要求可得满分,否则不得分	2		
2	质量控制(20分)	钢筋连接质量	钢筋间距误差(10 mm,0)	3 号考核人员操作完毕后由 4 号考核人员主导“后浇段连接质量检查”(也可最后统一检查),根据测量数据判断是否符合标准,在误差范围之内得满分,否则不得分	4	20	
			钢筋绑扎是否牢固		4		
			垫块布置间距 500 mm,误差范围(10 mm,0)		4		
		模板质量	牢固程度		4		
			位置误差范围(10 mm,0)		4		
3	组织协调(15分)	指令明确		指令明确,口齿清晰,无明显错误得满分,否则不得分	5		
		分工合理		分工合理,无窝工或分工不均情况得满分,否则不得分	5		
		纠正错误操作		及时纠正主操人员错误操作,并给出正确指导得满分,否则不得分	5		

续表

序号	考核项	考核内容(工艺流程+质量控制+组织能力+施工安全)	评分标准	评分/分	核分/分	说　明
4	安全施工	施工过程中严格按照安全文明生产规定操作,无恶意损坏工具、原材料且无因操作失误造成考试人员伤害等行为	出现危险操作,主导人及时制止,判定主导人合格,判定对应主操人不合格	合格/不合格	1号不合格/2号不合格/3号不合格/4号不合格/	注:此处可多选
			出现危险操作,主导人未制止,判定主导人和对应主操人不合格			
二、主操考核项(30分)						
序号	考核项	考核内容(团队协作+工艺实操)	评分标准	记录/分	核分/分	说　明
1	施工前准备与外墙挂板吊装(10分)	按照主导人指令完成工艺操作	①服从指挥,配合其他人员得5分。②能正确使用工具和材料,按照主导人指令完成工艺操作得5分。满分10分,全部符合得10分,一项符合得5分,都不符合得0分	10/5/0		注:当主导人员指挥有误,如选取工具或材料错误,主操人员不能提醒,按照指令执行即可。此时对主导人员扣分,不对主操人员扣分
2	1号剪力墙板吊装(10分)			10/5/0		
3	2号剪力墙板吊装(10分)			10/5/0		
总分	100	考核结果	合格/不合格	合计		
考官签字:						

表 8.10 “构件安装——4 号考核人员”实操评分记录表

考核人员:________ 考核编号:________ 考场:________ 考核时间:________

<table>
<tr><th colspan="8">一、主导考核项(70 分)</th></tr>
<tr><th>序号</th><th>考核项</th><th colspan="2">考核内容(工艺流程+质量控制+组织能力+施工安全)</th><th>评分标准</th><th>评分/分</th><th>核分/分</th><th>说明</th></tr>
<tr><td rowspan="6">1</td><td rowspan="6">质量检验工艺流程(30分)</td><td rowspan="4">外墙挂板吊装质量检验</td><td>外墙挂板连接牢固程度检验</td><td>发布“外墙挂板连接牢固程度检验”指令,指挥主操人员手动检验外墙挂板连接是否牢固,并做记录。满足以上要求可得满分,否则不得分</td><td>1</td><td rowspan="6">29</td><td>若检验不正确,则对 1 号考生质量控制“外墙挂板连接牢固程度检验”考核项扣分</td></tr>
<tr><td>外墙挂板安装位置检验</td><td>发布“外墙挂板安装位置检验”指令,指挥主操人员正确使用工具(钢卷尺)检查安装位置是否符合要求,并做记录。满足以上要求可得满分,否则不得分</td><td>2</td><td>若检验不正确,则对 1 号考生质量控制“外墙挂板安装位置检验”考核项扣分</td></tr>
<tr><td>外墙挂板垂直度检验及调整</td><td>发布“外墙挂板垂直度检验及调整”指令,指挥主操人员正确使用工具[线坠、钢卷尺(或带刻度靠尺)]检测垂直度是否符合要求,并做记录。满足以上要求可得满分,否则不得分</td><td>2</td><td>若检验不正确,则对 1 号考生质量控制“外墙挂板垂直度检验”考核项扣分</td></tr>
<tr><td>外墙挂板吊装质量检验表填写</td><td>根据以上实际测量数据,规范填写“外墙挂板吊装质量检验表”。满足以上要求可得满分,否则不得分</td><td>3</td><td>“外墙挂板吊装质量检验表填写”内容和 1 号考生质量控制一致,提前打印并发给考生</td></tr>
<tr><td rowspan="2">剪力墙吊装质量检验</td><td>剪力墙连接牢固程度检验</td><td>发布“剪力墙连接牢固程度检验”指令,指挥主操人员手动检验剪力墙连接是否牢固,并做记录。满足以上要求可得满分,否则不得分</td><td>1</td><td>若检验不正确,则对 2 号考生质量控制“剪力墙安装连接牢固程度”考核项扣分</td></tr>
<tr><td>剪力墙安装位置检验</td><td>发布“剪力墙安装位置检验”指令,指挥主操人员正确使用工具(钢卷尺)检验安装位置是否符合要求,并做记录。满足以上要求可得满分,否则不得分</td><td>2</td><td>若检验不正确,则对 2 号考生质量控制“剪力墙安装位置检验”考核项扣分</td></tr>
</table>

续表

序号	考核项	考核内容（工艺流程+质量控制+组织能力+施工安全）		评分标准	评分/分	核分/分	说 明
1	质量检验工艺流程（30分）	剪力墙吊装质量检验	剪力墙垂直度测量及调整	发布“剪力墙垂直度测量及调整”指令，指挥主操人员正确使用工具[线坠、钢卷尺（或带刻度靠尺）]检测垂直度是否符合要求，并做记录。满足以上要求可得满分，否则不得分	2	29	若检验不正确，则对2号考生质量控制“剪力墙垂直度测量及调整”考核项扣分
			剪力墙吊装质量检验表填写	根据以上实际测量数据，规范填写“剪力墙吊装质量检验表”。满足以上要求可得满分，否则不得分	3		“剪力墙吊装质量检验表填写”内容和2号考生质量控制一致，提前打印并发给考生
		后浇段连接质量检验	钢筋间距检验	发布“钢筋间距检验”指令，指挥主操人员正确使用工具（钢卷尺）检验钢筋间距，根据图纸检查是否符合要求，并做记录。满足以上要求可得满分，否则不得分	2		若检验不正确，则对3号考生质量控制“钢筋间距检验”考核项扣分
			钢筋牢绑扎固程度检验	发布“钢筋绑扎牢固程度检验”指令，指挥主操人员手动检验钢筋是否牢固，并做记录。满足以上要求可得满分，否则不得分	2		若检验不正确，则对3号考生质量控制“钢筋绑扎牢固程度检验”考核项扣分
			垫块间距检验	发布“垫块间距检验”指令，指挥主操人员正确使用工具（钢卷尺）检验间距是否符合要求，并做记录。满足以上要求可得满分，否则不得分	2		若检验不正确，则对3号考生质量控制“垫块间距检验”考核项扣分
			模板安装牢固程度检验	发布“模板安装牢固程度检验”指令，指挥主操人员正确使用工具（橡胶锤）检验是否牢固，并做记录。满足以上要求可得满分，否则不得分	2		若检验不正确，则对3号考生质量控制“模板安装牢固程度”考核项扣分

续表

<table>
<tr><th>序号</th><th>考核项</th><th colspan="2">考核内容（工艺流程+质量控制+组织能力+施工安全）</th><th>评分标准</th><th>评分/分</th><th>核分/分</th><th>说　明</th></tr>
<tr><td rowspan="2">1</td><td rowspan="2">质量检验工艺流程（30分）</td><td rowspan="2">后浇段连接质量检验</td><td>模板位置检验</td><td>发布“模板位置检验”指令，指挥主操人员正确使用工具（钢卷尺）检验是否符合要求，并做记录。满足以上要求可得满分，否则不得分</td><td>2</td><td rowspan="2">29</td><td>若检验不正确，则对3号考生质量控制“模板位置检验”考核项扣分</td></tr>
<tr><td>后浇段连接质量检验表填写</td><td>根据以上实际测量数据，规范填写“后浇段连接质量检验表”。满足以上要求可得满分，否则不得分</td><td>3</td><td>“后浇段连接质量检验表填写”内容和3号考生质量控制一致，提前打印并发给考生</td></tr>
<tr><td rowspan="4">2</td><td rowspan="4">工完料清（6分）</td><td rowspan="3">拆解复位考核设备</td><td>拆除并复位模板</td><td>发布“拆除并复位模板”指令，指挥主操人员正确使用工具（扳手）依据先装后拆的原则拆除模板，并将模板放至原位。满足以上要求可得满分，否则不得分</td><td>1</td><td rowspan="4">6</td><td rowspan="4"></td></tr>
<tr><td>拆除并复位钢筋</td><td>发布“拆除并复位钢筋”指令，指挥主操人员正确使用工具（钢丝钳）依据先装后拆的原则拆除钢筋，并将钢筋放至原位。满足以上要求可得满分，否则不得分</td><td>1</td></tr>
<tr><td>拆除构件并放至存放架</td><td>发布“拆除构件并放至存放架”指令，指挥主操人员正确使用吊装设备依据先装后拆的原则拆除构件，并将构件放至原位。满足以上要求可得满分，否则不得分</td><td>1</td></tr>
<tr><td colspan="2">工具入库</td><td>发布“工具入库”指令，指挥主操人员清点工具，对需要保养工具（如工具污染、损坏）进行保养或交与工作人员处理。满足以上要求可得满分，否则不得分</td><td>1</td></tr>
</table>

续表

<table>
<tr><th>序号</th><th>考核项</th><th colspan="2">考核内容(工艺流程+质量控制+组织能力+施工安全)</th><th>评分标准</th><th>评分/分</th><th>核分/分</th><th>说 明</th></tr>
<tr><td rowspan="2">2</td><td rowspan="2">工完料清(6分)</td><td colspan="2">材料回收</td><td>回收可再利用材料,放至原位,分类明确,摆放整齐。满足以上要求得满分,否则不得分</td><td>1</td><td rowspan="2">6</td><td rowspan="2"></td></tr>
<tr><td colspan="2">场地清理</td><td>发布"场地清理"指令,指挥主操人员正确使用工具(扫把)清理模台和地面,不得有垃圾(扎丝),清理完毕后归还清理工具。满足以上要求可得满分,否则不得分</td><td>1</td></tr>
<tr><td rowspan="9">3</td><td rowspan="9">质量控制(20分)</td><td colspan="2">外墙挂板吊装质量检验表填写质量</td><td rowspan="3">填写数据规范完整,不得漏填、错填。满足以上要求得满分,否则不得分</td><td>3</td><td rowspan="9">20</td><td rowspan="9"></td></tr>
<tr><td colspan="2">剪力墙吊装质量检验表填写质量</td><td>3</td></tr>
<tr><td colspan="2">后浇段连接质量检验表填写质量</td><td>3</td></tr>
<tr><td rowspan="3">设备复位</td><td>构件复位</td><td rowspan="3">拆除设备需放至原位,分类明确,摆放整齐。满足以上要求得满分,否则不得分</td><td>2</td></tr>
<tr><td>钢筋、模板复位</td><td>2</td></tr>
<tr><td>辅件复位</td><td>2</td></tr>
<tr><td colspan="2">工具入库</td><td>归还工具放至原位,分类明确,摆放整齐。满足以上要求得满分,否则不得分</td><td>2</td></tr>
<tr><td colspan="2">材料回收</td><td>回收可再利用材料,放至原位,分类明确,摆放整齐。满足以上要求得满分,否则不得分</td><td>2</td></tr>
<tr><td colspan="2">场地清理</td><td>场地和模台清洁干净,无垃圾(扎丝)。满足以上要求得满分,否则不得分</td><td>1</td></tr>
<tr><td rowspan="3">4</td><td rowspan="3">组织协调(15分)</td><td colspan="2">指令明确</td><td>指令明确,口齿清晰,无明显错误得满分,否则不得分</td><td>5</td><td rowspan="3"></td><td rowspan="3"></td></tr>
<tr><td colspan="2">分工合理</td><td>分工合理,无窝工或分工不均情况得满分,否则不得分</td><td>5</td></tr>
<tr><td colspan="2">纠正错误操作</td><td>及时纠正主操人员错误操作,并给出正确指导得满分,否则不得分</td><td>5</td></tr>
</table>

续表

<table>
<tr><td>序号</td><td>考核项</td><td>考核内容(工艺流程+质量控制+组织能力+施工安全)</td><td>评分标准</td><td>评分/分</td><td>核分/分</td><td>说　明</td></tr>
<tr><td rowspan="2">5</td><td rowspan="2">安全施工</td><td rowspan="2">施工过程中严格按照安全文明生产规定操作,无恶意损坏工具、原材料且无因操作失误造成考试人员伤害等行为</td><td>出现危险操作,主导人员及时制止,判定主导人员合格,判定对应主操人员不合格</td><td rowspan="2">合格/不合格</td><td rowspan="2">1号不合格/
2号不合格/
3号不合格/
4号不合格/</td><td rowspan="2">注:此处可多选</td></tr>
<tr><td>出现危险操作,主导人员未制止,判定主导人员和对应主操人员不合格</td></tr>
<tr><td colspan="7">二、主操考核项(40分)</td></tr>
<tr><td>序号</td><td>考核项</td><td>考核内容(团队协作+工艺实操)</td><td>评分标准</td><td>记录/分</td><td>核分/分</td><td>说　明</td></tr>
<tr><td>1</td><td>施工前准备与外墙挂板吊装(15分)</td><td rowspan="3">按照主导人指令完成工艺操作</td><td rowspan="3">①服从指挥,配合其他人员得5分。②能正确使用工具和材料,按照主导人指令完成工艺操作得5分。满分10分,全部符合得10分,一项符合得5分,都不符合得0分</td><td>10/5/0</td><td rowspan="3"></td><td rowspan="3">注:当主导人员指挥有误,如选取工具或材料错误,主操人员不能提醒,按照指令执行即可。此时对主导人员扣分,不对主操人员扣分</td></tr>
<tr><td>2</td><td>1号剪力墙板吊装(15分)</td><td>10/5/0</td></tr>
<tr><td>3</td><td>2号剪力墙板吊装(10分)</td><td>10/5/0</td></tr>
<tr><td colspan="2">总分</td><td>100　|　考核结果</td><td>合格/不合格</td><td>合计</td><td></td><td></td></tr>
<tr><td colspan="7">考官签字:</td></tr>
</table>

（3）构件灌浆实操评分记录表

表8.11 “构件灌浆——1号考核人员”实操评分记录表

考核人员:________ 考核编号:________ 考场:________ 考核时间:________

一、主导考核项（70分）							
序号	考核项	考核内容（工艺流程+质量控制+组织能力+施工安全）		评分标准	评分/分	核分/分	说明
1	施工前准备工艺流程（6分）	劳保用品准备	佩戴安全帽	①内衬圆周大小调节到头部稍有约束感为宜。②系好下颚带，下颚带应紧贴下颚，松紧以下颚有约束感，但不难受为宜。满足以上要求可得满分，否则得0分	1	6	
			穿戴劳保工装、防护手套	①劳保工装做到“统一、整齐、整洁”，并做到“三紧”，即领口紧、袖口紧、下摆紧，严禁卷袖口、卷裤腿等现象。②必须正确佩戴手套，方可进行实操考核。满足以上要求可得满分，否则得0分	1		
		设备检查	检查施工设备（如吊装机具、吊具等）	发布“设备检查”指令，指挥主操人员操作开关（如有）或手动检查吊装机具是否正常运转，吊具是否正常使用。满足以上要求可得满分，否则不得分	1		
		领取工具	领取构件制作所需工具	发布“领取工具”指令，指挥主操人员领取工具，放至指定位置，摆放整齐。满足以上要求可得满分，否则不得分	1		如后期操作发现缺少工具，可回到此项扣分
		领取材料	领取构件灌浆所需材料	发布“领取材料”指令，指挥主操人员领取材料，放至指定位置，摆放整齐。满足以上要求可得满分，否则不得分	1		如后期操作发现缺少材料，可回到此项扣分
		卫生检查及清理	施工场地卫生检查及清扫	发布“卫生检查及清理”指令，指挥主操人员正确使用工具（扫把），规范清理场地。满足以上要求可得满分，否则不得分	1		

续表

<table>
<tr><th>序号</th><th>考核项</th><th colspan="2">考核内容(工艺流程+质量控制+组织能力+施工安全)</th><th>评分标准</th><th>评分/分</th><th>核分/分</th><th>说　明</th></tr>
<tr><td rowspan="6">2</td><td rowspan="6">构件吊装工艺流程(29分)</td><td>套筒检查</td><td>检查套筒通透性</td><td>发布“套筒检查”指令，指挥主操人员正确使用工具(气泵或打气筒)，检查每个套筒是否通透。满足以上要求可得满分，否则不得分</td><td>2</td><td rowspan="6">29</td><td></td></tr>
<tr><td rowspan="4">连接钢筋处理</td><td>连接钢筋除锈</td><td>发布“连接钢筋除锈”指令，指挥主操人员正确使用工具(钢丝刷)，对生锈钢筋进行处理，若没有生锈钢筋，则说明钢筋无须除锈。满足以上要求可得满分，否则不得分</td><td>1</td><td></td></tr>
<tr><td>连接钢筋长度检查</td><td>发布“连接钢筋长度检查”指令，指挥主操人员正确使用工具(钢卷尺)，对每根钢筋进行测量，指出不符合要求钢筋。满足以上要求可得满分，否则不得分</td><td>2</td><td></td></tr>
<tr><td>连接钢筋垂直度检查</td><td>发布“连接钢筋垂直度检查”指令，指挥主操人员正确使用工具(靠尺)，对每根钢筋进行两个方向(90°夹角)测量，指出不符合要求钢筋。满足以上要求可得满分，否则不得分</td><td>2</td><td></td></tr>
<tr><td>连接钢筋校正</td><td>发布“连接钢筋校正”指令，指挥主操人员正确使用工具(校正工具)，对不符合要求的钢筋长度、垂直度等进行校正。满足以上要求可得满分，否则不得分</td><td>2</td><td></td></tr>
<tr><td colspan="2">分仓判断</td><td>发布“分仓判断”指令，可根据图纸给出信息计算，也可使用工具(钢卷尺)直接测量，当最远套筒距离≤1.5 m时，不需分仓，否则需要分仓。满足以上要求可得满分，否则不得分</td><td>2</td><td></td></tr>
</table>

续表

序号	考核项	考核内容(工艺流程+质量控制+组织能力+施工安全)		评分标准	评分/分	核分/分	说　明
2	构件吊装工艺流程(29分)	工作面处理	凿毛处理	发布"凿毛处理"指令,指挥主操人员正确使用工具(铁锤、錾子),对定位线内工作面进行粗糙面处理。满足以上要求可得满分,否则不得分	1	29	
			工作面清理	发布"工作面清理"指令,指挥主操人员正确使用工具(扫把),对工作面进行清理。满足以上要求可得满分,否则不得分	1		
			洒水湿润	发布"洒水湿润"指令,指挥主操人员正确使用工具(喷壶),对工作面进行洒水湿润处理。满足以上要求可得满分,否则不得分	1		
		弹控制线		发布"弹控制线"指令,指挥主操人员正确使用工具(钢卷尺、墨盒、铅笔),根据已有轴线或定位线引出200~500 mm控制线。满足以上要求可得满分,否则不得分	2		
		放置垫块		发布"放置垫块"指令,指挥主操人员正确使用材料(垫块),在墙两端距离边缘4 cm以上,远离钢筋位置处放置2 cm高垫块。满足以上要求可得满分,否则不得分	2		
		标高找平		发布"标高找平"指令,指挥主操人员正确使用工具(水准仪、水准尺),先后视假设标高控制点,再将水准尺分别放至垫块顶,若垫块标高符合要求则不需调整,若垫块不在误差范围内,则需换不同规格垫块。满足以上要求可得满分,否则不得分(建议考生有测量过程即可得分)	2		

续表

序号	考核项	考核内容（工艺流程+质量控制+组织能力+施工安全）		评分标准	评分/分	核分/分	说　明
2	构件吊装工艺流程（29分）	剪力墙吊装	吊具连接	发布“吊具连接”指令，指挥主操人员选择吊孔，吊链与水平夹角不宜小于60°。满足以上要求可得满分，否则不得分	2	29	
			剪力墙试吊	发布“剪力墙试吊”指令，指挥主操人员正确操作吊装设备起吊构件至距离地面约300 mm，停止，观察吊具是否安全。满足以上要求可得满分，否则不得分	2		
			剪力墙吊运	发布“剪力墙吊运”指令，指挥主操人员正确操作吊装设备吊运剪力墙，缓起、匀升、慢落。满足以上要求可得满分，否则不得分	2		
			剪力墙安装对位	发布“剪力墙安装对位”指令，指挥主操人员正确操作吊装设备，正确使用工具（2面镜子），将镜子放至墙体两端钢筋相邻处，观察套筒与钢筋位置关系，边调整剪力墙位置边下落。满足以上要求可得满分，否则不得分	2		
			摘除吊钩	发布“摘除吊钩”指令，指挥主操人员正确使用工具（扳手）进行终固定。满足以上要求可得满分，否则不得分	1		
3	质量控制（20分）	工具选择	工具选择合理、数量准确	此部分由考评员评定	7	20	
		材料选择	材料选择合理、数量准确		7		
		卫生质量	场地干净清洁		6		

续表

<table>
<tr><td>序号</td><td>考核项</td><td colspan="2">考核内容(工艺流程+质量控制+组织能力+施工安全)</td><td>评分标准</td><td>评分/分</td><td>核分/分</td><td>说　明</td></tr>
<tr><td rowspan="3">4</td><td rowspan="3">组织协调(15分)</td><td colspan="2">指令明确</td><td>指令明确,口齿清晰,无明显错误得满分,否则不得分</td><td>5</td><td rowspan="3">15</td><td rowspan="3"></td></tr>
<tr><td colspan="2">分工合理</td><td>分工合理,无窝工或分工不均情况得满分,否则不得分</td><td>5</td></tr>
<tr><td colspan="2">纠正错误操作</td><td>及时纠正主操人员错误操作,并给出正确指导得满分,否则不得分</td><td>5</td></tr>
<tr><td rowspan="2">5</td><td rowspan="2">安全施工</td><td colspan="2" rowspan="2">施工过程中严格按照安全文明生产规定操作,无恶意损坏工具、原材料且无因操作失误造成考试人员伤害等行为</td><td>出现危险操作,主导人员及时制止,判定主导人员合格,判定对应主操人员不合格</td><td rowspan="2">合格/不合格</td><td rowspan="2">1号不合格/2号不合格/3号不合格</td><td rowspan="2">注:此处可多选</td></tr>
<tr><td>出现危险操作,主导人员未制止,判定主导人员和对应主操人员不合格</td></tr>
<tr><td colspan="8">二、主操考核项(30分)</td></tr>
<tr><td>序号</td><td>考核项</td><td colspan="2">考核内容(团队协作+工艺实操)</td><td>评分标准</td><td>记录/分</td><td>核分/分</td><td>说　明</td></tr>
<tr><td>1</td><td>封缝料制作与封缝(15分)</td><td colspan="2" rowspan="2">按照主导人指令完成工艺操作</td><td rowspan="2">①服从指挥,配合其他人员得7.5分。②能正确使用工具和材料,按照主导人指令完成工艺操作得7.5分。满分15分,全部符合得15分,一项符合得7.5分,都不符合得0分</td><td>15/7.5/0</td><td rowspan="2"></td><td rowspan="2">注:当主导人员指挥有误,如选取工具或材料错误,主操人员不能提醒,按照指令执行即可。此时对主导人员扣分,不对主操人员扣分</td></tr>
<tr><td>2</td><td>灌浆料制作与检验、灌浆、工完料清(15分)</td><td>15/7.5/0</td></tr>
<tr><td colspan="2">总分</td><td>100</td><td>考核结果</td><td>合格/不合格</td><td>合计</td><td></td><td></td></tr>
<tr><td colspan="8">考官签字:</td></tr>
</table>

表 8.12 “构件灌浆——2 号考核人员”实操评分记录表

考核人员:________ 考核编号:________ 考场:________ 考核时间:________

一、主导考核项(70 分)							
序号	考核项	考核内容(工艺流程+质量控制+组织能力+施工安全)		评分标准	评分/分	核分/分	说 明
1	封缝料制作与封缝(35 分)	封缝料制作	根据配合比计算封缝料干料和水用量	发布“根据配合比计算封缝料干料和水用量”指令,指挥主操人员正确使用工具(钢卷尺),测量构件长和宽(或看图纸),先给定计算条件:封缝料密度假设 2 300 kg/m^3,水:封缝料干料=12:100(质量比),考虑封缝料充足情况留出 10%富余量。根据公式 $m=\rho v(1+10\%)$ 计算水和封缝料干料用量。满足以上要求可得满分,否则不得分	2	35	
			称量水	发布“称量水”指令,指挥主操人员正确使用工具(量筒或电子秤),根据计算水用量称量。满足以上要求可得满分,否则不得分	2		
			称量封缝料干料	发布“称量封缝料干料”指令,指挥主操人员正确使用工具(电子秤、小盆),根据计算封缝料干料用量称量,注意小盆去皮。满足以上要求可得满分,否则不得分	2		
			将全部水倒入搅拌容器	发布“将全部水倒入搅拌容器”指令,指挥主操人员正确使用工具(量筒、搅拌容器),将水全部导入搅拌容器。满足以上要求可得满分,否则不得分	2		
			加入封缝料干料	发布“加入封缝料干料”指令,指挥主操人员正确使用工具(小盆),推荐分两次加料,第一次先将 70%干料倒入搅拌容器,第二次加入 30%干料。满足以上要求可得满分,否则不得分	4		

续表

序号	考核项	考核内容(工艺流程+质量控制+组织能力+施工安全)		评分标准	评分/分	核分/分	说明
1	封缝料制作与封缝(35分)	封缝料制作	封缝料搅拌	发布“封缝料搅拌”指令,指挥主操人员正确使用工具(搅拌器),推荐分两次搅拌,沿一个方向均匀搅拌封缝料,总共搅拌不少于5 min。满足以上要求可得满分,否则不得分	4	35	
		封缝操作	放置内衬	发布“放置内衬”指令,指挥主操人员正确使用材料(内衬,如PVC管或橡胶条),先沿一边布置,使封缝宽度控制在1.5~2 cm。满足以上要求可得满分,否则不得分	2		
			封缝	发布“封缝”指令,指挥主操人员正确使用工具(托板、小抹子)和材料(封缝料),沿布置好内衬一边进行封缝。满足以上要求可得满分,否则不得分	2		
			抽出内衬	发布“抽出内衬”指令,指挥主操人员从一侧竖直抽出内衬,保证不扰动封缝,然后进行下一边封缝。满足以上要求可得满分,否则不得分	2		
			清理工作面	发布“清理工作面”指令,指挥主操人员正确使用工具(扫把、抹布)清理工作面余浆。满足以上要求可得满分,否则不得分	2		
		检查封缝质量	吊起构件	发布“吊起构件”指令,指挥主操人员正确使用操作吊装设备吊起构件,并安全放至指定位置。满足以上要求可得满分,否则不得分	1		

续表

序号	考核项	考核内容(工艺流程+质量控制+组织能力+施工安全)		评分标准	评分/分	核分/分	说　明
1	封缝料制作与封缝(35分)	检查封缝质量	检查封缝宽度	发布“检查封缝宽度”指令,指挥主操人员正确使用工具(钢卷尺),按照考核员指定任意位置测量封缝宽度。满足以上要求可得满分,否则不得分	2	25	
			检查封缝饱满度	发布“检查封缝饱满度”指令,此项需要考评员肉眼观察封缝饱满度情况。满足以上要求可得满分,否则不得分	2		
			清理封缝料	发布“清理封缝料”指令,指挥主操人员正确使用工具(铲子、水枪、气泵、扫把),先将封缝料铲除,然后用高压水枪从一侧清洗,最后用气泵或扫把清洗积水。满足以上要求可得满分,否则不得分	2		
			称量剩余封缝料	发布“称量剩余封缝料”指令,指挥主操人员正确使用工具(小盆、电子秤),称量封缝料(注意去皮)。满足以上要求可得满分,否则不得分	2		
		密封	放置密封装置	发布“放置密封装置”指令,指挥主操人员放置密封装置,采取漏浆措施。满足以上要求可得满分,否则不得分	1		
			安装构件	发布“安装构件”指令,指挥主操人员正确使用吊装设备,再次安装构件。满足以上要求可得满分,否则不得分	1		

续表

<table>
<tr><th>序号</th><th>考核项</th><th colspan="2">考核内容(工艺流程+质量控制+组织能力+施工安全)</th><th>评分标准</th><th>评分/分</th><th>核分/分</th><th>说 明</th></tr>
<tr><td rowspan="7">2</td><td rowspan="7">质量控制(20分)</td><td>封缝料搅拌质量</td><td>无干料、无明水</td><td rowspan="7">在操作过程中根据质量要求由考评员打分</td><td>3</td><td rowspan="7">20</td><td rowspan="7"></td></tr>
<tr><td rowspan="4">封缝质量</td><td>工作面清洁程度</td><td>3</td></tr>
<tr><td>1.5 cm 封缝宽度≤2 cm</td><td>4</td></tr>
<tr><td>封缝饱满度</td><td>4</td></tr>
<tr><td>封缝料剩余量≤0.5 kg</td><td>3</td></tr>
<tr><td>清理封缝料质量</td><td>无残余料、无积水</td><td>3</td></tr>
<tr style="display:none"></tr>
<tr><td rowspan="3">3</td><td rowspan="3">组织协调(15分)</td><td colspan="2">指令明确</td><td>指令明确,口齿清晰,无明显错误得满分,否则不得分</td><td>5</td><td rowspan="3">15</td><td rowspan="3"></td></tr>
<tr><td colspan="2">分工合理</td><td>分工合理,无窝工或分工不均情况得满分,否则不得分</td><td>5</td></tr>
<tr><td colspan="2">纠正错误操作</td><td>及时纠正主操人员错误操作,并给出正确指导得满分,否则不得分</td><td>5</td></tr>
<tr><td rowspan="2">4</td><td rowspan="2">安全施工</td><td colspan="2" rowspan="2">施工过程中严格按照安全文明生产规定操作,无恶意损坏工具、原材料且无因操作失误造成考试人员伤害等行为</td><td>出现危险操作,主导人员及时制止,判定主导人员合格,判定对应主操人员不合格</td><td rowspan="2">合格/不合格</td><td rowspan="2">1号不合格/2号不合格/3号不合格</td><td rowspan="2">注:此处可多选</td></tr>
<tr><td>出现危险操作,主导人员未制止,判定主导人员和对应主操人员不合格</td></tr>
</table>

续表

<table>
<tr><td colspan="8">二、主操考核项(30分)</td></tr>
<tr><td>序号</td><td>考核项</td><td colspan="2">考核内容(团队协作+工艺实操)</td><td>评分标准</td><td>记录/分</td><td>核分/分</td><td>说明</td></tr>
<tr><td>1</td><td>施工前准备及构件吊装(15分)</td><td colspan="2" rowspan="2">按照主导人指令完成工艺操作</td><td rowspan="2">①服从指挥,配合其他人员得7.5分。②能正确使用工具和材料,按照主导人指令完成工艺操作得7.5分。满分15分,全部符合得15分,一项符合得7.5分,都不符合得0分</td><td>15/7.5/0</td><td rowspan="2"></td><td rowspan="2">注:当主导人员指挥有误,如选取工具或材料错误,主操人员不能提醒,按照指令执行即可。此时对主导人员扣分,不对主操人员扣分</td></tr>
<tr><td>2</td><td>灌浆料制作与检验、灌浆、工完料清(15分)</td><td>15/7.5/0</td></tr>
<tr><td colspan="2">总分</td><td>100</td><td>考核结果</td><td>合格/不合格</td><td>合计</td><td></td><td></td></tr>
<tr><td colspan="8">考官签字:</td></tr>
</table>

表8.13　“构件灌浆——3号考核人员”实操评分记录表

考核人员:________　　考核编号:________　　考场:________　　考核时间:________

<table>
<tr><td colspan="8">一、主导考核项(70分)</td></tr>
<tr><td>序号</td><td>考核项</td><td colspan="2">考核内容(工艺流程+质量控制+组织能力+施工安全)</td><td>评分标准</td><td>评分/分</td><td>核分/分</td><td>说明</td></tr>
<tr><td>1</td><td>灌浆工艺流程(28分)</td><td>灌浆料制作</td><td>温度检测</td><td>发布“温度检测”指令,指挥主操人员正确使用工具(温度计)测量室温,并做记录。满足以上要求可得满分,否则不得分</td><td>1</td><td>28</td><td></td></tr>
</table>

续表

序号	考核项	考核内容(工艺流程+质量控制+组织能力+施工安全)		评分标准	评分/分	核分/分	说明
1	灌浆工艺流程(28分)	灌浆料制作	依据配合比计算灌浆料干料和水用量	发布"依据配合比计算灌浆料干料和水用量"指令,根据图纸识读构件长度和宽度、套筒型号和数量,先给定计算条件:封缝料密度假设2 300 kg/m³,水:灌浆料干料=12:100(质量比),单个套筒灌浆料质量0.4 kg,考虑灌浆泵内有残余浆料,考虑10%富余量。$m=(\rho v+0.4n)(1+10\%)$,其中n为套筒数量。再根据灌浆料总量分别计算水和封缝料干料用量。满足以上要求可得满分,否则不得分	1	28	
			称量水	发布"称量水"指令,指挥主操人员正确使用工具(量筒或电子秤),根据计算水用量称量。满足以上要求可得满分,否则不得分	1		
			称量灌浆料干料	发布"称量灌浆料干料"指令,指挥主操人员正确使用工具(电子秤、小盆),根据计算灌浆料干料用量称量,注意小盆去皮。满足以上要求可得满分,否则不得分	1		
			将全部水倒入搅拌容器	发布"将全部水倒入搅拌容器"指令,指挥主操人员正确使用工具(量筒、搅拌容器),将水全部导入搅拌容器。满足以上要求可得满分,否则不得分	1		
			加入灌浆料干料	发布"加入灌浆料干料"指令,指挥主操人员正确使用工具(小盆),推荐分两次加料,第一次先将70%干料倒入搅拌容器,第二次加入30%干料。满足以上要求可得满分,否则不得分	2		

续表

序号	考核项	考核内容(工艺流程+质量控制+组织能力+施工安全)		评分标准	评分/分	核分/分	说　明
1	灌浆工艺流程(28分)	灌浆料制作	灌浆料搅拌	发布“灌浆料搅拌”指令,指挥主操人员正确使用工具(搅拌器),推荐分两次搅拌,沿一个方向均匀搅拌封缝料,总共搅拌不少于 5 min。满足以上要求可得满分,否则不得分	2	28	
			静置约 2 min	发布“静置约 2 min”指令,使灌浆料内气体自然排出。满足以上要求可得满分,否则不得分	1		
		流动度检验	放置截锥试模	发布“放置截锥试模”指令,指挥主操人员正确使用工具(截锥试模),大口朝下小口朝上,放至玻璃板正中央。满足以上要求可得满分,否则不得分	1		
			倒入灌浆料	发布“倒入灌浆料”指令,指挥主操人员正确使用工具(勺子),舀出一部分灌浆料倒入截锥试模。满足以上要求可得满分,否则不得分	1		
			捣实灌浆料	发布“捣实灌浆料”指令,指挥主操人员正确使用工具(铁棒),捣实截锥试模内灌浆料。满足以上要求可得满分,否则不得分	1		
			抹面	发布“抹面”指令,指挥主操人员正确使用工具(小抹子),将截锥试模顶多余灌浆料抹平。满足以上要求可得满分,否则不得分	1		
			竖直提起截锥试模	发布“竖直提起截锥试模”指令,指挥主操人员竖直提起截锥试模。满足以上要求可得满分,否则不得分	1		

续表

序号	考核项	考核内容(工艺流程+质量控制+组织能力+施工安全)		评分标准	评分/分	核分/分	说　明
1	灌浆工艺流程(28分)	流动度检验	测量灰饼直径	发布“测量灰饼直径”指令,指挥主操人员正确使用工具(钢卷尺),等灌浆料停止流动后,测量最大灰饼直径,并做记录。满足以上要求可得满分,否则不得分	1	28	
			填写灌浆料拌制记录表	发布“填写灌浆料拌制记录表”指令,主导人将以上记录数据整理到此记录表上。满足以上要求可得满分,否则不得分	1		
		灌浆	湿润灌浆泵	发布“湿润灌浆泵”指令,指挥主操人员正确使用工具(灌浆泵、塑料勺)和材料(水),将水倒入灌浆泵进行湿润,并将水全部排出。满足以上要求可得满分,否则不得分	1		
			倒入灌浆料	发布“倒入灌浆料”指令,指挥主操人员正确使用工具(灌浆泵、搅拌容器),将灌浆料倒入灌浆泵。满足以上要求可得满分,否则不得分	0.5		
			排出前端灌浆料	发布“排出前端灌浆料”指令,指挥主操人员正确使用工具(灌浆泵),由于灌浆泵内有少量积水,因此需排出前端灌浆料。满足以上要求可得满分,否则不得分	1		
			选择灌浆孔	发布“选择灌浆孔”指令,指挥主操人员正确使用工具(灌浆泵),选择下方灌浆孔,一仓室只能选择一个灌浆孔,其余为排浆孔,中途不得换灌浆孔。满足以上要求可得满分,否则不得分	1		

续表

序号	考核项	考核内容(工艺流程+质量控制+组织能力+施工安全)		评分标准	评分/分	核分/分	说 明
1	灌浆工艺流程(28分)	灌浆	灌浆	发布"灌浆"指令,指挥主操人员正确使用工具(灌浆泵),灌浆时应连续灌浆,中间不得停顿。满足以上要求可得满分,否则不得分	1	8	
			封堵排浆孔	发布"封堵排浆孔"指令,指挥主操人员正确使用工具(铁锤)和材料(橡胶塞),待排浆孔流出浆料并成圆柱状时进行封堵。满足以上要求可得满分,否则不得分	1		
			保压	发布"保压"指令,指挥主操人员正确使用工具(灌浆泵),待排浆孔全部封堵后保压或慢速保持约 30 s,保证内部浆料充足。满足以上要求可得满分,否则不得分	1		
			封堵灌浆孔	发布"封堵灌浆孔"指令,指挥主操人员正确使用工具(铁锤)和材料(橡胶塞),待灌浆泵移除后迅速封堵灌浆孔。满足以上要求可得满分,否则不得分	1		
			工作面清理	发布"工作面清理"指令,指挥主操人员正确使用工具(扫把、抹布),清理工作面,保持干净。满足以上要求可得满分,否则不得分	1		
			称量剩余灌浆料	发布"称量剩余灌浆料"指令,指挥主操人员正确使用工具(灌浆泵、电子秤、小盆),将浆料排入小盆,称量质量(注意去皮)。满足以上要求可得满分,否则不得分	0.5		
			填写灌浆施工记录表	发布"填写灌浆施工记录表"指令,主导人将以上灌浆记录数据整理到此记录表上。满足以上要求可得满分,否则不得分	1		

续表

序号	考核项	考核内容(工艺流程+质量控制+组织能力+施工安全)		评分标准	评分/分	核分/分	说　明
2	工完料清(7分)	设备拆除、清洗、复位	设备拆除	发布“设备拆除”指令,指挥主操人员操作吊装设备将灌浆上部构件吊至清洗区。满足以上要求可得满分,否则不得分	1	7	
			清洗套筒、墙底、底座	发布“清洗套筒、墙底、底座”指令,指挥主操人员正确使用工具(高压水枪)针对每个套筒彻底清洗至无残余浆料。满足以上要求可得满分,否则不得分	1		
			设备复位	发布“设备复位”指令,指挥主操人员正确使用吊装设备将上部构件吊至原位置。满足以上要求可得满分,否则不得分	1		
		工具清洗维护	灌浆泵清洗维护	发布“灌浆泵清洗维护”指令,指挥主操人员着重清洗灌浆泵,先将水倒入灌浆泵然后排出,清洗3遍,再将海绵球放至灌浆泵并排出,清洗3遍。满足以上要求可得满分,否则不得分	1		
			其他工具清洗维护	发布“其他工具清洗维护”指令,指挥主操人员清洗有浆料浮浆工具(搅拌器、小盆、铲子、抹子等)。满足以上要求可得满分,否则不得分	1		
			工具入库	发布“工具入库”指令,指挥主操人员将工具放至原位置。满足以上要求可得满分,否则不得分	1		
		场地清理		发布“场地清理”指令,指挥主操人员正确使用工具(高压水枪、扫把)将场地清理干净,并将工具归还。满足以上要求可得满分,否则不得分	1		

续表

<table>
<tr><th>序号</th><th>考核项</th><th colspan="2">考核内容(工艺流程+质量控制+组织能力+施工安全)</th><th>评分标准</th><th>评分/分</th><th>核分/分</th><th>说　明</th></tr>
<tr><td rowspan="9">3</td><td rowspan="9">质量控制(20分)</td><td rowspan="2">灌浆料制作与检验</td><td>灌浆料拌制记录表</td><td rowspan="9">在操作过程中根据质量要求由考评员打分</td><td rowspan="9">20</td><td></td><td rowspan="9"></td></tr>
<tr><td>初始流动度≥300 mm</td><td></td></tr>
<tr><td rowspan="4">灌浆质量</td><td>是否饱满</td><td></td></tr>
<tr><td>是否漏浆</td><td></td></tr>
<tr><td>灌浆施工记录表</td><td></td></tr>
<tr><td>灌浆料剩余量≤1 kg</td><td></td></tr>
<tr><td rowspan="3">工完料清</td><td>设备清洗是否干净</td><td></td></tr>
<tr><td>工具清洗是否干净</td><td></td></tr>
<tr><td>场地清洗是否干净</td><td></td></tr>
<tr><td rowspan="3">4</td><td rowspan="3">组织协调(15分)</td><td colspan="2">指令明确</td><td>指令明确,口齿清晰,无明显错误得满分,否则不得分</td><td>5</td><td rowspan="3"></td><td rowspan="3"></td></tr>
<tr><td colspan="2">分工合理</td><td>分工合理,无窝工或分工不均情况得满分,否则不得分</td><td>5</td></tr>
<tr><td colspan="2">纠正错误操作</td><td>及时纠正主操人员错误操作,并给出正确指导得满分,否则不得分</td><td>5</td></tr>
<tr><td rowspan="2">5</td><td rowspan="2">安全施工</td><td colspan="2" rowspan="2">施工过程中严格按照安全文明生产规定操作,无恶意损坏工具、原材料且无因操作失误造成考试人员伤害等行为</td><td>出现危险操作,主导人员及时制止,判定主导人员合格,判定对应主操人员不合格</td><td rowspan="2">合格/不合格</td><td rowspan="2">1号不合格/2号不合格/3号不合格</td><td rowspan="2">注:此处可多选</td></tr>
<tr><td>出现危险操作,主导人员未制止,判定主导人员和对应主操人员不合格</td></tr>
</table>

续表

二、主操考核项(30分)						
序号	考核项	考核内容(团队协作+工艺实操)	评分标准	记录/分	核分/分	说　明
1	施工前准备及构件吊装(15分)	按照主导人指令完成工艺操作	①服从指挥,配合其他人员得7.5分。②能正确使用工具和材料,按照主导人指令完成工艺操作得7.5分。满分15分,全部符合得15分,一项符合得7.5分,都不符合得0分	15/7.5/0		注:当主导人员指挥有误如:选取工具或材料错误,主操人员不能提醒,按照指令执行即可。此时对主导人员扣分,不对主操人员扣分
2	封缝料制作与封缝(15分)			15/7.5/0		
总分	100	考核结果	合格/不合格	合计		
考官签字:						

(4)密封防水实操评分记录表

表8.14　“密封防水——1号考核人员”实操评分记录表

考核人员:________　　考核编号:________　　考场:________　　考核时间:________

序号	考核项	考核内容(工艺流程+质量控制+组织能力+施工安全)		评分标准	评分/分	核分/分	说明
1	施工前准备工艺流程(15分)	劳保用品准备	佩戴安全帽	①内衬圆周大小调节到头部稍有约束感为宜。②系好下颚带,下颚带应紧贴下颚,松紧以下颚有约束感,但不难受为宜。满足以上要求可得满分,否则得0分	2	15	
			穿戴劳保工装、防护手套	①劳保工装做到“统一、整齐、整洁”,并做到“三紧”,即领口紧、袖口紧、下摆紧,严禁卷袖口、卷裤腿等现象。②必须正确佩戴手套,方可进行实操考核。满足以上要求可得满分,否则得0分	2		
			穿戴安全带	固定好胸带、腰带、腿带,使安全带贴身	3		

续表

序号	考核项	考核内容(工艺流程+质量控制+组织能力+施工安全)		评分标准	评分/分	核分/分	说　明
1	施工前准备工艺流程(15分)	设备检查	检查施工设备(吊篮、打胶装置)	发布“设备检查”指令,考核人员操作开关检查吊篮和打胶装置是否正常运转。满足以上要求可得满分,否则不得分	2	15	
		领取工具	领取打胶所有工具	发布“领取工具”指令,考核人员领取工具,放至指定位置,摆放整齐。满足以上要求可得满分,否则不得分	2		如后期操作发现缺少工具,可回到此项扣分
		领取材料	领取打胶所有材料	发布“领取材料”指令,考核人员领取材料,放至指定位置,摆放整齐。满足以上要求可得满分,否则不得分	2		如后期操作发现缺少材料,可回到此项扣分
		卫生检查及清理	施工场地卫生检查及清扫	发布“卫生检查及清理”指令,考核人员正确使用工具(扫把),规范清理场地。满足以上要求可得满分,否则不得分	2		
2	封缝打胶工艺流程(50分)	基层处理	采用角磨机清理浮浆	发布“采用角磨机清理浮浆”指令,考核人员正确使用工具(角磨机),沿板缝清理浮浆。满足以上要求可得满分,否则不得分	3	50	
			采用钢丝刷清理墙体杂质	发布“采用钢丝刷清理墙体杂质”指令,考核人员正确使用工具(钢丝刷),沿板缝清理浮浆。满足以上要求可得满分,否则不得分	3		
			采用毛刷清理残留灰尘	发布“采用毛刷清理残留灰尘”指令,考核人员正确使用工具(毛刷),沿板缝清理浮浆。满足以上要求可得满分,否则不得分	3		
		填充 PE 棒(泡沫棒)		发布“填充 PE 棒(泡沫棒)”指令,考核人员正确使用工具(铲子)和材料(PE 棒),沿板缝顺直填充 PE 棒。满足以上要求可得满分,否则不得分	6		

续表

序号	考核项	考核内容(工艺流程+质量控制+组织能力+施工安全)		评分标准	评分/分	核分/分	说　明
2	封缝打胶工艺流程(50分)	粘贴美纹纸		发布"粘贴美纹纸"指令,考核人员正确使用材料(美纹纸),沿板缝顺直粘贴。满足以上要求可得满分,否则不得分	6	50	
		涂刷底涂液		发布"涂刷底涂液"指令,考核人员正确使用工具(毛刷)和材料(底涂液),沿板缝内侧均匀涂刷。满足以上要求可得满分,否则不得分	5		
		打胶	竖缝打胶	发布"竖缝打胶"指令,考核人员正确使用工具(胶枪)和材料(密封胶),沿竖向板缝打胶。满足以上要求可得满分,否则不得分	8		
			水平缝打胶	发布"水平缝打胶"指令,考核人员正确使用工具(胶枪)和材料(密封胶),沿水平缝打胶。满足以上要求可得满分,否则不得分	8		
		刮平压实密封胶		发布"刮平压实密封胶"指令,考核人员正确使用工具(刮板),沿板缝匀速刮平,禁止反复操作。满足以上要求可得满分,否则不得分	5		
		打胶质量检验		发布"打胶质量检验"指令,考核人员打开打胶设备,正确使用工具(钢卷尺)对打胶厚度进行测量。满足以上要求可得满分,否则不得分	3		
3	工完料清(10分)	拆除美纹纸		发布"拆除美纹纸"指令,考核人员依次拆除美纹纸。满足以上要求可得满分,否则不得分	2	10	
		清理打胶装置		发布"清理打胶装置"指令,考核人员正确使用工具(抹布、铲子),将密封胶依次清理垃圾桶。满足以上要求可得满分,否则不得分	2		

续表

<table>
<tr><th>序号</th><th>考核项</th><th colspan="2">考核内容（工艺流程+质量控制+组织能力+施工安全）</th><th>评分标准</th><th>评分/分</th><th>核分/分</th><th>说　明</th></tr>
<tr><td rowspan="4">3</td><td rowspan="4">工完料清（10分）</td><td colspan="2">打胶装置复位</td><td>发布“打胶装置复位”指令，考核人员点击开关，复位打胶装置。满足以上要求可得满分，否则不得分</td><td>1</td><td rowspan="4">10</td><td></td></tr>
<tr><td rowspan="2">工具入库</td><td>工具清理</td><td>发布“工具清理”指令，考核人员正确使用工具（抹布）清理工具。满足以上要求可得满分，否则不得分</td><td>2</td><td></td></tr>
<tr><td>工具入库</td><td>发布“工具入库”指令，考核人员依次将工具放至原位。满足以上要求可得满分，否则不得分</td><td>1</td><td></td></tr>
<tr><td colspan="2">施工场地清理</td><td>发布“施工场地清理”指令，考核人员正确施工工具（扫把），对施工场地进行清理。满足以上要求可得满分，否则不得分</td><td>2</td><td></td></tr>
<tr><td rowspan="6">4</td><td rowspan="6">质量控制（25分）</td><td>PE棒填充质量</td><td>是否顺直</td><td rowspan="6">打胶结束后考核人员配合考评员对打胶质量进行检查</td><td>5</td><td rowspan="6">25</td><td rowspan="6"></td></tr>
<tr><td rowspan="2">打胶质量</td><td>胶面是否平整</td><td>5</td></tr>
<tr><td>厚度约为1 cm</td><td>5</td></tr>
<tr><td rowspan="3">工完料清</td><td>打胶装置是否清理干净</td><td>4</td></tr>
<tr><td>工具是否清理干净</td><td>4</td></tr>
<tr><td>施工场地是否清理干净</td><td>2</td></tr>
<tr><td>5</td><td>安全施工</td><td colspan="3">施工过程中严格按照安全文明生产规定操作，无恶意损坏工具、原材料且无因操作失误造成考试人员伤害等行为</td><td>合格/不合格</td><td></td><td></td></tr>
<tr><td colspan="2">总分</td><td>100</td><td>考核结果</td><td>合格/不合格</td><td>合计</td><td></td><td></td></tr>
<tr><td colspan="8">考官签字：</td></tr>
</table>

8.4 科目二实操考试质量检查表

科目二实操考试质量检查表见8.15至8.21。

表8.15 构件制作——模具组装质量检查表

<table>
<tr><td colspan="2">构件名称</td><td colspan="2"></td><td>生产日期</td><td colspan="2"></td></tr>
<tr><td>序号</td><td colspan="2">检查项目</td><td>允许偏差/mm</td><td>设计值/mm</td><td>实测值/mm</td><td>判定</td></tr>
<tr><td>1</td><td colspan="2">模具选型</td><td>型号准确</td><td></td><td></td><td></td></tr>
<tr><td rowspan="2">2</td><td rowspan="2">模具固定</td><td>磁盒固定牢固、无松动</td><td>牢固、无松动</td><td></td><td></td><td></td></tr>
<tr><td>相邻模具固定</td><td>牢固、无松动</td><td></td><td></td><td></td></tr>
<tr><td rowspan="3">3</td><td rowspan="3">长度</td><td>≤6 m</td><td>1,-2</td><td></td><td></td><td></td></tr>
<tr><td>>6且≤12 m</td><td>2,-4</td><td></td><td></td><td></td></tr>
<tr><td>>12 m</td><td>3,-5</td><td></td><td></td><td></td></tr>
<tr><td rowspan="2">4</td><td rowspan="2">宽度</td><td>墙板</td><td>1,-2</td><td></td><td></td><td></td></tr>
<tr><td>其他构件</td><td>2,-4</td><td></td><td></td><td></td></tr>
<tr><td rowspan="2">5</td><td rowspan="2">高度(厚度)</td><td>墙板</td><td>1,-2</td><td></td><td></td><td></td></tr>
<tr><td>其他构件</td><td>2,-4</td><td></td><td></td><td></td></tr>
<tr><td>6</td><td colspan="2">对角线误差</td><td>3</td><td></td><td></td><td></td></tr>
<tr><td>7</td><td colspan="2">组装缝隙</td><td>1</td><td></td><td></td><td></td></tr>
<tr><td>8</td><td colspan="2">端模与侧模高低差</td><td>1</td><td></td><td></td><td></td></tr>
<tr><td colspan="7">检验结果:</td></tr>
<tr><td colspan="5">质量负责人:2号考核人员</td><td colspan="2">质检员:</td></tr>
</table>

注:参照标准《装配式混凝土建筑技术标准》(GB/T 51231—2016)表9.3.3。

表 8.16　构件制作——钢筋绑扎和预埋件安装质量检查表

构件名称			检查日期			
序号		检查项目	允许偏差/mm	设计值/mm	实测值/mm	判定
1	钢筋绑扎质量检验	钢筋型号及数量	—			
2		绑扎处是否牢固	—			
3		钢筋间距	(10,-10)			
4		外露钢筋长度	(10,0)			
5	预埋件质量检验	埋件选型及数量	—			
6		安装牢固、无松动	—			
7		安装位置	(10,-10)			
检验结果：						
质量负责人：3 号考核人员					质检员：	

注：参照标准《装配式混凝土建筑技术标准》(GB/T 51231—2016)表 9.3.4 和表 9.4.3。

表 8.17　构件安装——外墙挂板吊装质量检查表

构件名称				施工日期		
序号	检查项目		允许偏差/mm	设计值/mm	实测值/mm	判定
1	安装连接		螺栓连接牢固			
2	安装位置		(8,0)			
3	垂直度	≤6 m	5			
		>6 m	10			
检验结果：						
质量负责人：1 号考核人员					质检员：	

表 8.18　构件安装——剪力墙吊装质量检查表

<table>
<tr><td colspan="2">构件名称</td><td colspan="2"></td><td>施工日期</td><td colspan="2"></td></tr>
<tr><td>序号</td><td colspan="2">检查项目</td><td>允许偏差/mm</td><td>设计值/mm</td><td>实测值/mm</td><td>判定</td></tr>
<tr><td>1</td><td colspan="2">安装连接</td><td>螺栓连接牢固</td><td></td><td></td><td></td></tr>
<tr><td>2</td><td colspan="2">安装位置</td><td>(8,0)</td><td></td><td></td><td></td></tr>
<tr><td rowspan="2">3</td><td rowspan="2">垂直度</td><td>≤6 m</td><td>5</td><td></td><td></td><td></td></tr>
<tr><td>>6 m</td><td>10</td><td></td><td></td><td></td></tr>
<tr><td colspan="7">检验结果：</td></tr>
<tr><td colspan="7">质量负责人:2 号考核人员　　　　　　　　质检员：</td></tr>
</table>

表 8.19　构件安装——后浇段连接质量检查表

<table>
<tr><td colspan="2">施工部位名称</td><td></td><td>施工日期</td><td colspan="2"></td></tr>
<tr><td>序号</td><td>检查项目</td><td>允许偏差/mm</td><td>设计值/mm</td><td>实测值/mm</td><td>判定</td></tr>
<tr><td>1</td><td>钢筋间距</td><td>(10,0)</td><td></td><td></td><td></td></tr>
<tr><td>2</td><td>钢筋绑扎</td><td>牢固,无松动</td><td></td><td></td><td></td></tr>
<tr><td>3</td><td>垫块布置间距 500 mm</td><td>(10,0)</td><td></td><td></td><td></td></tr>
<tr><td>4</td><td>模板安装</td><td>牢固,无松动</td><td></td><td></td><td></td></tr>
<tr><td>5</td><td>模板位置</td><td>(10,0)</td><td></td><td></td><td></td></tr>
<tr><td colspan="6">检验结果：</td></tr>
<tr><td colspan="6">质量负责人:3 号考核人员　　　　　　　　质检员：</td></tr>
</table>

表 8.20　构件灌浆——灌浆料拌制记录表

质检人员：　　　　　　　　记录人：　　　　　　　　　　　　　　日期：　　　年　　月　　日

构件名称			工位编号		
环境温度	℃		使用灌浆料总量		kg
搅拌时间	min	初始流动度	mm	水料比 (加水率)	水：　kg;料：　kg
检验结果：					

表 8.21　构件灌浆——灌浆施工记录表

质检人员：　　　　　　　　记录人：　　　　　　　　　　　　　　日期：　　　年　　月　　日

构件名称		工　位	
施工日期	年　月　日　时	灌浆料批号	
检验结果			
灌浆口、排浆口示意图	墙：		
是否漏浆			

注：记录人根据构件灌浆口、排浆口位置和数量画出草图，并对每个灌浆孔编号，检验后将结果在图中标出。

8.5　科目二实操考试工具及材料

科目二实操考试工具及材料见表 8.22 至表 8.25。

表 8.22　构件制作工具及材料

序号	工　序	类型	工具/配件	单位	数量	备　注	图　片
1	生产前准备	纸质文件	图纸	套	1	根据抽签决定构件	
			模具检验质量检验表	份	1		
			钢筋绑扎和埋件安装质量检验表	份	1		
		劳保用品	手套	副	4		
			安全帽	个	4		
			工装	套	4		
		工具	抹布	块	1		
			钢卷尺	盒	1	钢筋选型	
			游标卡尺	把	1		
			扫把	把	1	清理模台	
2	模具组装	材料	侧模螺栓	个	8	工厂配置，根据模具开孔确定型号 M18	
			固定端螺栓螺栓	个	4	工厂配置（剪力墙模具配置），根据开孔数量配置螺栓数量和型号 M18	
		工具	墨盒	个	1		
			角尺	个	1	画垂直线	
			铅笔	个	1		
			铅笔刀	个	1		
			可调扳手	个	2	拧紧螺栓	
			磁盒	个	8		
			塞尺	个	1		
			钢直尺	个	1		
			橡胶锤	个	1		
3	粉刷脱模剂	材料	脱模剂	个	1	以塑料桶贴标签代替	
			缓凝剂	个	1	以塑料桶贴标签代替	
		工具	滚筒	个	1		

续表

序号	工　序	类型	工具/配件	单位	数量	备　注	图　片
4	钢筋绑扎	材料	梅花垫块	个	10	15 mm 厚	
			扎丝	把	1		
		材料	游标卡尺	个	1	钢筋选型	
			扎钩	个	2		
5	预埋件安装	材料	灌浆套筒			工厂配置，三明治墙板、内墙板和预制柱专用	
			PVC 引出管			工厂配置，三明治墙板、内墙板和预制柱专用	
			PVC 软管			工厂配置，预制柱专用	
			套筒固定件			工厂配置，(选用)剪力墙构件专用，根据构件套筒型号和数量配置	
			圆头吊钉			工厂配置，除叠合板外其他均需配置	
			预埋内丝	个	2	工厂配置，外墙板和内墙板专用	
			保温板			工厂配置，三明治墙板用	
			保温连接件	个	若干	三明治墙板用	
			线盒	个	1	工厂配置，叠合板布置	
6	封堵	材料	防侧漏橡胶条	个	24	工厂配置，外墙板和内墙板专用	
			钢筋座	个	4	工厂配置，外墙和内墙专用	
			套筒固定座	个	6	与套筒数量一致	
			埋件工装	套	1	如有	

续表

序号	工　序	类型	工具/配件	单位	数量	备　注	图　片
7	工完料清	工具	撬杠	个	1	工厂配置,拆磁盒专用	
			钢丝钳	个	1		
			磁盒拆除撬棍	把	1		
			垃圾桶	个	1	回收垃圾	

注:本工具列表针对一个工位配置,如果上一工序出现了工具,本工序则不重复出现。

表 8.23　构件装配实训工具及材料

构件	序号	工　序	类　型	工具/配件	单位	数量	备　注	图　片
施工准备	1	施工准备	纸质文件	图纸	套	1		
				外墙挂板吊装质检表	套	1		
				剪力墙吊装质检表	套	1		
				后浇段连接质检表	套	1		
			劳保用品	手套	副	4		
				安全帽	个	4		
				工装	套	4		
			工具	扫把	个	1		
剪力墙吊装	2	剪力墙外观检验	工具	塞尺	个	1		
	3	钢筋校正及工作面处理	工具	靠尺	个	1		
				钢筋校正工具	个	1	钢管或其他工具	
				钢卷尺	个	1		
				钢直尺	个	1		
				钢丝刷	个	1	钢筋除锈	
				毛刷	个	1	清理工作面	
				角磨机	个	1	切除钢筋	
				喷壶	个	1		
				铁锤	把	1		
				钢錾子	个	1	粗糙面处理	
	4	标高找平	工具	垫片	套	4	垫片(2 cm,1 cm,0.5 cm,0.2 cm,0.1 cm 不同型号)	
				水准仪	个	1		
				水准尺	个	1		

续表

构件	序号	工序	类型	工具/配件	单位	数量	备注	图片
剪力墙吊装	5	定位放线	工具	铅笔	个	1		
				墨盒	个	1		
	6	构件吊装	材料	泡棉胶条	cm	5	2 cm×3 cm 放在保温层下部	
				木方			一个构件底部放置两个	
			工具	镜子	个	2		
				吊具	套	1		
				撬棍	个	1	调整墙板水平位置	
				线坠	个	1		
				斜支撑	个		根据产品配置	
外墙挂板吊装	7	挂板安装	材料	螺栓			根据产品配置	
			工具	扳手	个	1		
	其他工具同剪力墙吊装一样							
后浇段施工	8	钢筋绑扎	材料	扎丝	个	若干		
				垫块	个	若干	保护层	
			工具	游标卡尺	把	1	钢筋选型	
				扎钩	个	1		
	9	模板支设	材料	泡棉胶条	m	10	3 cm×3 cm 保温板之间	
				防侧漏胶条	卷	2	用美纹纸代替	
				铝模板	套	2	一字形和L形	
				背楞		根据图纸		
				对拉螺栓		根据图纸		
				脱模剂	桶	1	以塑料桶贴标签代替	
			工具	滚筒				
				扳手	个	1		
				橡胶锤	把	1		
工完料清	10		工具	钢丝钳	把	1		

注：本工具列表针对一个考试工位配置，如果上一工序出现了工具，则本工序不重复出现。

表 8.24　构件灌浆实训工具及材料

序号	工　序	类　型	工具/配件	单位	数量	备　注	图　片	
1	施工准备	文本资料	灌浆料拌制记录表	份	1			
			灌浆记录表	份	1			
		劳保用品	手套	副	4			
			安全帽	个	4			
			工装	套	4			
2	钢筋校正及工作面处理	材料	木方	个	1	保护墙板		
			垫片	套	4	垫片(2 cm,1 cm,0.5 cm,0.2 cm,0.1 cm 不同型号)		
		工具	靠尺	个	1			
			钢直尺	个	1			
			钢丝刷	个	1			
			毛刷	个	1			
			铁锤	个	1			
			钢錾子	个	1			
			钢管	个	1			
			角磨机	个	1			
			喷壶	个	1			
			气泵	台	1	检查套筒,清理积水		
3	吊装	工具	吊具	套	1	钢丝绳		
			镜子	个	2			
			吊钉接驳器	个	2	不同吊钉用不同接驳器连接		
4	浆料拌制	材料	灌浆料	袋	若干			
			封缝料	袋	若干	高强,上强度快		
		工具	钢卷尺	个	1			
			刻度量杯	个	1	3 L		
			量筒	个	1			
			水桶	个	1			
			不锈钢平底桶	个	1	容量 30 L,直径:300 mm,高度:400 mm		
			不锈钢小盆	个	1	用于做流动度试验		
			铁勺	个	1			
			塑料勺	个	1			
			电子秤	台	1	秤台尺寸:400 mm×500 mm;称量范围 0~100 kg		

续表

序号	工　序	类　型	工具/配件	单位	数量	备　注	图　片
4	浆料拌制	工具	手提变速搅拌器	套	1	功率:1 200~1 400 W;转速:0~800 r/min 可调;电压:单相 220 V/50 H;搅拌头:片状或圆形花篮式	
			棒式温度计	支	1	测量范围:0~50 ℃	
5	试验	工具	圆截锥试模	套	1	$\phi70\times\phi100\times60$ mm	
			玻璃板	块	1	500 mm×500 mm	
			盒尺	把	1	5 m	
			三联带底试模	套	1	70.7 mm×70.7mm×70.7 mm	
			竖向膨胀率试验仪器	套	1	选用	
6	分仓及封缝	材料	整体泡棉胶条	m	3	厚度 2 cm,长度 1.8 m	
			泡棉胶	m	10	临时封堵	
			PVC 管	个	2	1 m	
		工具	小铲子	个	1		
			托板	个	1		
			小抹子	个	1		
7	灌浆	材料	出浆管专用堵头	个	若干	灌浆嘴堵头与灌浆套筒匹配	
		工具	锤子	把	1		
			灌浆枪	把	1	推压式/挤压式各 1 把	
			电动灌浆泵	台	1		
8	饱满度检测	材料	软管	m	1	用于做倒流试验	
		工具	饱满度探测仪	台	1	用于做灌浆饱满度试验	
9	工完料清	工具	抹布	块	1		
			高压水枪	台	1	冲洗灌浆不合格的构件及灌浆料填塞部位,96 W、流量 10 L/min、水管内径:8 mm×10 mm	
			清扫工具	把	1	扫把	

注:本工具列表针对一个工位配置,如果上一工序出现了工具,则本工序不重复出现。

表 8.25 封缝打胶实训工具及材料

序号	工 序	类型	工具/配件	单位	数量	备 注	图 片
1	施工准备	劳保用品	手套	副	1		
			安全帽	个	1		
			工装	套	1		
			安全带	套	1		
2	基层处理	工具	角磨机	个	1		
			钢丝刷	个	1		
			毛刷	个	1		
3	贴美纹纸	材料	美纹纸	卷	2		
		工具	小刀	把	1		
4	填充PE棒	材料	PE棒或泡沫棒	个	4	直径25 mm,1 m一段	
5	涂刷底涂	材料	底涂液	个	1	以小桶粘贴“底涂液”字样代替	
		工具	刷子	个	1		
6	施胶	材料	耐候密封胶	瓶	4	选取黏性小,方便清理的密封胶	
		工具	胶枪	把	1		
			钢直尺	把	1		
7	胶面整修	工具	刮片	个	1		
			抹刀	个	1	胶面整修	
8	清理美纹纸	无	无	无	无	无	
9	工完料清	工具	铲子	个	1	清理密封胶	
			抹布	块	6	清理墙板	
			扫把	把	1		

注:本工具列表针对一个工位配置,如果上一工序出现了工具,则本工序不重复出现。

8.6 科目二实操步骤案例

叠合板制作
实操演示讲解

8.6.1 案例一:构件制作(以叠合板为例)

本案例按照实操考试真实过程,分别以4名考生的视角阐述每个考生的分工与步骤,此过程仅供参考。

1)构件制作——1号考核人员

(1)劳保用品准备

手套、安全帽、工装。

(2)领取工具

2号人员:抹布、钢卷尺、游标卡尺、扫把。

3号人员:侧模螺栓、固定端螺栓、墨盒、角尺。

4号人员:铅笔、铅笔刀、可调扳手、磁盒、塞尺、钢直尺。

2号人员:橡胶锤、滚筒、游标卡尺、扎钩。

3号人员:撬杠、钢丝钳、磁盒拆除撬棍、垃圾桶。

4号人员:脱模剂、缓凝剂、梅花垫块、扎丝。

(考试时,如果是一个纸箱子可以直接拿过来,就安排两个人领取,另外一个人可以进行下一项)

(3)领取模板

请3号人员根据图纸使用钢卷尺进行模板选型(4号辅助)。

结束后4号人员主导进行质检。

2号人员使用抹布进行模台清理。

(4)领取钢筋

请3号人员依据图纸使用钢卷尺和游标卡尺进行钢筋选型(4号辅助)。

请2号人员使用抹布进行钢筋清理。

(5)卫生检查以及清理

2号人员:用扫把清扫生产场地。

3号人员:用扫把清理模台。

4号人员辅助。

2)构件制作——2号考核人员

(1)划线

1号人员使用钢卷尺、角尺、铅笔进行测量。

3号人员使用墨盒进行弹线。

4号人员进行辅助(看主考官怎么要求,墨盒是否需要加水)。

(2)模具摆放

3号人员根据划线位置摆放模具固定端。

1、4号人员摆放非固定端。

(3)模具初固定

1、3号人员进行初固定(4号人员辅助)。

4号人员进行终固定。

(4)模具测量校正

3号人员使用钢卷尺、橡胶锤进行边长以及对角线测量(1号人员辅助)。

4号人员使用塞尺、钢直尺进行组装缝隙、模具间高低差测量。

(5)模具终固定

1号人员进行磁盒摆放。

3号人员使用橡胶锤、扳手进行终固定。

4号人员进行辅助(4号人员进行质检)。

3)构件制作——3号考核人员

(1)钢筋摆放绑扎

1号人员约每隔500 mm进行垫块放置。

2号人员依据图纸摆放受力钢筋、分布钢筋、附加钢筋。

4号人员辅助。

1号人员使用钢卷尺测量钢筋外伸长度。

2号人员使用扎钩、扎丝进行绑扎(4号人员辅助)。

4号人员使用钢卷尺测量并调整钢筋位置。

(2)埋件预埋

4号人员根据图纸摆放线盒。

1号人员使用工具扎钩、扎丝进行埋件固定。

(3)模具开口封堵

2号人员使用封堵材料进行模具开口封堵。

4号人员进行质检。

4)构件制作——4号考核人员

(1)模具组装质量检验

①模具选型检验。

1号人员使用钢卷尺按照图纸检验模具尺寸是否合格(3号人员辅助)。

②模具固定检验。

2号人员使用橡胶锤检验模具是否牢固。

③模具组装尺寸检验。

1号人员使用钢卷尺、橡胶锤进行边长以及对角线测量(2号人员辅助)。

3号人员使用塞尺、钢直尺进行组装缝隙、模具间高低差测量。

(填写模具组装质量检查表)

(2)钢筋绑扎质量检验

1号人员根据图纸使用钢卷尺和游标卡尺检验钢筋型号。

2号人员检验2~3处绑扎点是否牢固。

3号人员根据图纸使用钢卷尺检验钢筋间距和外露钢筋是否合格。

(填写钢筋摆放绑扎质量检查表)

(3)埋件固定质量检验

1号人员进行埋件选型检验,观察型号是否符合图纸要求。

3号人员根据图纸使用钢卷尺检验埋件位置是否合格。

2号人员检验埋件固定是否牢固。

(4)拆解复位考核设备(先装后拆的原则)

1号人员使用扳手进行埋件拆除并复位。

2号人员使用钢丝钳拆除钢筋并复位。

3号人员使用扳手、撬棍进行模台的拆解并复位。

(5)工具入库

1号人员清点工具。

2号人员进行材料回收。

3号人员使用扫把进行场地清理(工完料清)。

8.6.2　案例二:构件安装(以外挂墙板和剪力墙板为例)

构件安装
实操演示讲解
(案例一)

构件安装
实操演示讲解
(案例二)

1)构件安装——1号考核人员

(1)劳保用品准备

安全帽、劳保工装、防护手套。

(2)设备检查

2号人员进行设备检查(手动检查吊装机具、吊具)。

(3)领取工具

扫把、塞尺、靠尺、钢筋校正工具、钢卷尺、钢直尺、钢丝刷、毛刷、角磨机、喷壶、铁锤、钢錾子、水准仪、水准尺、铅笔、墨盒、镜子、吊具、撬棍、线坠、斜支撑、扳手、游标卡尺、扎钩、滚筒、扳手、橡胶锤、钢丝钳。

(4)领取材料

泡棉胶条、木方、螺栓、扎丝、垫块、防侧漏胶条、铝模板、背楞、对拉螺栓、脱模剂。

(5)卫生检查及清理

3号人员使用扫把清理场地。

(6)外挂墙板质量检查

2号人员使用钢卷尺检查外挂墙板尺寸以及外观。

4号人员使用靠尺、塞尺检查平整度以及埋件位置、数量。

(7)外挂墙板吊装(3、4号人员全程辅助)

2号人员选择吊孔,进行吊具链接。

2号人员正确操作吊装设备起吊构件离地300 mm进行试吊。

2号人员操作吊装设备。

2号人员操作设备吊装下落。

(8)外墙挂板初固定

3号人员使用工具(扳手)和材料(连接件螺栓)临时固定外墙挂板。

(9)外墙挂板调整

4号人员使用钢卷尺、撬棍测量外挂墙板位置并调整。

2号人员使用线坠、靠尺进行外挂墙板垂直度测量及调整。

3号人员使用靠尺、扳手进行外挂墙板标高测量以及调整。

(10)外挂墙板终固定

4号人员使用扳手进行外墙板终固定,2、3号人员进行辅助。

2号人员依次将吊钩摘除。

(4号人员主导质检)

2)构件吊装——2号考核人员

(1)剪力墙质量检查

1号人员使用钢卷尺、靠尺、塞尺进行剪力墙的质量检查(构件尺寸、外观、平整度、埋件位置及数量)。

(2)连接钢筋处理

3号人员使用钢丝刷进行钢筋除锈。

4号人员使用钢卷尺、角磨机进行钢筋长度检查以及校正。

1号人员使用靠尺、钢管进行钢筋垂直度检查。

(3)工作面处理

3号人员使用铁锤、钢錾子对工作面进行凿毛处理。

4号人员使用扫把对工作面进行清理。

1号人员使用喷壶进行洒水湿润。

3号人员使用钢卷尺测量套筒距离,确定是否需要分仓。

4号人员使用钢卷尺、墨斗进行弹控制线(1号人员辅助)。

3号人员使用橡塑棉条根据图纸放置在保温板位置。

4号人员使用垫块,搁至墙两端距离边缘4 cm以上。

1号人员使用水准仪、水准尺进行标高找平(3、4号人员辅助)。

(4)剪力墙吊装

3号人员选择吊孔进行吊具连接。

3号人员正确操作吊装设备起吊构件至距离地面约300 mm,停止,观察吊具是否安全。

3号人员操作吊装设备进行剪力墙吊运。

1号人员使用镜子,将镜子放至墙体两端钢筋相邻处。

4号人员使用斜支撑、扳手、螺栓进行剪力墙初固定(3号人员辅助)。

(5)剪力墙调整

4号人员使用工具钢卷尺、撬棍,先进行剪力墙位置测量。

3号人员使用钢卷尺、靠尺进行剪力墙垂直度测量及调整。

1号人员使用扳手进行剪力墙终固定(4号人员辅助)。

3号人员摘除吊钩。

4号人员进行质检。

3)构件吊装——3号考核人员

(1)连接钢筋处理

1号人员使用工具钢丝刷,对生锈钢筋进行处理。

2号人员使用工具钢卷尺、角磨机,对每个钢筋进行测量不合格进行打磨。

4号人员正确使用工具靠尺、钢管,进行钢筋垂直度检查。

(2)工作面处理

1号人员正确使用工具铁锤、钢錾子进行凿毛处理。

2号人员正确使用工具扫把进行工作面处理。

4号人员使用喷壶进行洒水湿润。

1号人员使用橡塑棉条进行接缝保温防水处理。

2号人员使用钢卷尺、墨盒、铅笔进行弹控制线(4号人员辅助)。

(3)钢筋连接

1号人员根据图纸将水平钢筋摆放。

2号人员使用扎钩、镀锌铁丝进行临时固定(4号人员辅助)。

4号人员将竖向钢筋与底部连接钢筋连接(1、2号人员辅助)。

1号人员使用工具扎钩和材料扎丝进行钢筋绑扎(2号人员辅助)。

4号人员使用扎钩和材料扎丝、垫块进行保护层垫块进行固定。

(4)模板安装

4号人员使用材料胶条粘贴防侧漏、底漏胶条。

1号人员使用工具钢卷尺和肉眼观察选择合适模板。

2号人员正确使用工具滚筒和材料脱模剂进行粉刷脱模剂。

4号人员正确使用工具扳手和材料螺栓、背楞进行模板初固定。

1号人员正确使用工具钢卷尺、橡胶锤进行模板位置检验。

2号人员正确使用工具(扳手)进行模板终固定(1、3号人员进行辅助)。

4号人员组织质检。

4)构件吊装——4号考核人员

(1)外墙挂板吊装质量检验

1号人员手动检验外墙挂板连接是否牢固。

2号人员正确使用工具(钢卷尺)检查安装位置是否符合要求。

3号人员正确使用工具[线坠、钢卷尺(或带刻度靠尺)]检测垂直。

(填写外墙挂板吊装质量检验表)

(2)剪力墙吊装质量检验

1号人员手动检验剪力墙连接是否牢固,并做记录。

2号人员正确使用工具钢卷尺检验安装位置。

3号人员正确使用工具线坠、钢卷尺、靠尺检测垂直度。

(填写剪力墙吊装质量检验表)

(3)后浇段连接质量检验

1号人员正确使用工具钢卷尺检验钢筋间距。

2号人员手动检验钢筋是否牢固。

1号人员正确使用工具钢卷尺检验垫块间距。

3号人员正确使用工具(橡胶锤)检验是否牢固。

1号人员正确使用工具(钢卷尺)检验模板位置。

(填写后浇段连接质量检验表)

(4)拆解复位考核设备

1号人员正确使用工具扳手,依据先装后拆的原则进行拆除并复位模板。

2、3号人员进行辅助。

2号人员正确使用工具(钢丝钳),依据先装后拆的原则拆除钢筋。

1、3号人员进行辅助。

1号人员正确使用吊装设备,依据先装后拆的原则拆除构件。

(5)工具入库

1号人员清点工具,2号人员辅助同时清理场地。

3号人员正确使用工具扫把清理模台和地面。

8.6.3 案例三:构件灌浆(以剪力墙板和柱为例)

构件灌浆实操演示讲解

1)构件灌浆——1号考核人员

(1)施工前工艺流程

①劳保用品准备。

a.佩戴安全帽。

b.穿戴劳保工装、防护手套。

②设备检查。

2号人员操作开关或手动检查吊装机具是否正常运转。

③领取工具及材料。

a.3号人员领取所有工具:木方、垫片、靠尺、钢直尺、钢丝刷、毛刷、铁锤、钢錾子、钢管、角磨机、喷壶、气泵、吊具、镜子、吊钉接驳器、钢卷尺、刻度量杯、量筒、水桶、不锈钢平底桶、铁勺、塑料勺、电子秤、手提变速搅拌器、棒式温度计、圆截锥试模、玻璃板、盒尺、三联带底试模、竖向膨胀率试验仪器、小铲子、托板、小抹子、锤子、灌浆枪、电动灌浆泵、饱满度探测仪、抹布、高压水枪、清扫工具。

b.2号人员领取所有材料:灌浆料、封缝料、整体泡沫胶条、泡棉胶、PVC管、出浆管专用堵头、软管。

④卫生检查及清理。

2号人员使用扫把清理场地。

(2)构件吊装工艺流程

①套筒检查。

3号人员使用气泵或打气筒检查套筒是否通透。

②连接钢筋处理。

2号人员使用钢丝刷对钢筋进行除锈。

3号人员使用钢直尺对钢筋进行长度测量。

2号人员使用靠尺检查钢筋垂直度。

3号人员使用(钢直尺/钢管/角磨机)进行钢筋校正。

③封仓判断。

2号人员根据图纸或钢卷尺判断是否需要封仓。

④工作面处理。

3号人员使用铁锤、钢錾子对工作面进行凿毛处理。

2号人员使用扫把、气泵对工作面进行清理。

3号人员使用喷壶对工作面洒水润湿。

2号人员使用气泵清理工作面积水。

3号人员放置垫块。

⑤剪力墙吊装。

2号人员选择吊孔进行连接。

3号人员操作设备起吊构件至离地300 mm,停止,观察吊具是否安全。

3号人员操作设备吊运剪力墙,缓起、匀升、慢落。

3号人员操作吊装设备,2号人员使用镜子观察调整套筒与钢筋位置,边调整边下落。

2号人员使用扳手进行终固定,固定后摘除吊钩。

2)构件灌浆——2号考核人员

(1)封缝料制作

1号人员使用钢卷尺或看图纸分别计算封缝料干料和水用量。

[封缝料密度假设为2 300 kg/m^3,水:封缝料干料=12:100(质量比),根据$m=\rho v(1+10\%)$考虑封缝料充足情况留出10%富余量]

3号人员使用量筒或电子秤量取水用量。

1号人员使用电子秤和小盆根据计算量取封缝料干料。

3号人员使用量筒、搅拌容器将全部水倒入搅拌容器。

1号人员使用小盆加入封缝料干料,推荐分两次加料,第一次先将70%干料倒入搅拌容器,第二次加入30%干料。

3号人员使用搅拌器搅拌,两次搅拌,沿一个方向均匀搅拌封缝料,总共搅拌不少于5 min。

(2)封缝操作

1号人员放置内衬(如PVC管或橡胶条),先沿一边布置,将封缝宽度控制在1.5~2 cm。

3号人员使用托板、小抹子、封缝料,沿一布置好的内衬一边进行封缝。

1号人员从一侧竖直抽出内衬,保证不扰动封缝,然后进行下一边封缝。

3号人员使用扫把、抹布清理工作面余浆。

(3)检查封缝质量

1号人员操作设备吊起构件,放至安全位置。

3号人员使用钢直尺测量封缝宽度。

发布“检查封缝饱满度”指令,此项需要考评员肉眼观察封缝饱满度情况。

1号人员使用铲子、水枪、气泵、扫把先将封缝料铲除,然后用高压水枪从一侧清洗,最后用气泵或扫把扫积水。

3号人员使用小盆、电子秤称量剩余封缝料(注意去皮)。

(4)密封

3号人员放置密封装置,采取漏浆措施。

1号人员操作吊装设备再次安装构件。

3)构件灌浆——3考核人员

(1)灌浆料制作

1号人员使用温度计测量室温并记录。

2号人员根据配合比计算水和封缝料干料用量。

[封缝料密度假设为 2 300 kg/m³,水∶灌浆料干料=12∶100(质量比),单个套筒灌浆料质量 0.4 kg,考虑灌浆泵内有残余浆料,考虑 10%富余量。$m=(\rho v+0.4n)(1+10\%)$,其中 n 为套筒数量。]

1 号人员使用量筒或电子秤量取水用量。

2 号人员使用电子秤和小盆根据计算量取灌浆料干料。

1 号人员使用量筒、搅拌容器将全部水倒入搅拌容器。

2 号人员使用小盆加入灌浆料干料,推荐分两次加料,第一次将 70%干料倒入搅拌容器,第二次加入 30%干料。

1 号人员使用搅拌器搅拌,两次搅拌,沿一个方向均匀搅拌封缝料,总共搅拌不少于 5 min。

发布“静置约 2 min”指令,使灌浆料内气体自然排出。

(2)流动度检验

1 号人员使用玻璃板、抹布擦拭玻璃板,并放至平稳位置。

2 号人员使用圆截锥试模大口朝下小口朝上,放至玻璃板正中央。

1 号人员使用勺子舀出一部分灌浆料倒入圆截锥试模。

2 号人员使用小抹子将多余灌浆料抹平。

1 号人员竖直提起圆截锥试模。

2 号人员待停止流动后使用钢直尺测量最大灰饼直径。

主导人将以上记录数据整理到记录表上。

(3)同条件试块

1 号人员使用勺子舀出一部分灌浆料倒入圆截锥试模。

2 号人员使用小抹子将多余灌浆料抹平。

(4)灌浆

1 号人员使用灌浆泵、塑料勺,水倒入灌浆泵进行湿润,并将水全部排出。

2 号人员使用灌浆泵、搅拌容器将灌浆料倒入灌浆泵。

1 号人员使用灌浆泵排出前端灌浆料。

2 号人员使用灌浆泵选择灌浆孔。

2 号人员使用灌浆泵持续灌浆。

1 号人员使用铁锤、橡胶塞进行封堵。

2 号人员待排浆孔全部封堵后保压或慢速保持约 30 s,保证内部浆料充足。

1 号人员使用橡胶塞迅速封堵灌浆泵连接孔。

2 号人员使用扫把、抹布清理工作面。

1 号人员使用灌浆泵、电子秤、小盆排出剩余灌浆料,称量质量。

主导人将以上灌浆记录数据整理到记录表上。

(5)设备拆除、清洗、复位

1 号人员操作设备将构件吊至清洗区。

2 号人员使用高压水枪对每个套筒进行清理。

1 号人员操作设备将构件吊至原始位置。

(6)工具清洗维护

1 号人员着重清洗灌浆泵,3 遍以上。

2 号人员清理有浆料工具。

2 号人员将工具放至原始位置。

(7)场地清理

1 号人员使用高压水枪、扫把清理场地,2 号人员辅助。

8.6.4 案例四:接缝防水

接缝防水——1号考核人员

(1)施工前准备工艺流程

①劳保用品准备。

a.佩戴安全帽。

b.穿戴劳保工装、防护手套。

c.穿戴安全带。

②设备检查。

检查施工设备(吊篮、打胶装置)。

③领取工具和材料

a.领取打胶所有工具:角磨机、钢丝刷、毛刷、小刀、刷子、胶枪、钢直尺、刮片、抹刀、铲子、抹布、扫把。

b.领取材料:美纹纸、PE棒或泡沫棒、底涂液、耐候密封胶。

④卫生检查及清理。

施工场地卫生检查及清扫。

(2)封缝打胶工艺流程

①基层处理。

a.采用角磨机清理浮浆。

b.采用钢丝刷清理墙体杂质。

c.采用毛刷清理残留灰尘。

②填充PE棒(泡沫棒)。

使用工具(铲子)和材料(PE棒),沿板缝竖顺直填充PE棒。

③粘贴美纹纸。

使用材料(美纹纸),沿板缝竖顺直粘贴。

④涂刷底涂液。

使用工具(毛刷)和材料(底涂液),沿板缝内侧均匀涂刷。

⑤打胶。

竖缝打胶:使用工具(胶枪)和材料(密封胶),沿竖向板缝打胶。

水平缝打胶:使用工具(胶枪)和材料(密封胶),沿水平缝打胶。

⑥刮平压实密封胶。

使用工具(刮板),沿板缝匀速刮平。

⑦打胶质量检验。

使用工具(钢直尺)对打胶厚度进行测量。

(3)工完料清

①清理板缝。

使用工具(抹布、铲子),将密封胶依次清理至垃圾桶内。

②拆除美纹纸。

依次拆除美纹纸。

③打胶装置复位。

点击开关,复位打胶装置。

④工具清理和入库。

使用工具(抹布)清理工具,依次将工具放至原位。

⑤施工场地清理。

施工工具(扫把),对施工场地进行清理。

(4)质量控制

①工具选择合理、数量齐全。

②材料选择合理、数量齐全。

③PE 棒填充质量:是否顺直。

④打胶质量:胶面是否平整、厚度为 1~1.5 cm。

⑤工完料清:打胶装置是否清理干净、工具是否清理干净、施工场地是否清理干净。

(5)安全施工

施工过程中严格按照安全文明生产规定操作,无恶意损坏工具、原材料且无因操作失误造成考试干系人伤害等行为。

8.7 科目二实操案例图纸

为了方便读者学习,科目二实训操作考试的图纸,按照廊坊市中科考试大纲的内容要求,拟选用预制混凝土钢筋桁架叠合板、预制混凝土叠合梁(模板图和配筋图)、预制混凝土剪力墙内墙板(模板图和配筋图)、预制混凝土剪力墙外墙板(模板图和配筋图)、预制混凝土柱(模板图和配筋图)等。如读者有需求,可以自行下载或参照廊坊中科大纲内容。

实操案例图纸

参考文献

[1] 中华人民共和国住房和城乡建设部.装配式建筑评价标准:GB/T 51129—2017[S].北京:中国建筑工业出版社,2018

[2] 中华人民共和国住房和城乡建设部.装配式混凝土建筑技术标准:GB/T 51231—2016[S].北京:中国建筑工业出版社,2017.

[3] 中华人民共和国住房和城乡建设部.装配式钢结构建筑技术标准:GB/T 51232—2016[S].北京:中国建筑工业出版社,2017.

[4] 中华人民共和国住房和城乡建设部.装配式混凝土结构技术规程:JGJ 1—2014[S].北京:中国建筑工业出版社,2014.

[5] 中华人民共和国住房和城乡建设部.预制预应力混凝土装配整体式框架结构技术规程:JGJ 224—2010[S].北京:中国建筑工业出版社,2011.

[6] 中华人民共和国住房和城乡建设部.装配式住宅建筑设计标准:JGJ/T 398—2017[S].北京:中国建筑工业出版社,2018.

[7] 中华人民共和国住房和城乡建设部.装配式环筋扣合锚接混凝土剪力墙结构技术标准:JGJ/T 430—2018[S].北京:中国建筑工业出版社,2018.

[8] 中华人民共和国住房和城乡建设部.钢筋套筒灌浆连接应用技术规程:JGJ 355—2015(2023 年版)[S].北京:中国建筑工业出版社,2023.

[9] 中国建筑标准设计研究院.装配式混凝土剪力墙结构住宅施工工艺图解:16G 906[S].北京:中国计划出版社,2016.

[10] 中国建筑科学研究院.混凝土结构工程施工质量验收规范:GB 50204—2015[S].北京:中国建筑工业出版社,2015.

[11] 中华人民共和国住房和城乡建设部.工业化住宅尺寸协调标准:JGJ/T 445—2018[S].北京:中国建筑工业出版社,2018.

[12] 中华人民共和国住房和城乡建设部.预制带肋底板混凝土叠合楼板技术规程:JGJ/T 258—2011[S].北京:中国建筑工业出版社,2011.

[13] 孙家坤,司伟.装配式建筑构件及施工质量控制[M].北京:化学工业出版社,2021.

[14] 肖明和, 张蓓.装配式建筑施工技术[M].北京:中国建筑工业出版社,2018.

[15] 王光炎.装配式建筑混凝土预制构件生产与管理[M].北京:科学出版社,2020.

[16] 王鑫,刘晓晨,李洪涛,等.装配式混凝土建筑施工[M].2 版.重庆:重庆大学出版社,2021.

[17] 刘晓晨,王鑫,李洪涛,等.装配式混凝土建筑概论[M].2 版.重庆:重庆大学出版社,2021.